机械工业出版社精品教材

U0883671

机械制图习题集

第 5 版

王其昌　翁民玲　常小芳　编

机 械 工 业 出 版 社

本书是在《机械制图习题集》第4版的基础上修订而成的，与王其昌等编写的《机械制图》第5版配套使用。

本书以读图训练为主干线贯穿全书，读与画结合，互相促进，使读图能力呈螺旋式提高，解决读图想象难的问题，培养学习兴趣，力求使学生通过训练后，形成较扎实的读图思维基础和基本能力。

本书主要内容有制图基本知识和技能、投影、基本立体、常见立体表面交线、组合体、图样画法、标准件和通用件、零件图、装配图、读第三角画法视图、展开图、焊接图。

本书可作职业院校或技师学院机械类、近机类各专业教材，也可供工程技术人员培训或参考。

图书在版编目（CIP）数据

机械制图习题集/王其昌，翁民玲，常小芳编. —5版. —北京：机械工业出版社，2015.9（2025.6重印）
ISBN 978-7-111-51256-1

Ⅰ.①机… Ⅱ.①王… ②翁… ③常… Ⅲ.①机械制图—高等职业教育—习题集 Ⅳ.①TH126-44

中国版本图书馆CIP数据核字（2015）第189350号

机械工业出版社（北京市百万庄大街22号 邮政编码100037）
策划编辑：王佳玮 责任编辑：黎 艳 版式设计：霍永明
责任校对：陈延翔 封面设计：张 静 责任印制：邓 博
北京联兴盛业印刷股份有限公司印刷
2025年6月第5版第13次印刷
260mm×184mm · 10.75印张 · 261千字
标准书号：ISBN 978-7-111-51256-1
定价：33.00元

电话服务
客服电话：010-88361066
010-88379833
010-68326294

网络服务
机 工 官 网：www.cmpbook.com
机 工 官 博：weibo.com/cmp1952
金 书 网：www.golden-book.com
机工教育服务网：www.cmpedu.com

第 5 版前言

本书是在《机械制图习题集》第 4 版的基础上修订而成的，除了保留第 4 版特色外，还对部分内容进行了修改和补充。

1. 投影基础和基本立体是制图入门的基础训练，建议确保训练时间，做到把几何元素投影规律应用立体投影分析；掌握基本立体（特别是柱形体）形体特征、三视图特点，为形体分析奠定基础。通过柱体速成读图法和读图思维基础训练，为读图想象打开思路，培养学习兴趣。

2. 对重点章节重点内容设计题量较多，分为基本题、提高题和选学题，供教师选择及学有余力同学选学，达到因材施教的目的。

3. 贯彻最新国家标准：如 GB/T 131—2006（规定表面结构表示法）；GB/T 1182—2008（规定几何公差标注方法），GB/T 1800. 1、1800. 2—2009《规定极限与配合》等，侧重表示法和识读规则，适应现场技术工作需求，培养严格执行国家标准的意识。

4. 读图训练多样化，如读图画轴测草图、制作模型，把二维平面视图转换为三维立体形象、启迪空间想象力。又如读图有选择题、填空题、对比题、多解题，以拓宽想象思路和培养初步创新想象力。

5. 零部件测绘是课程综合实践环节，本书以铣刀头部件为例，教学过程中可根据学校设备、专业情况、择题实施。

6. 为了适应不同专业、不同地区的需求，本书把第十、十一、十二章列为选学内容，并加强读第三角画法视图的训练。

本书修订全过程由王其昌、翁民玲、常小芳负责。

由于编者水平有限，书中难免存在不足之处，敬请读者批评指正。

编　者

目　　录

第一章　制图基本知识和技能

一、字体

1-1　基本笔画练习（1）

字例	形态	笔法	仿照练习	字例	形态	笔法	仿照练习	字例	形态	笔法	仿照练习
平 工	平横			心 头	垂点 尖点			月 风	竖撇		
毛 七	斜横			冷 当	挑点 撇点			大 尺	斜捺		
中 十	竖			必 少	曲撇			建 造	横捺		
出 上	直竖			千 种	斜撇			地 铝	平挑		

阿拉伯数字
仿照练习

1 2 3 4 5 6 7 8 9 0

0 1 2 3 4 5 6 7 8 9

例字	笔画	例字	笔画	例字	笔画
匀 打	斜挑	丁 划	竖左向钩	力 包	包折钩
同 囱	横折	长 良	竖右向钩	戈 械	右曲弯钩
母 匠	竖折	了 买	横钩	飞 风	横折斜钩
好 安	撇折	必 思	斜曲钩	电 也	竖横折钩
建 及	双折	学 家	左曲钩	与 弟	竖包折钩

英文字母仿照练习

ABCDEFGHIJKLMNOPQRSTUVWXYZ

班级　　　　姓名　　　　学号

1-3 常见偏旁和部首练习

字例	临摹和仿照练习	字例	临摹和仿照练习	字例	临摹和仿照练习
件	亻 亻 亻	铸	钅 钅 钅	规	见 见 见
行	彳 彳 彳	组	纟 纟 纟	花	艹 艹 艹
机	木 木 木	轴	车 车 车	笔	⺮ ⺮ ⺮
料	米 米 米	螺	虫 虫 虫	字	宀 宀 宀
称	禾 禾 禾	配	酉 酉 酉	型	土 土 土
接	扌 扌 扌	玻	王 王 王	点	灬 灬 灬
清	氵 氵 氵	叶	口 口 口	座	广 广 广
证	讠 讠 讠	制	刂 刂 刂	肩	户 户 户
放	方 方 方	形	彡 彡 彡	建	廴 廴 廴
焊	火 火 火	部	阝 阝 阝	过	辶 辶 辶

班级 姓名 学号

1-4 字体练习（1）

图样上字体工整笔画清

楚间隔均匀排列整齐长

0 1 2 3 4 5 6 7 8 9 Φ R

1-5 字体练习（2）

仿宋体字横平竖直注意

起落结构匀称填满方格

0 1 2 3 4 5 6 7 8 9 Φ R

班级　　姓名　　学号

1-6 字体练习（3）

标 题 栏 学 校 设 计 绘 图 校

核 姓 名 班 级 图 号 数 重 量

0 1 2 3 4 5 6 7 8 9 Φ R

1-7 字体练习（4）

零 部 件 名 称 螺 钉 栓 母 垫

圈 片 开 口 销 键 弹 簧 滚 动

0 1 2 3 4 5 6 7 8 9 Φ R

班级　　姓名　　学号

1-8 字体练习（5）

齿 轮 蜗 杆 箱 体 底 座 壳 叉

支 架 法 兰 盖 同 带 减 速 器

油 泵 密 封 衬 塞 压 液 技 术

1-9 字体练习（6）

要 求 表 面 粗 糙 度 其 余 热

处 理 渗 淬 火 碳 漆 锈 材 料

钢 铸 铁 铜 车 铣 磨 钻 配 作

班级 姓名 学号

二、图线

1-10　图线画法

1. 在指定位置按示范图线画出粗实线、细虚线、细点画线、细实线

（1）直线

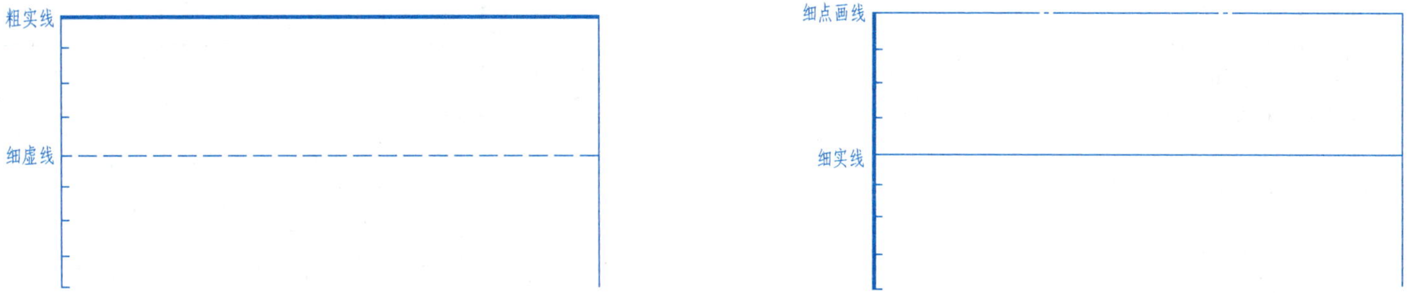

（2）圆

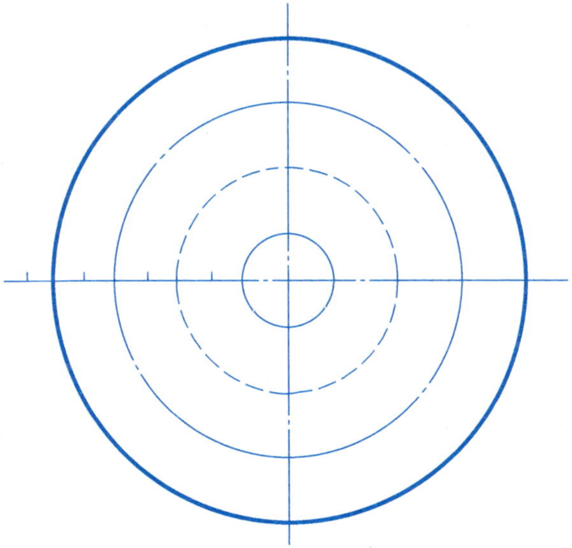

2. 在左侧画出与右侧相对应的图线

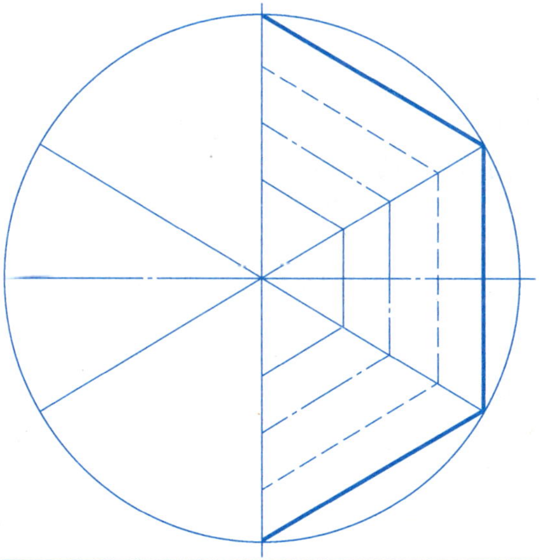

班级　　　　姓名　　　　学号

1. 目的
1）熟悉主要线型规格及其画法。
2）掌握边框及标题栏画法。
3）练习使用常规绘图工具。
2. 内容及要求
1）按示范图例绘画各种图线。
2）绘画边框线和标题栏。
3）用 A4 图纸竖放，绘画比例 1:1，不注尺寸。
3. 绘图步骤
（1）画底稿图（用 H 或 2H 铅笔绘画）
1）画边框线。
2）在右下角画标题栏。
3）按右图所示图形、线组和尺寸作图。作图时，应先确定作图起始点，即大圆的中心点，画图纸有效幅面（标题栏以上图框）对角线的相交点来确定。过此点作圆的横、竖中心线，用它来确定其他组图线的位置。
4）校对底稿，擦去多余图线。
（2）铅笔描深（用 H 或 HB 铅笔）
1）按底稿线描深加粗各粗实线的圆、直线。
2）画细虚线、细点画线、细实线的圆及水平和垂直直线。
3）画下图的左右两组 45°的细实线，间隔 2～3mm（用目测）。
4）用标准字体填写标题栏。
4. 注意点
1）各种图线必须符合国家标准规定，粗实线的宽度建议选用0.7mm，同类图线的宽度应一致。
2）细虚线、细点画线的宽度和间隔在画底稿时就应正确画出，并应一致。
3）各种图线相交应符合规定。
4）绘画底稿时，应使铅芯尖细，用力轻。画圆弧的粗实线应比画直线的粗实线所用的铅笔芯软一号。
5. 图例
见右图。

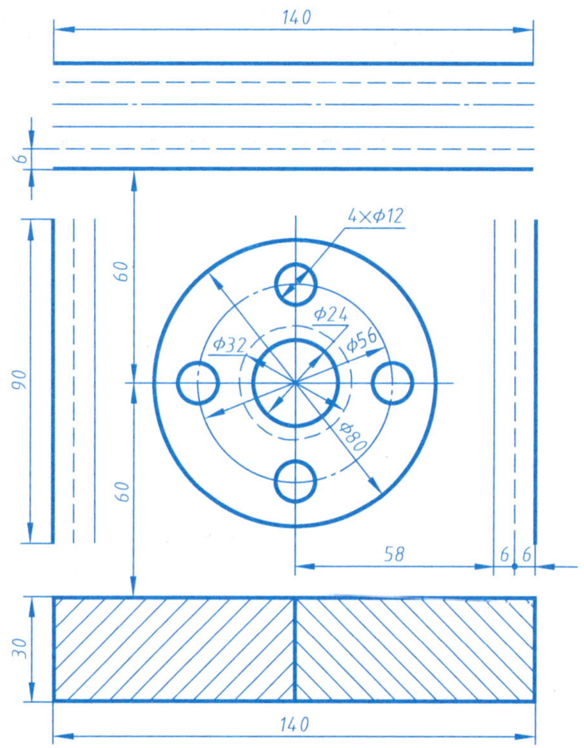

标题栏

班级　　姓名　　学号

三、尺寸标注

1-12　尺寸注法（1）（尺寸数值从图中按 1:1 量取整数）

1. 画箭头及填写线性尺寸数字

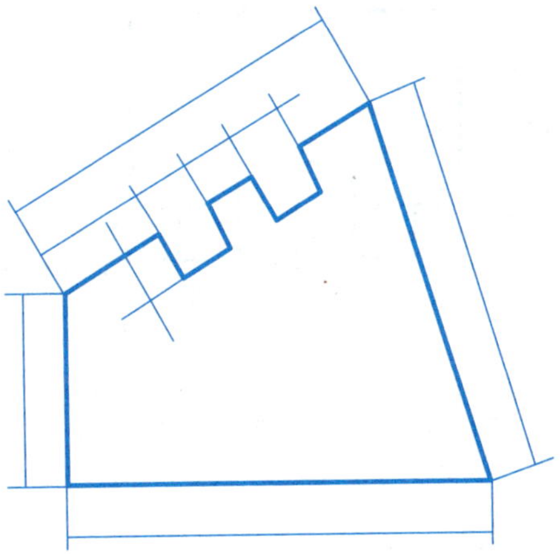

2. 画箭头及填写角度数字（90°、60°、45°）

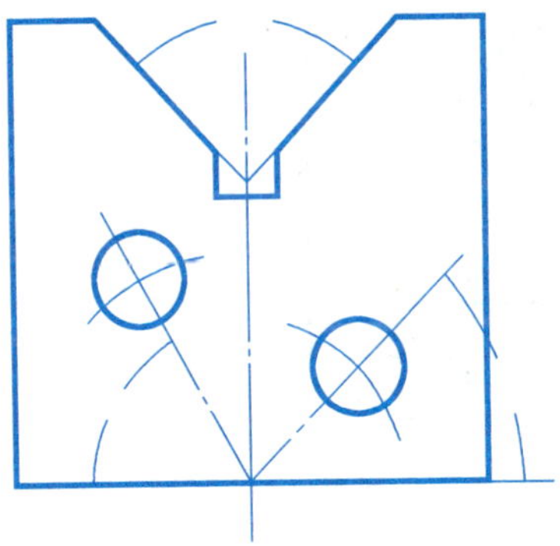

3. 指出图 a 尺寸数字注写的错误，改正在图 b 上

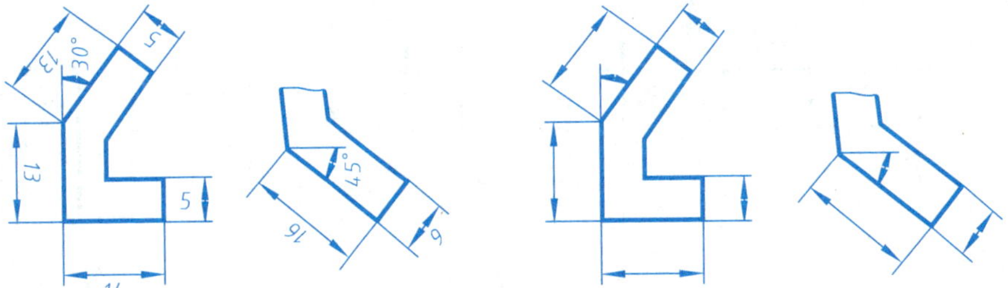

a) 误　　　b)

4. 分析下列小圆、小圆弧尺寸注法，并在相应图中注出

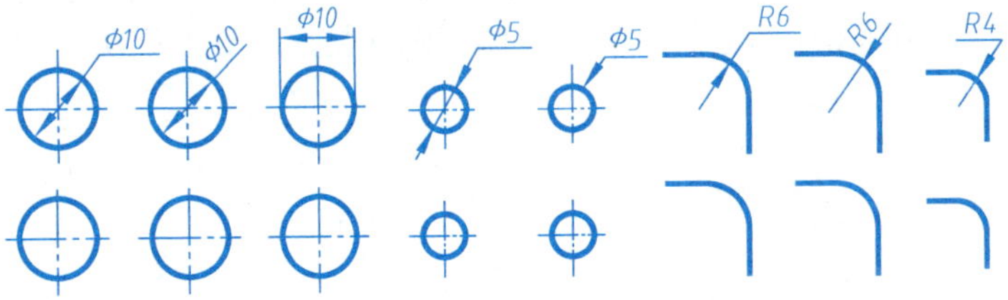

5. 注出下列圆和圆弧尺寸

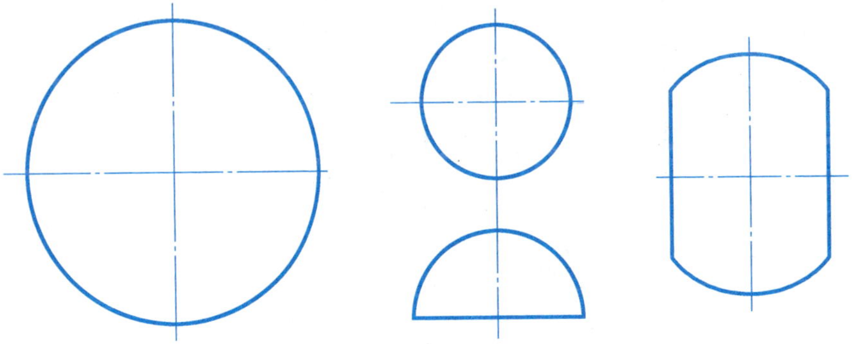

1. 识别图 a、b、c 图形尺寸标注的正、误，参照图 b、c 的尺寸标注，标注图 d 的尺寸（数字按图中实际尺寸量取整数）

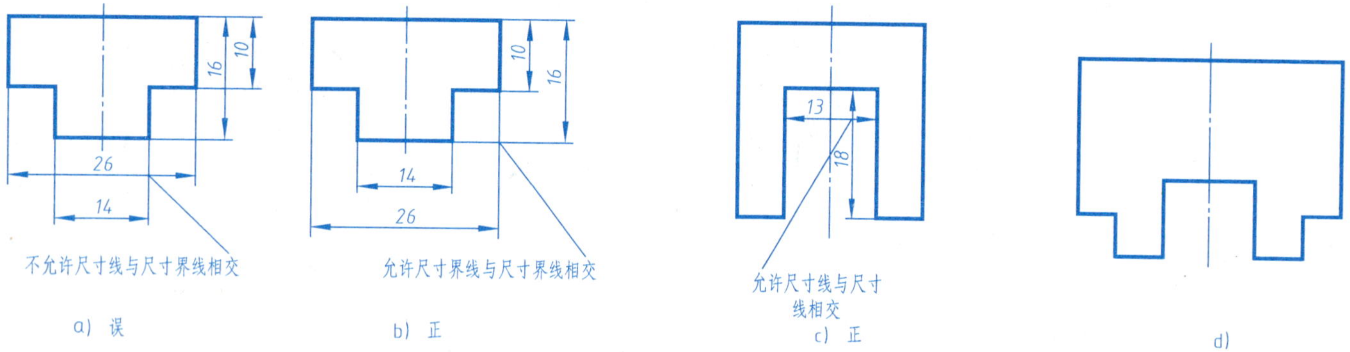

2. 对比图 a、b 两图尺寸标注的正、误，阅读图 a 错误之处的说明，明确相关尺寸标注的规定

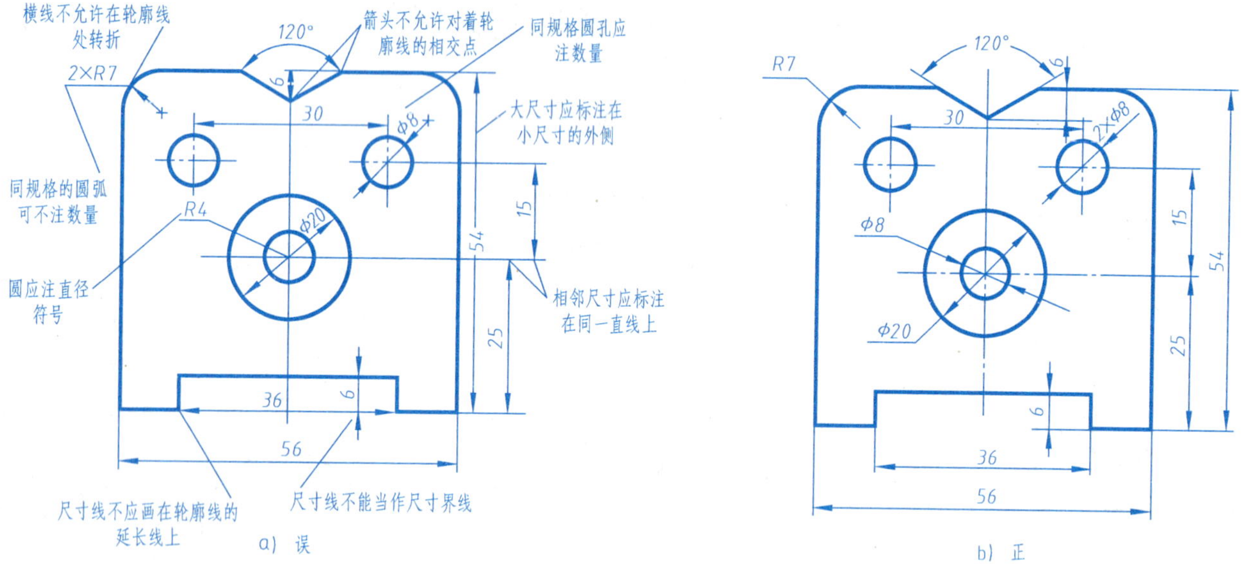

班级　　　　姓名　　　　学号

分析图 a）尺寸标注的错误之处，在图 b）上作正确的尺寸标注。

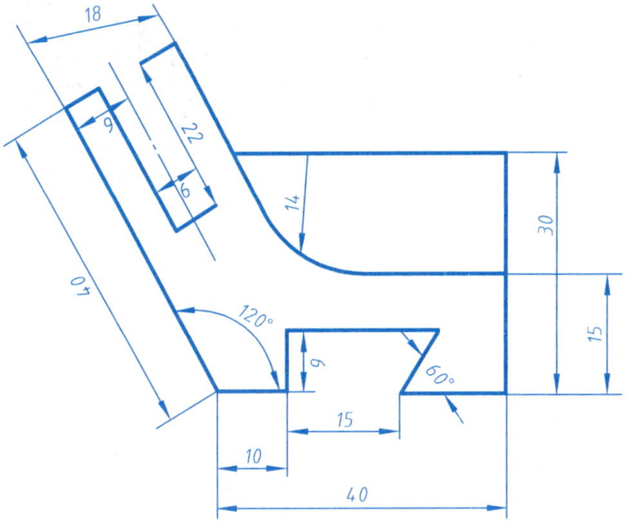

a)

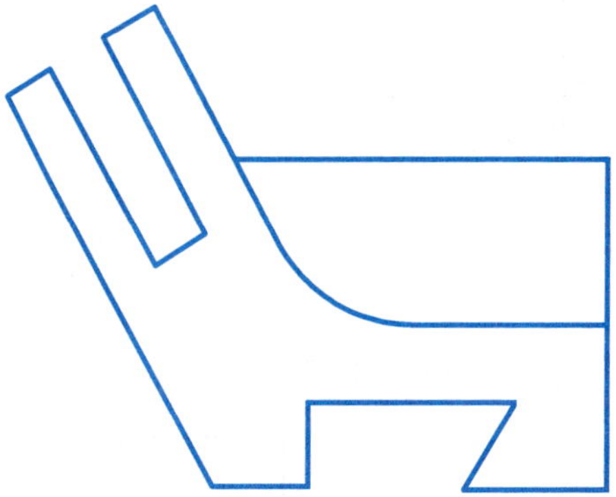

b)

四、几何作图

1-15　几何作图练习（1）

1）按小图要求作正五、六边形。

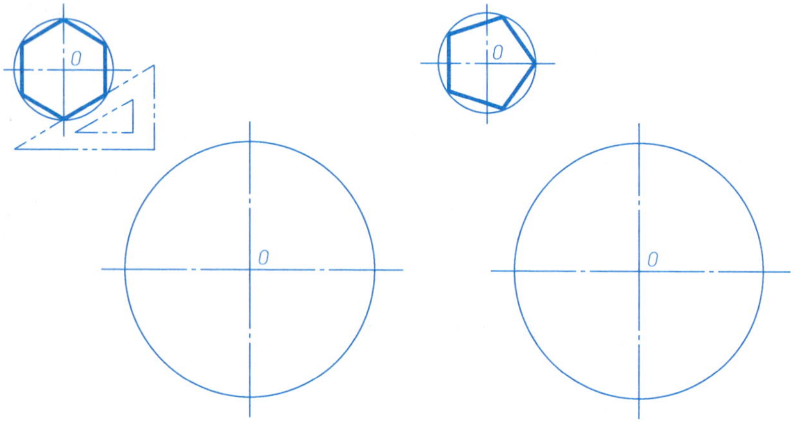

2）按小图要求作直线切圆弧，圆弧连接直线（保留作图线）。

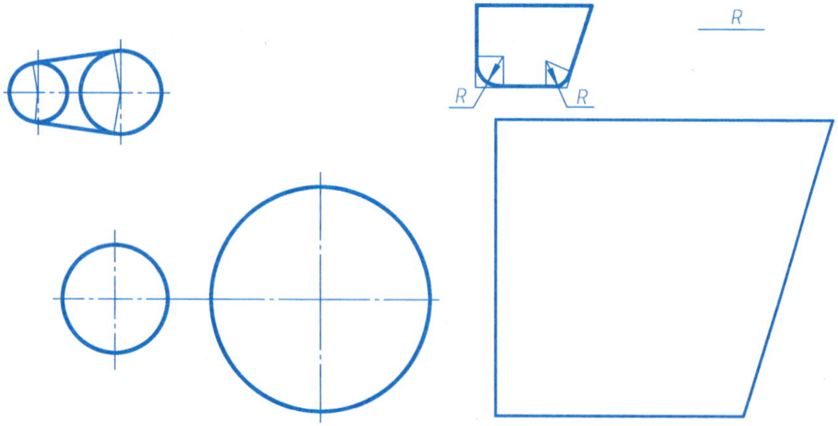

3）在空白处按 1:1 的比例抄画右边的小图形，并标注尺寸。

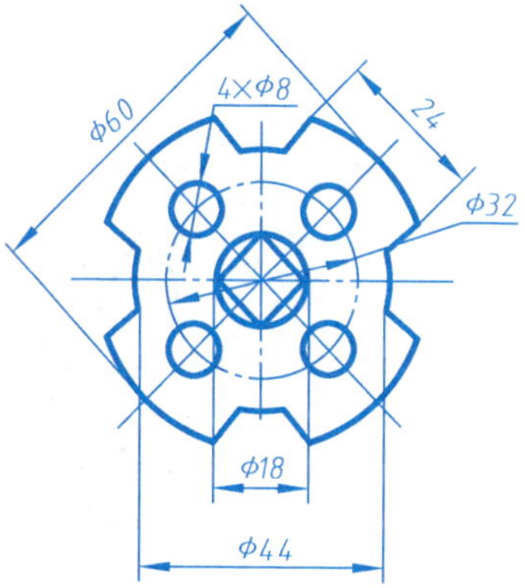

班级　　　　姓名　　　　学号

1-16 几何作图练习（2）

1）按 1:2 绘图比例抄画右边小图形，并标注尺寸。

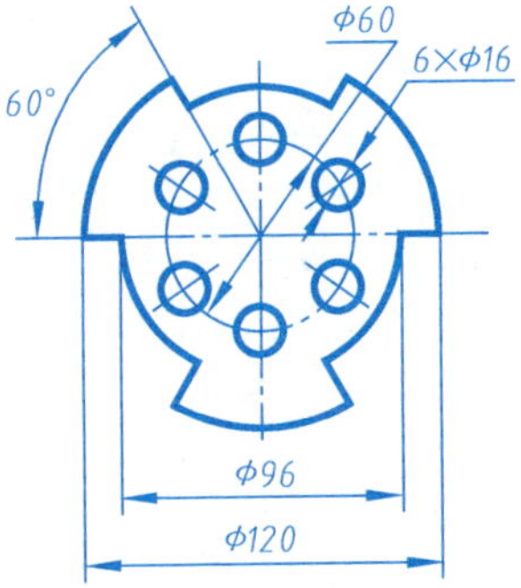

2）参照右边小图形按斜度 1:6 补全下图，并标注斜度。

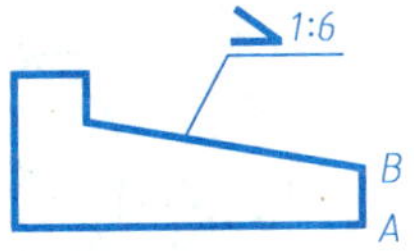

3）按 1:1 绘图比例抄画右边小图形，并标注尺寸。

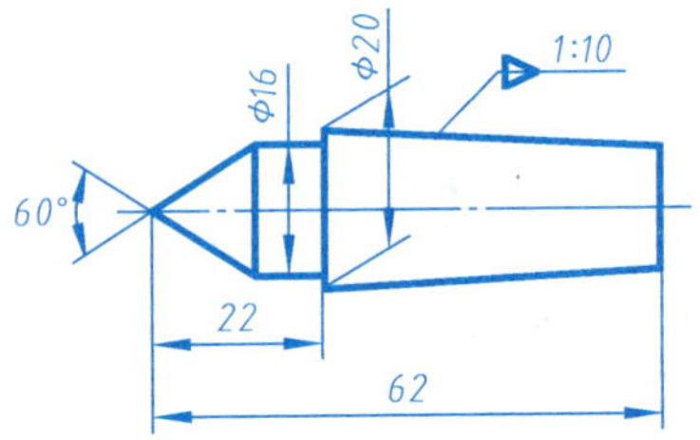

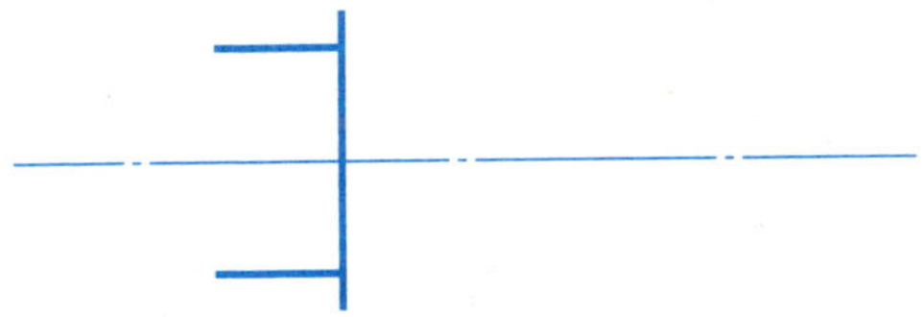

1-17 几何作图练习（3）（题1、2、3按小图形要求作圆弧连接并保留作图线，题4、5按小图形的尺寸作圆弧连接并加粗图线）

1.

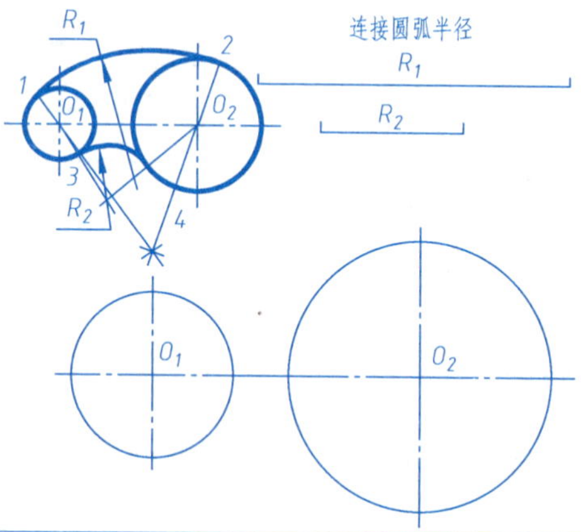

2.

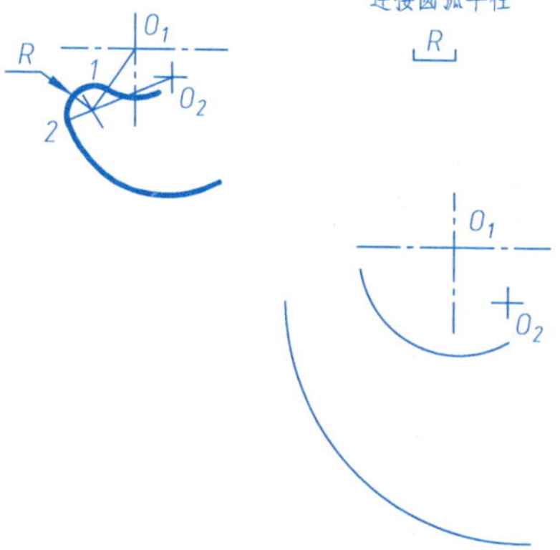

3.

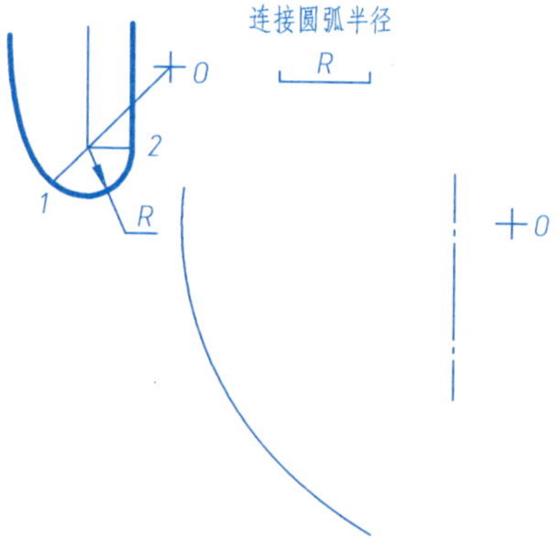

4.

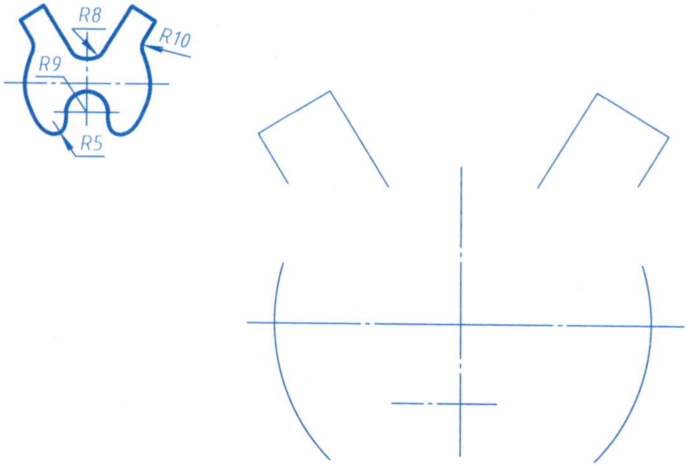

5.

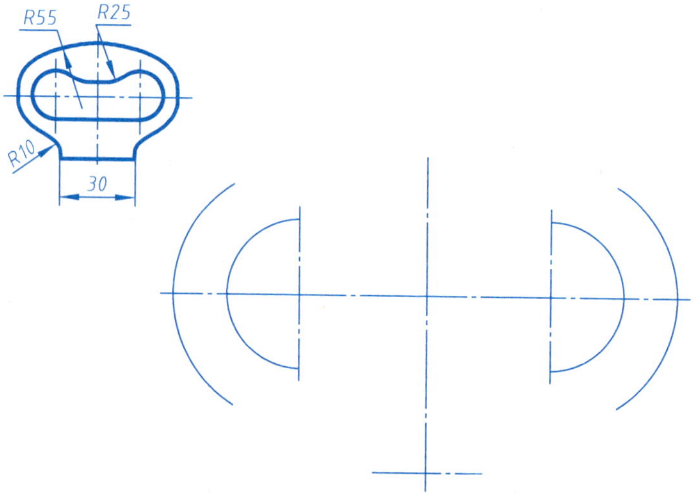

班级　　姓名　　学号

1-18 画椭圆

用四心法画椭圆，已知长轴长 64mm，短轴长 38mm。

五、平面图形画法

1-19 平面图形练习

读下图，指出横、竖两个方向的尺寸基准，哪些尺寸是定形尺寸；哪些尺寸是定位尺寸；确定哪些是已知线段；哪些是中间线段；哪些是连接线段。拟出作图顺序，在空白处按 1:1 绘图比例画出图形，并标注尺寸。

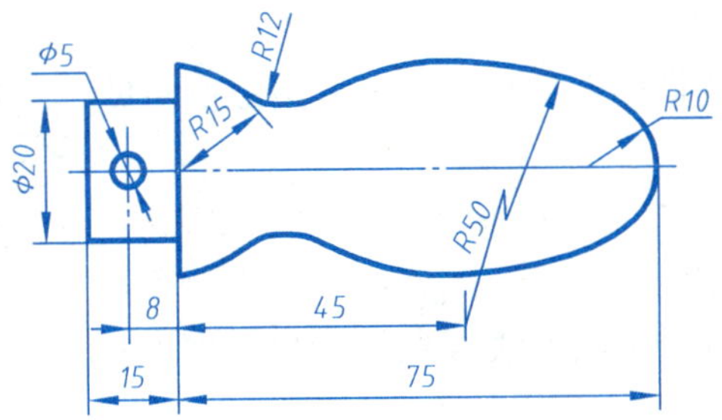

1. 目的

1）熟悉平面图形的绘制步骤和尺寸标注。

2）掌握线段连接方法及作图技巧。

2. 内容及要求

1）按教师指定的题号绘制平面图形，并标注尺寸。

2）用 A4 图纸，自已选定绘图比例及图纸竖放还是横放。

3. 作图步骤

（1）分析图形　读懂图形的构成，分析图形所注尺寸，确定线段性质和作图步骤。

（2）画底稿

1）画图框和标题栏。

2）画出图中两个方向的作图基准线（常以对称中心线及圆的中心线为基准线）。

3）按已知线段、中间线段、连接线段的顺序画出图形。

4）画尺寸界线、尺寸线、箭头。

（3）检查底稿。

（4）用铅笔描深图形，填写尺寸数字和标题栏内容。

（5）校对修饰图面。

4. 注意点

1）图形布置匀称。布图时，应根据图形横向、竖向总尺寸留足标注尺寸位置，确定图形在图幅中位置，画出两个方向作图基准线。

2）画底稿图时，作图线应轻而准确。作连接线段应准确找出圆心和切点。

3）描深图线时，同类线型同时描深，使其规格一致，线段连接光滑。按"先曲后直、先粗后直、先水平后垂直、倾斜"顺序作图。

4）箭头和尺寸数字应符合规定，并且保持大小一致。

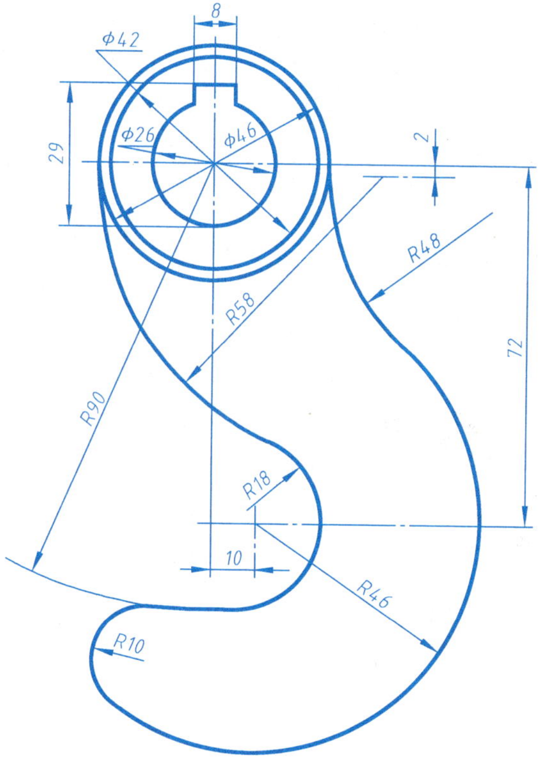

班级　　姓名　　学号

1-21 平面图形作业（2）（选作题，由教师指定选题）

1.

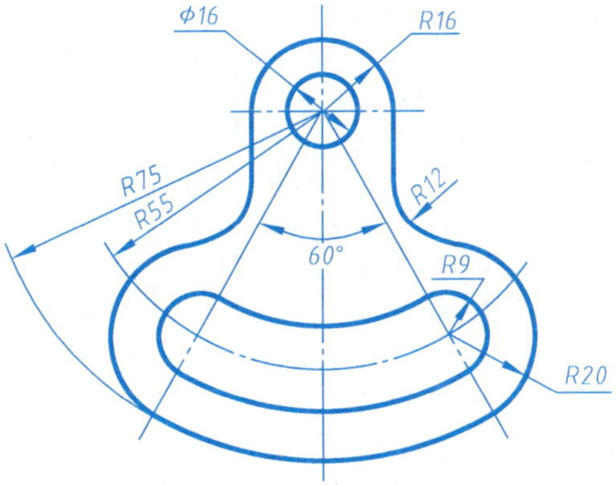

2.

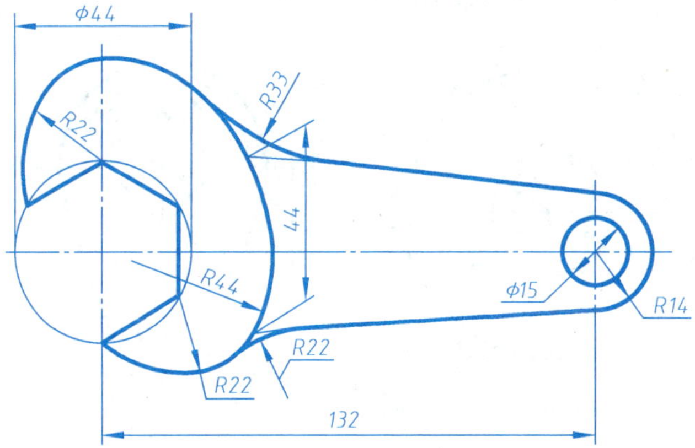

3.

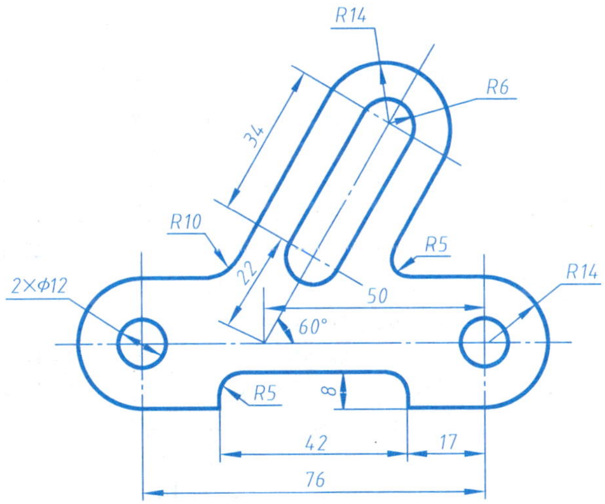

4.

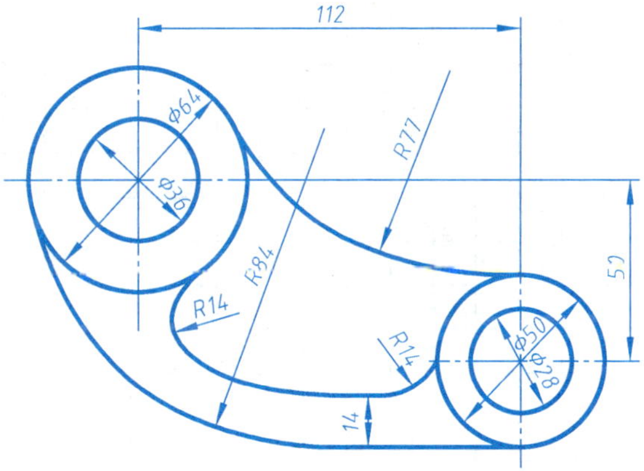

六、平面图形草图画法

1-22　徒手画出下列各图形的草图（1、2 各选一题）

1. 用 1:1 的比例画下列图形的草图

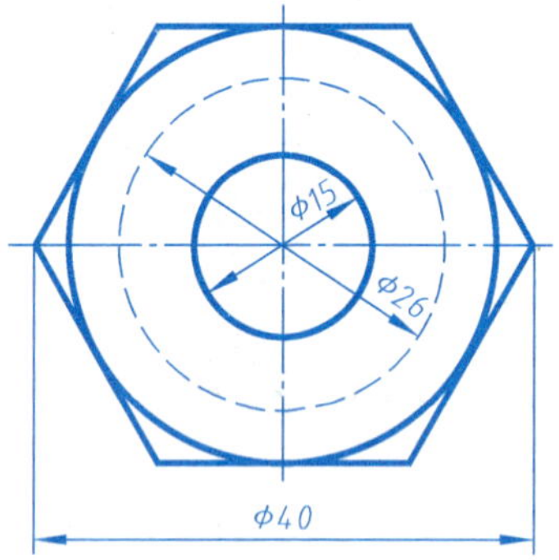

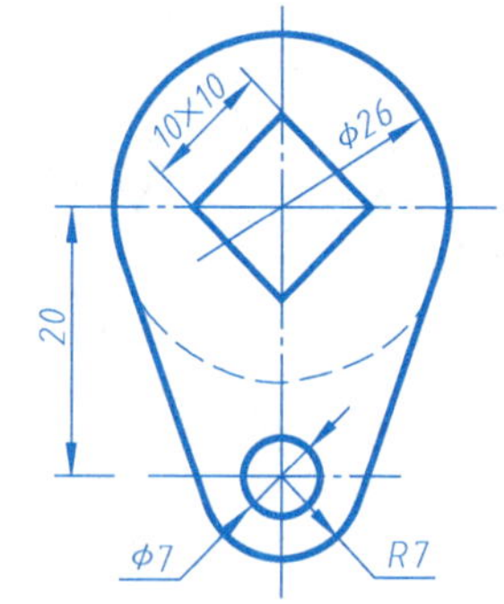

2. 用 2:1 的比例画下列图形的草图

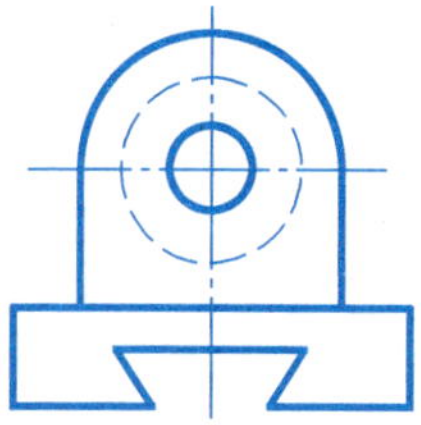

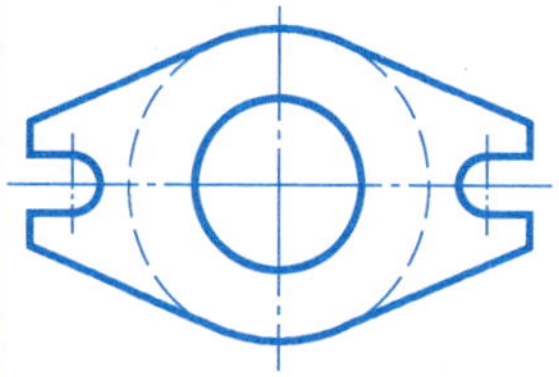

班级　　　　姓名　　　　学号

第二章　投　　影

一、三视图

2-1　熟悉三视图的形成过程，说明三视图之间的投影关系和方位关系，把三视图用投影线连接起来，在各个视图括号内注出表示的方位

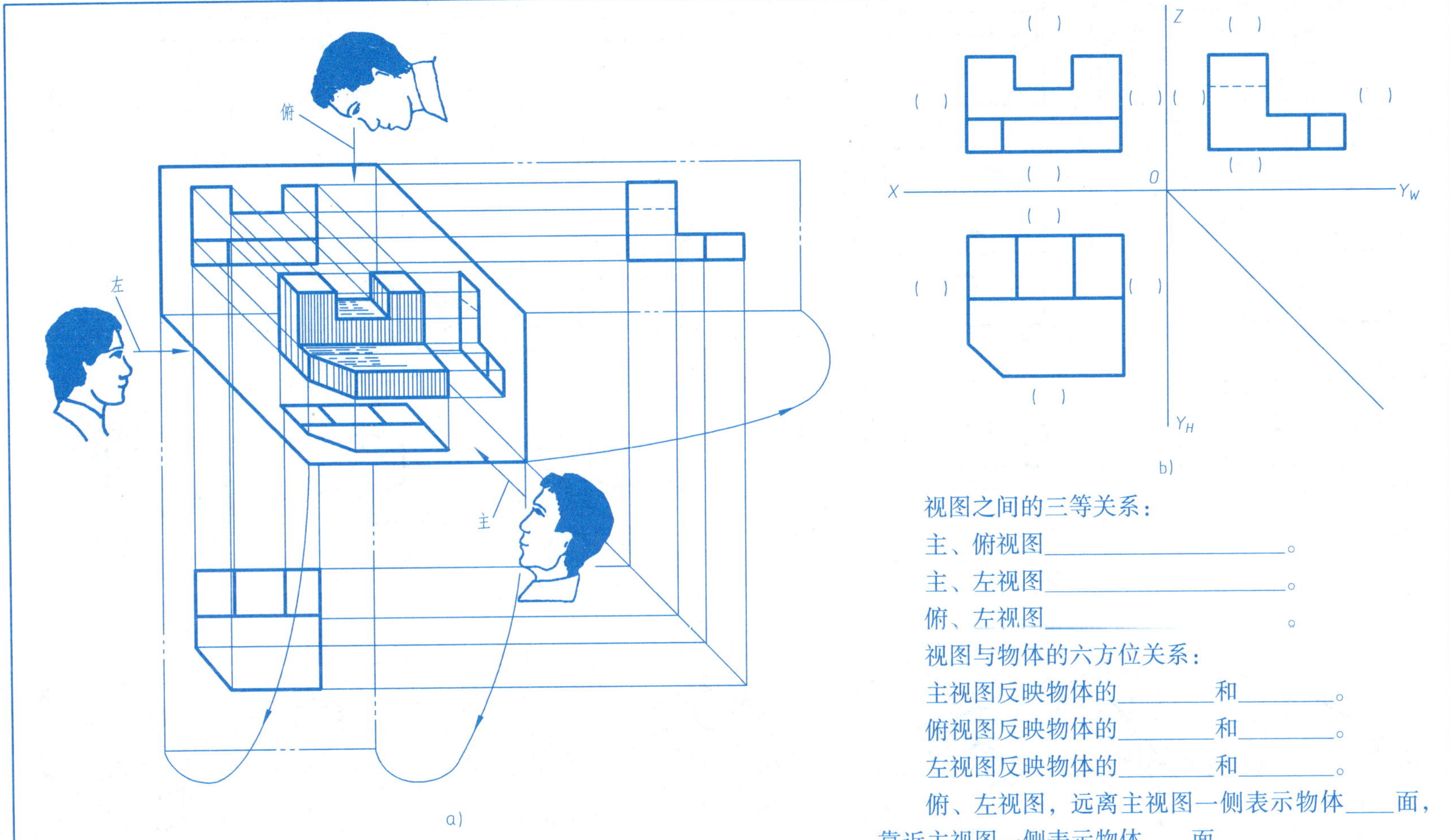

视图之间的三等关系：

主、俯视图＿＿＿＿＿＿＿＿＿＿＿＿＿＿。

主、左视图＿＿＿＿＿＿＿＿＿＿＿＿＿＿。

俯、左视图＿＿＿＿＿＿＿＿＿＿＿＿＿＿。

视图与物体的六方位关系：

主视图反映物体的＿＿＿＿＿和＿＿＿＿＿。

俯视图反映物体的＿＿＿＿＿和＿＿＿＿＿。

左视图反映物体的＿＿＿＿＿和＿＿＿＿＿。

俯、左视图，远离主视图一侧表示物体＿＿＿面，靠近主视图一侧表示物体＿＿＿面。

2-2 分析下列三视图，找出其对应的立体图，并在立体图的圆圈内填上对应三视图的编号

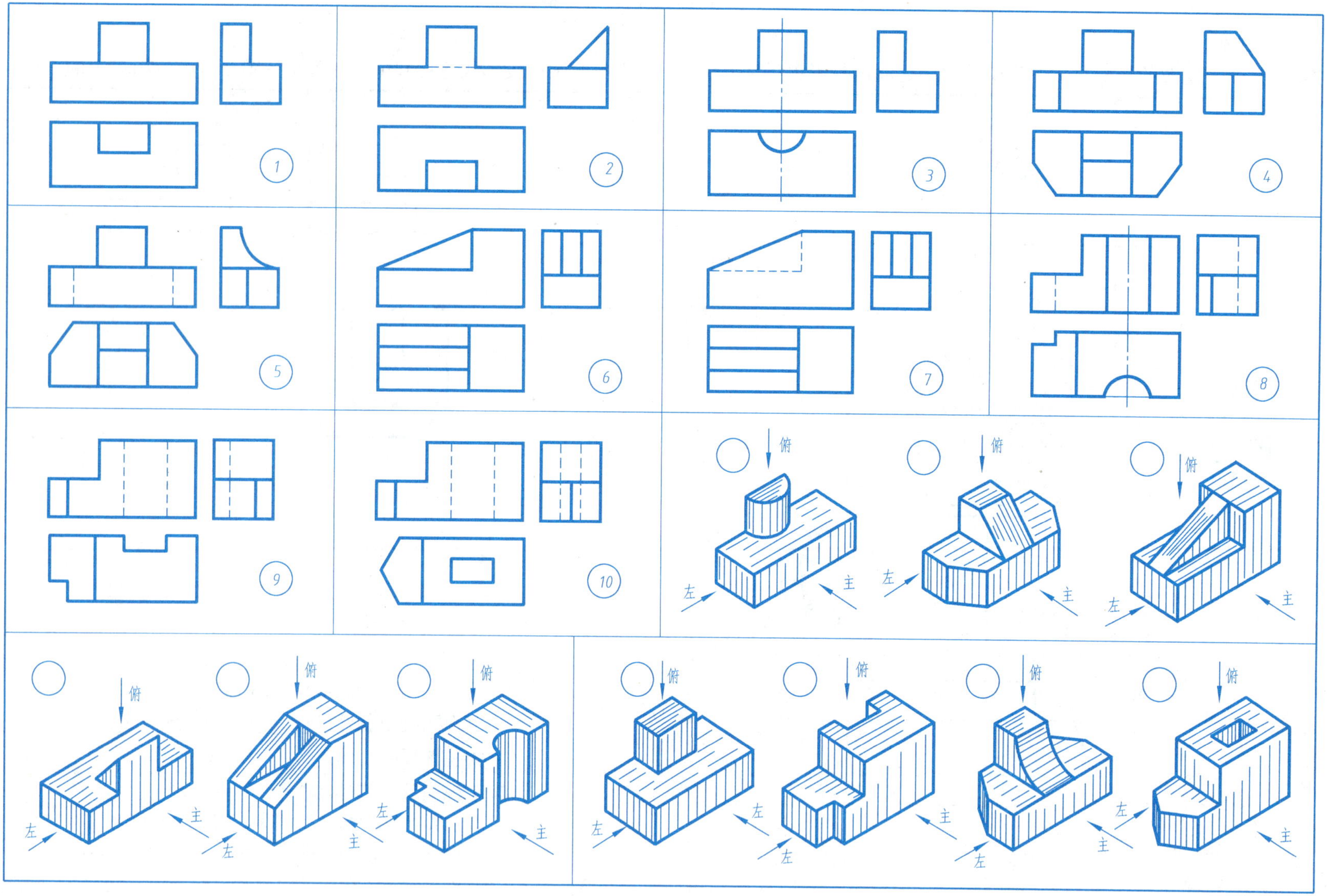

班级　　姓名　　学号

2-3 根据立体圆补画视图的漏线

1. 在底板三视图上叠画直角梯形柱三视图，分清面 *A*、*B* 的前后关系

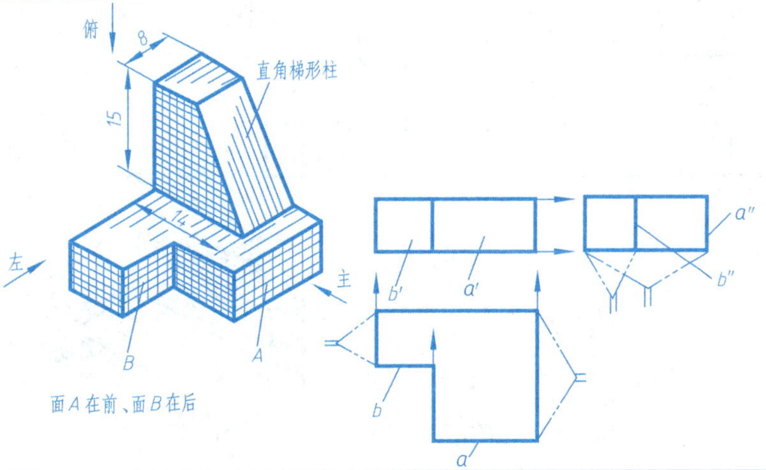

2. 参照立体图补画三视图所缺图线，参照题 1 标出面 *A*、*B* 的投影位置

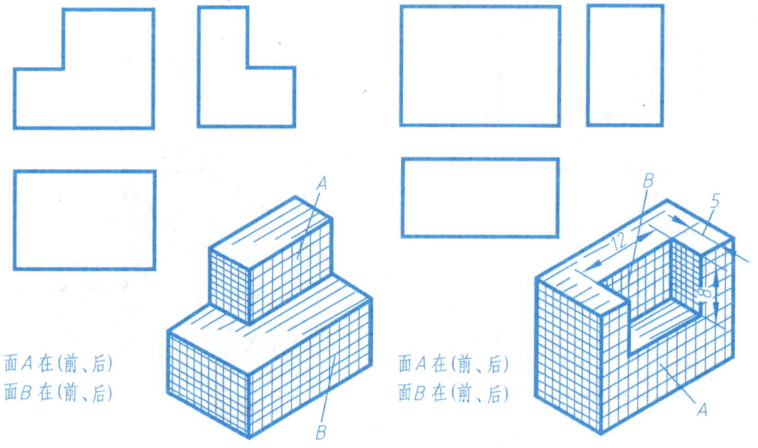

3. 在立体图注出俯、左视图的投射方向，补画视图中所缺的图线

(1)

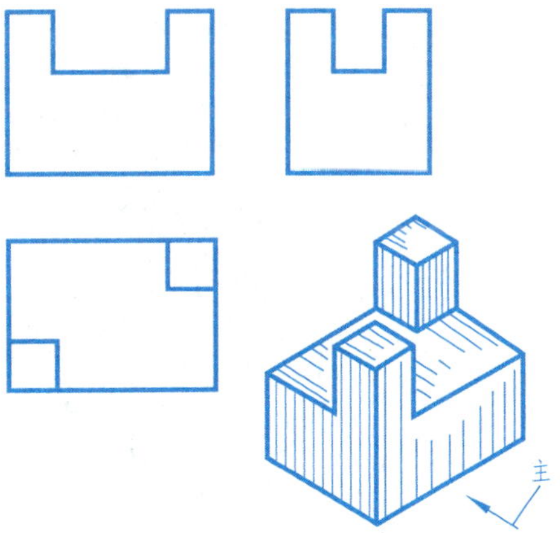

(2)

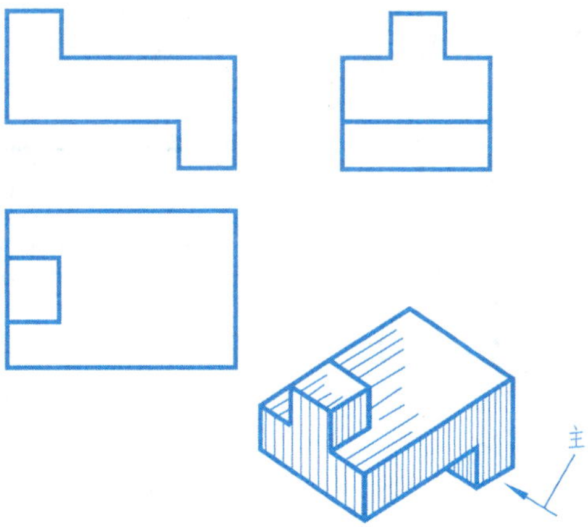

(3)

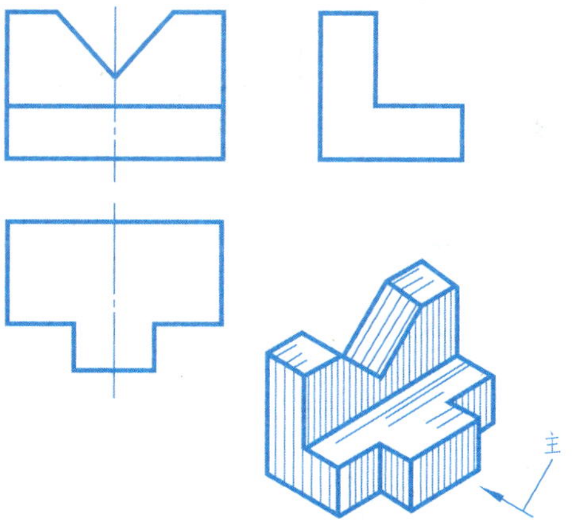

1. 已知两视图和立体图，补画第三视图

（1）

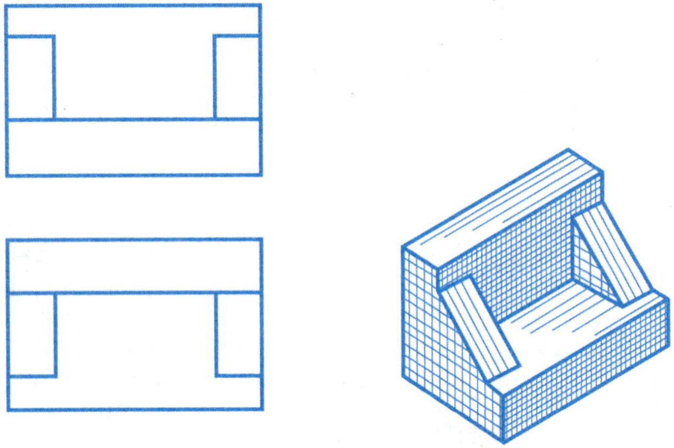

（2）

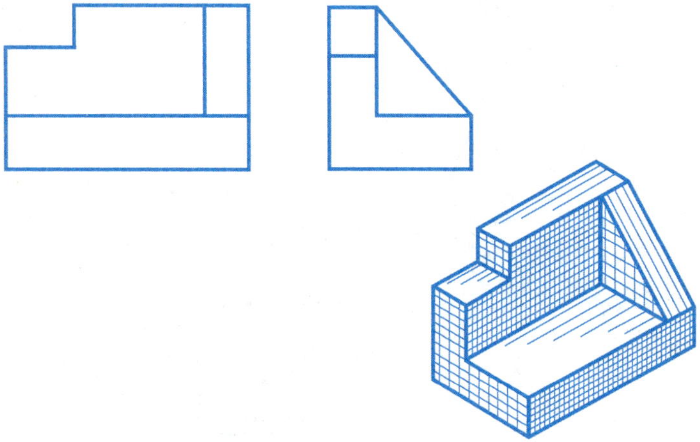

2. 已知主视图和立体图，补画俯、左视图（物体的总宽尺寸均为 22mm，比例为 1:1）

（1）

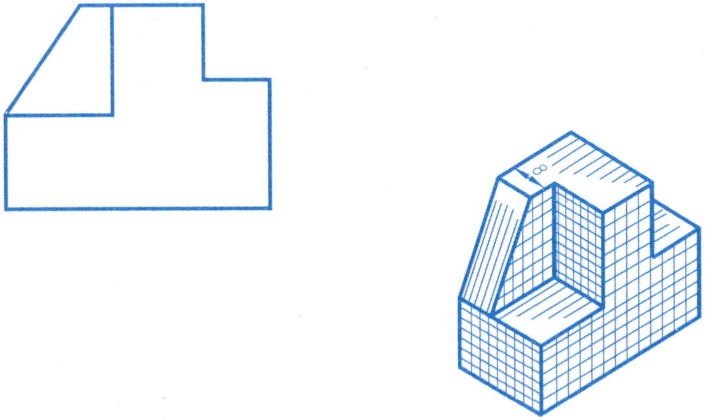

（2）

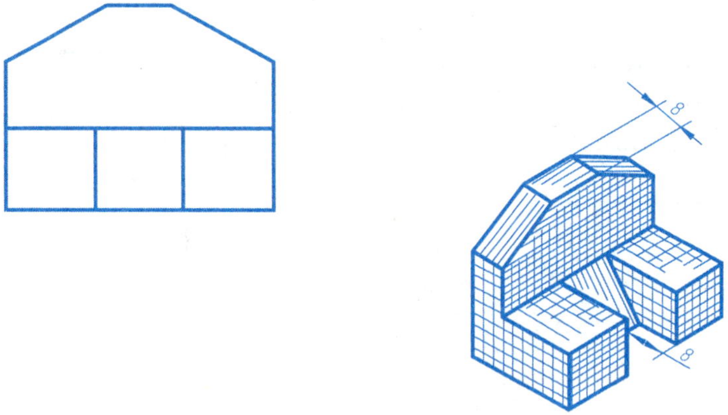

班级　　　姓名　　　学号

画三视图

1. 目的

1）掌握三视图的形成及它们之间的“三等”和“六方位”关系。

2）初步掌握根据模型或立体图画三视图的方法。

2. 内容和要求

1）由模型或立体图画三视图的题目由老师指定。

2）用 A4 图幅，横放，画四个题目的三个视图，不标注尺寸。

3）进一步训练常用绘图工具的使用。

3. 作图步骤

1）仔细地观察物体各方向的形状，确定主视图的投射方向。

2）将图幅分成四个有效部分的面积，把图形布置匀称。

3）作图时先画出每个视图两个方向的作图基准线。

4）先画底稿图，确定无误后，按线型描深加粗。

4. 注意点

1）三视图应按规定的位置配置，应符合“长对正、高平齐、宽相等”的投影关系及“六方位”的对应关系。

2）测量尺寸时，教师应予以指导。

1.
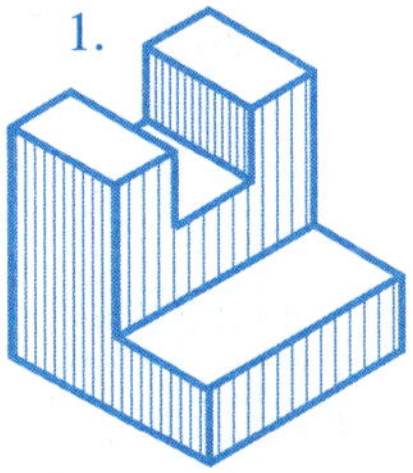

2.
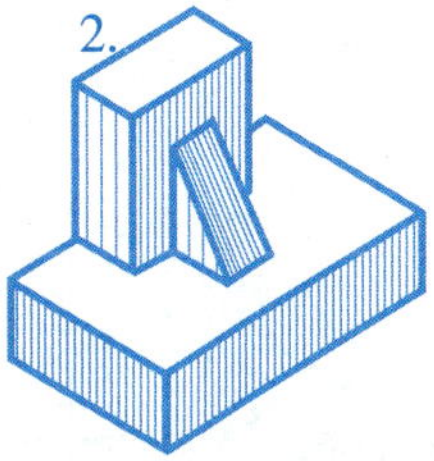

3.
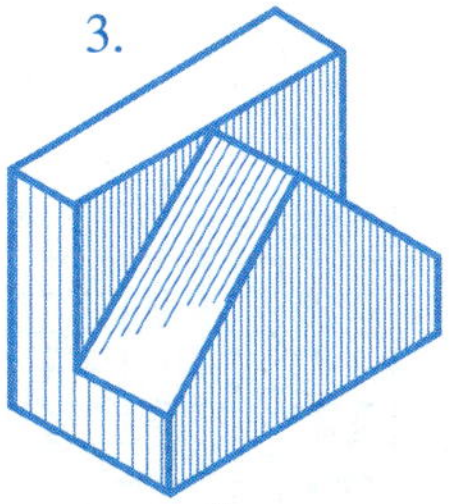

4.
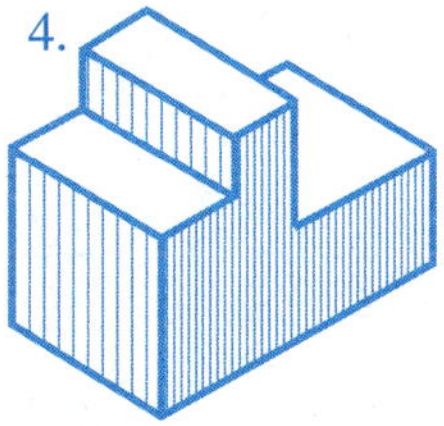

5.
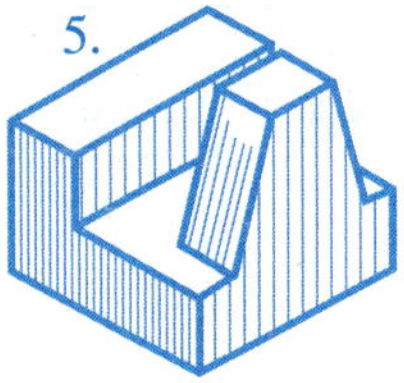

6.
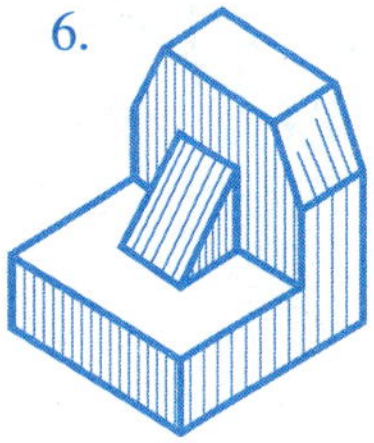

7.
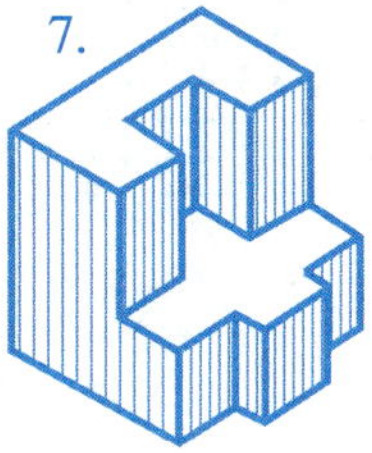

8.
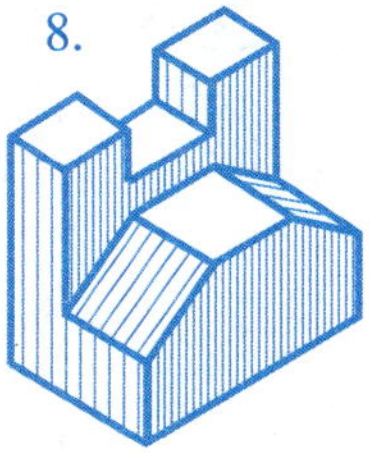

9.
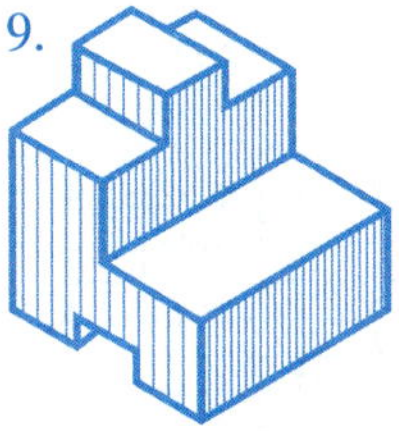

10.
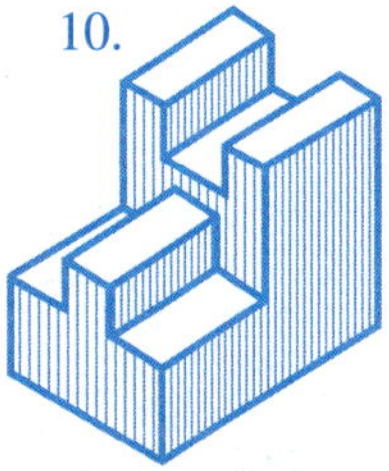

11.
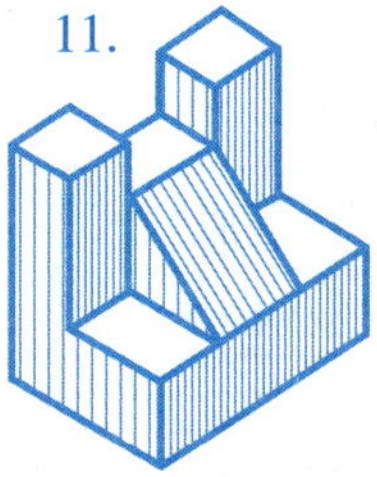

12.
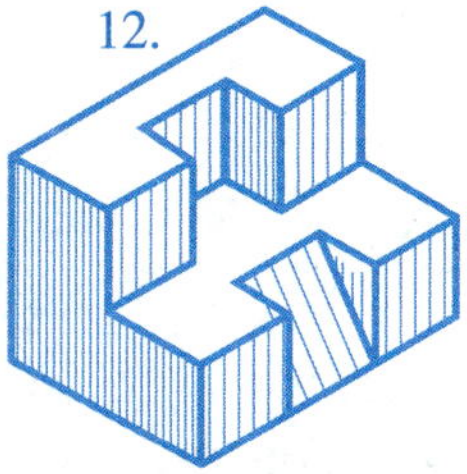

13.

14.

15.
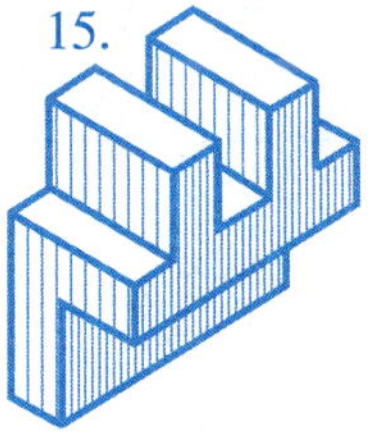

16.
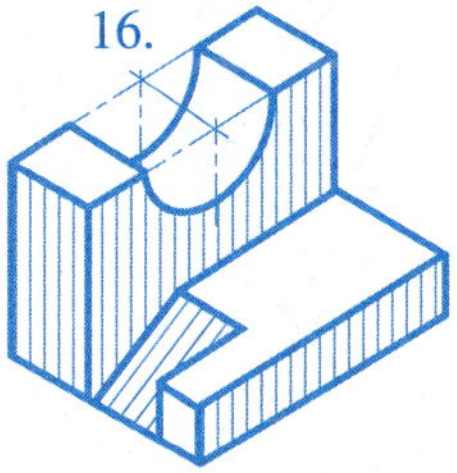

班级　　　　姓名　　　　学号

1.

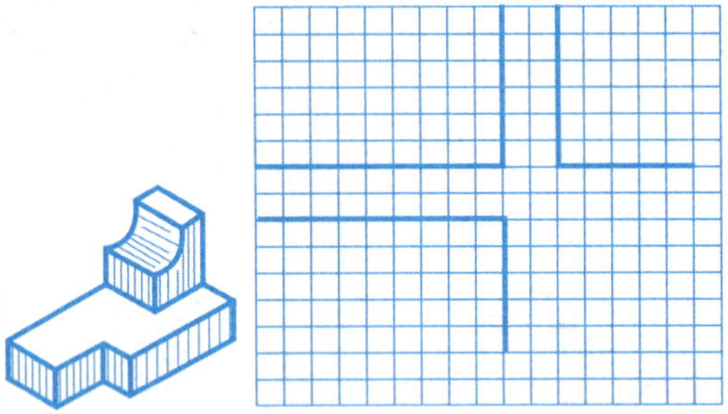

2.

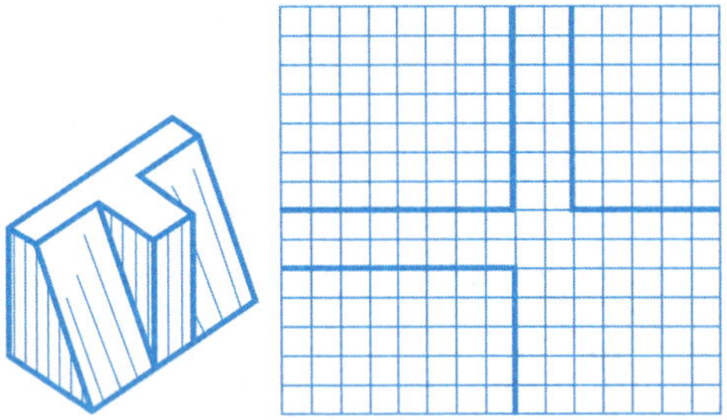

3.

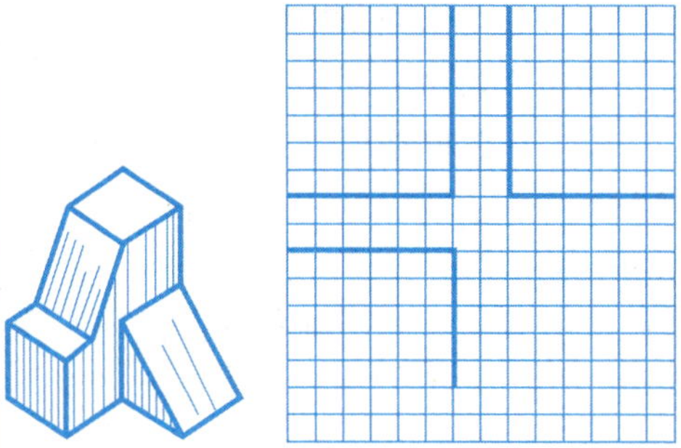

4.

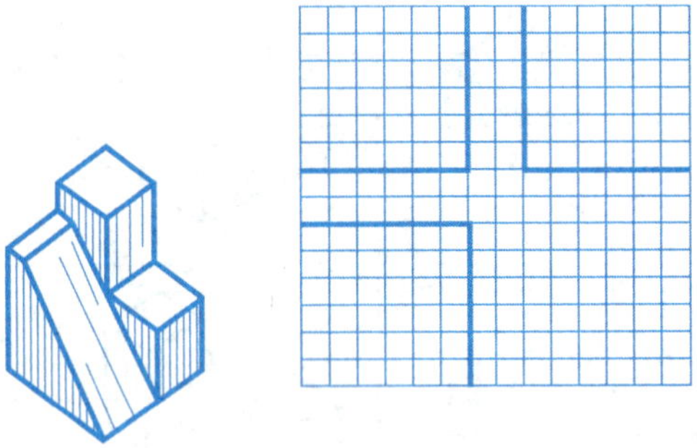

5.

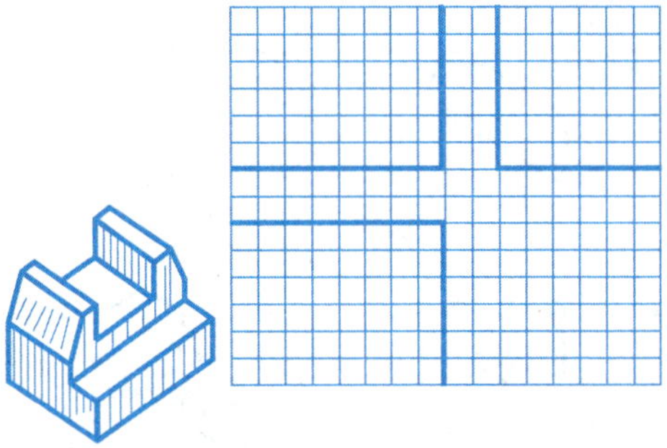

6.

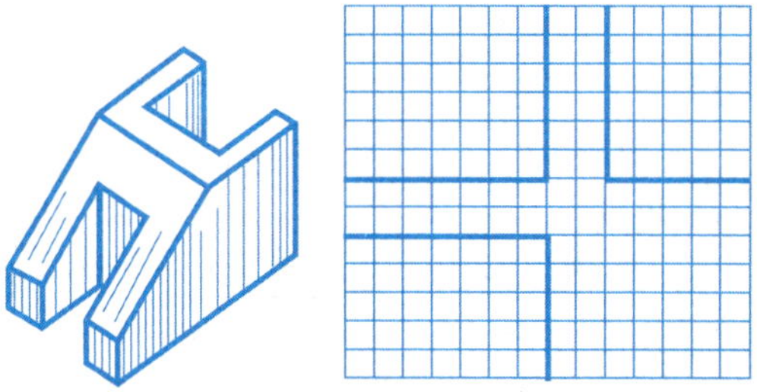

班级　　　　姓名　　　　学号

二、点的投影

2-7 读、画点的投影

1. 根据点 *A* 的立体图，画出点 *A* 的三面投影，写出它的坐标值（按 1:1 比例从图中量取整数）

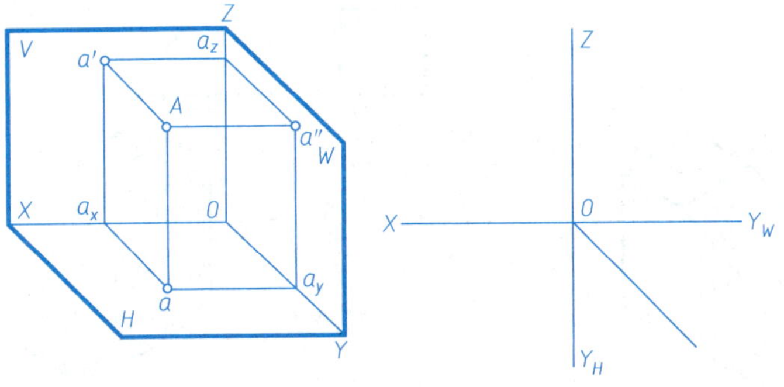

A（　　、　　、　　）

2. 已知点 *A* 的正面和水平面投影，求作侧面投影

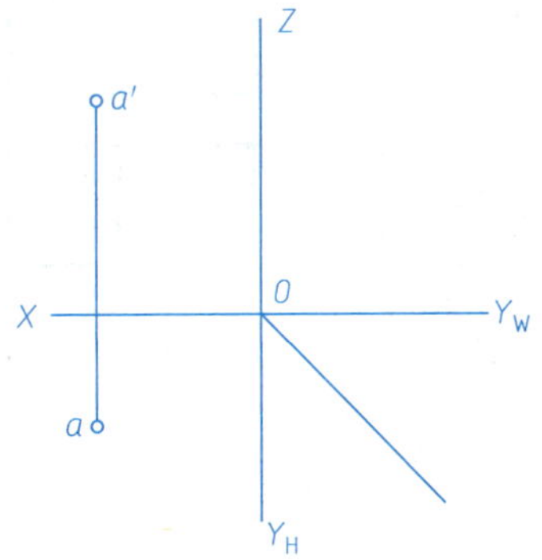

3. 已知点 *A*、*B* 的正面和侧面投影，求作水平投影

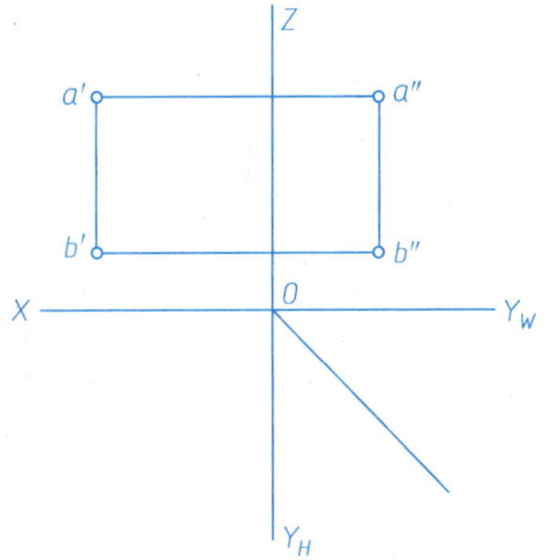

4. 已知点 *B* 在点 *A* 正下方 20mm，点 *C* 在点 *A* 正左方 10mm，作点 *B*，*C* 的三面投影，指出哪个投影是重影点，并填空

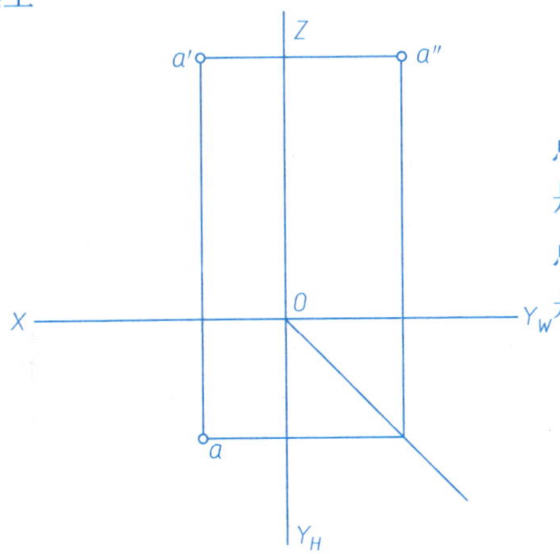

点 *A*、*B* 的重影点是__________。

点 *A*、*C* 的重影点是__________。

5. 已知五组两点（*A* 与 *B*，*C* 与 *D*，*E* 与 *F*，*G* 与 *H*，*I* 与 *J*）的两面投影，用两个小球或拳头模拟空间两个点，教室一角为三个投影面，比出其相对位置（即左右方，上下方和前后方），不要求真实距离，想象每组的侧面投影（指上、下和前、后位置关系及哪两个点的投影有重影）

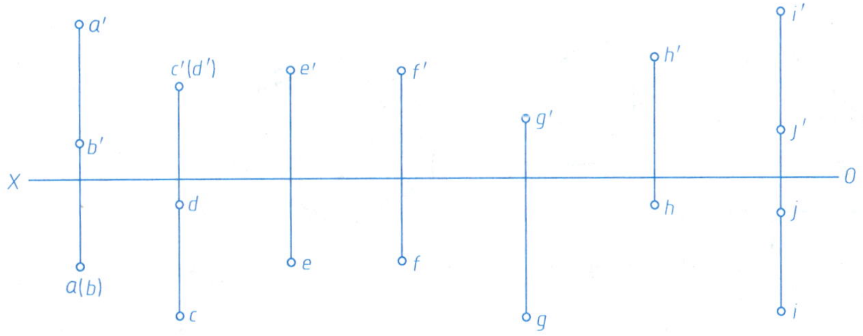

2-8 读、画体上点的投影

1. 求作左视图，标出立体图上点 A、B 的三面投影

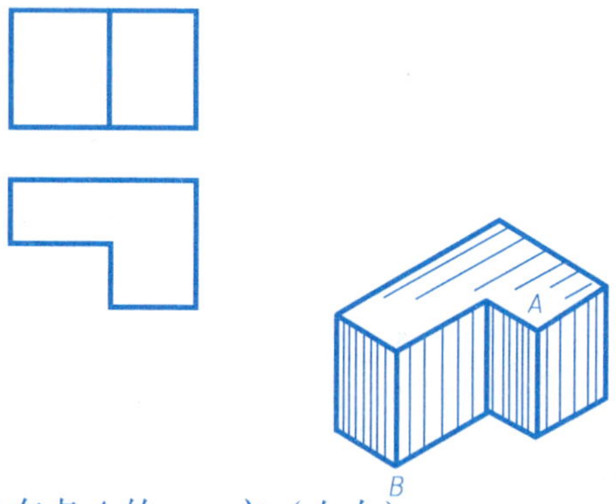

点 B 在点 A 的____方（左右）

点 B 在点 A 的____方（前后）

点 B 在点 A 的____方（上下）

2. 求作左视图及点 c''、d''，在立体图上标出点 C、D 的位置

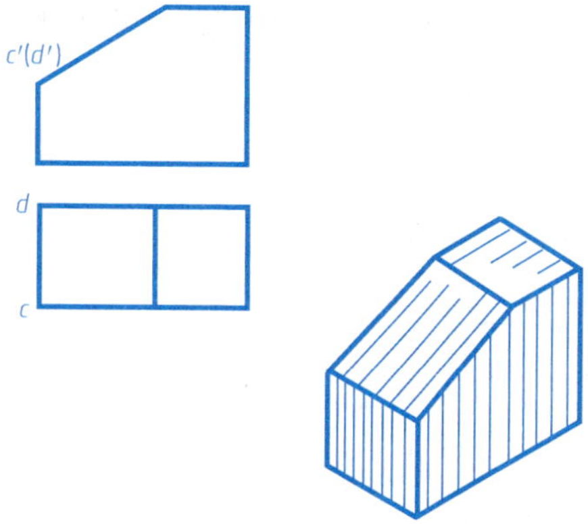

点 C、D 没有____、____之分

点 D 在点 C 的____方

3. 求作俯视图及点 e、f，在立体图上标出点 E、F 的位置

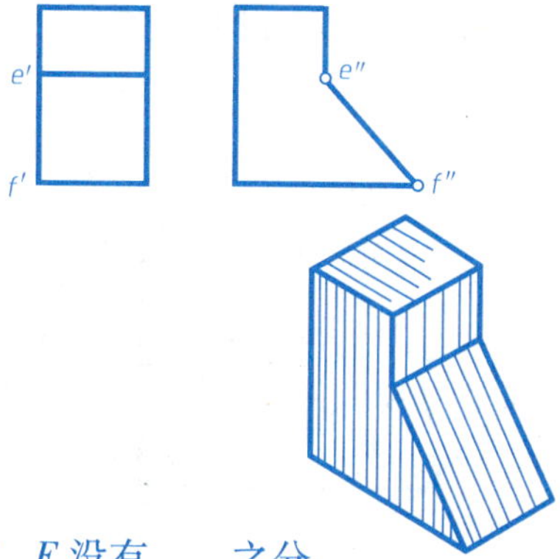

点 E、F 没有____之分

点 F 在点 E 的____方

点 F 在点 E 的____方

4. 已知平面体上点 A、B、C、D 的正面和水平面投影。求作侧面投影，在立体图上标出其位置、判断 A 与 B、C 与 D、A 与 C 的相对位置

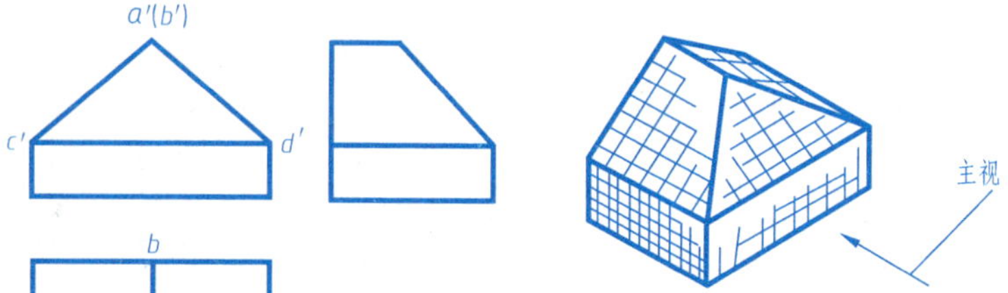

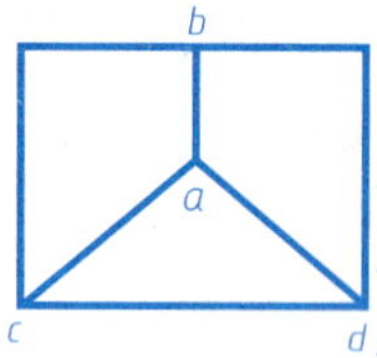

点 A、B 没有____和____之分，点 B 在点 A ____方

点 C、D 没有____和____之分，点 D 在点 C ____方

点 C 在点 A 的____方、____方、____方

5. 已知斜截三棱柱上的点 A、B、C，标出其三视图位置及补画左视图的漏线

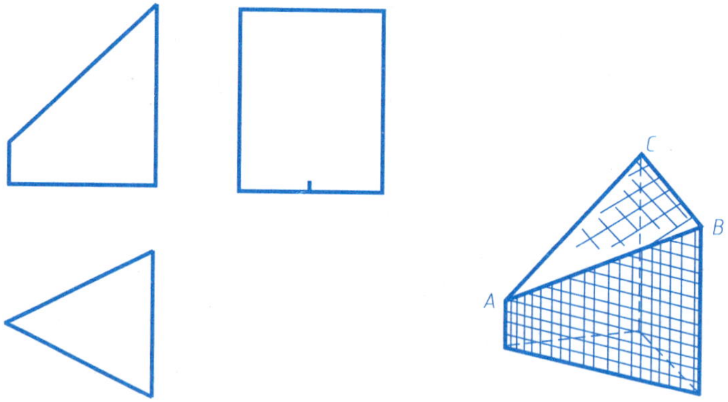

班级　　姓名　　学号

三、直线的投影

2-9 识别直线的投影

（1）看懂直角梯形柱的投影，分析体上棱线的空间位置，并说明名称，标出指定点的投影位置

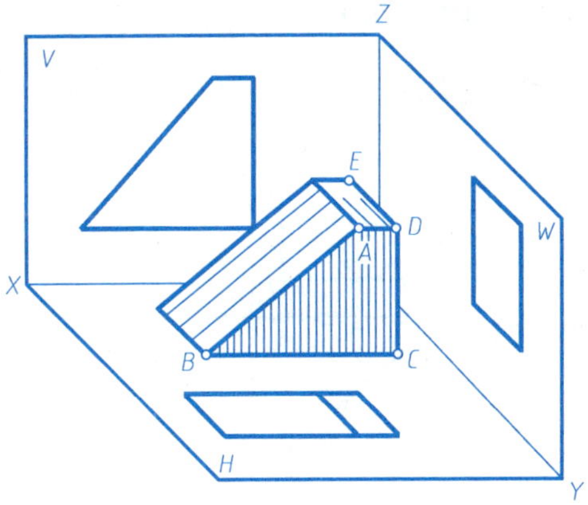

直角梯形柱共有：

________棱线

________条铅垂线

________条正垂线

________条侧垂线

________条正平线

（3）求直线 *BC* 的侧面投影

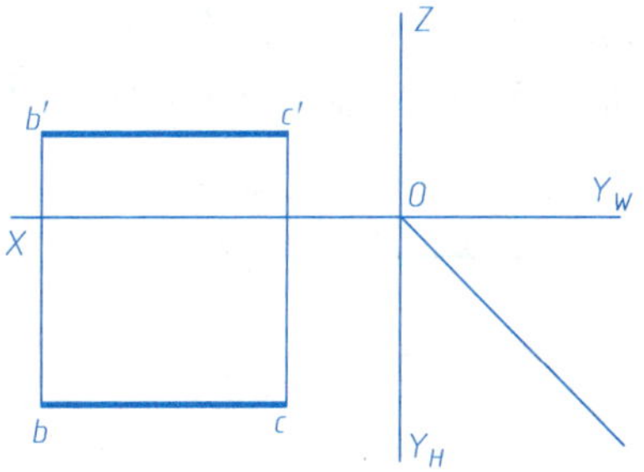

（4）求直线 *AB* 的侧面投影

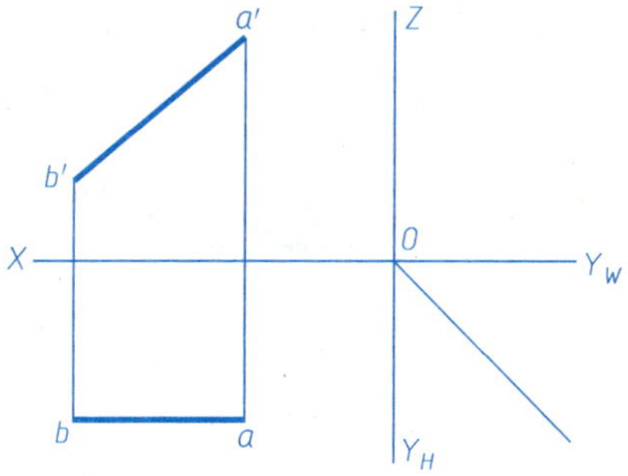

（2）在三视图标出题 1 指定棱线 *AB*、*BC*、*CD*、*DE* 的投影位置，并说明名称

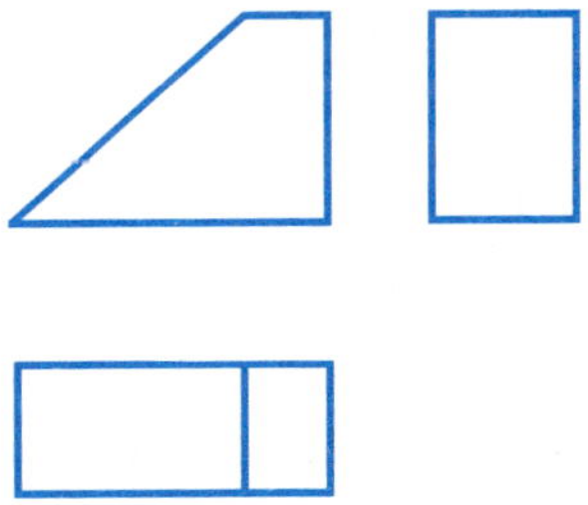

BC 是____线，*AB* 是____线

DC 是____线，*DE* 是____线

（5）求直线 *DC* 的正面投影

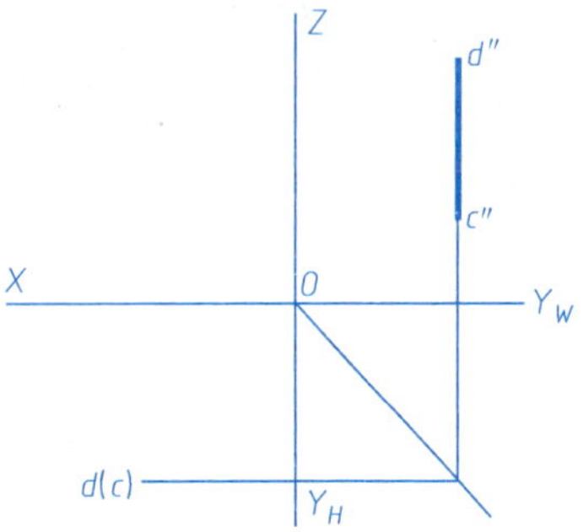

（6）求直线 *DE* 的水平投影

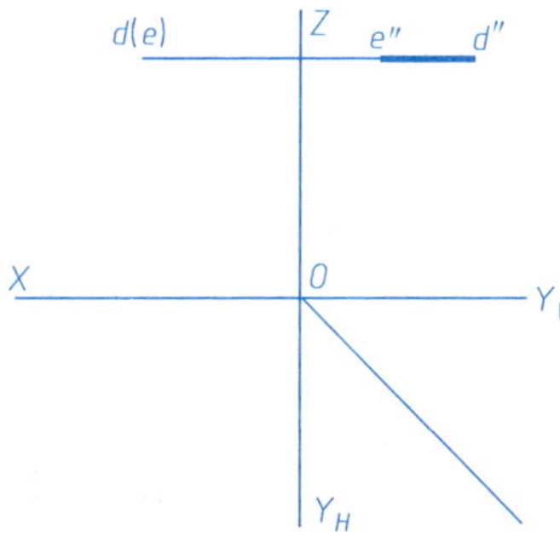

（7）求直线 *GF* 的侧面投影及线上点 *K* 在水平和侧面的投影

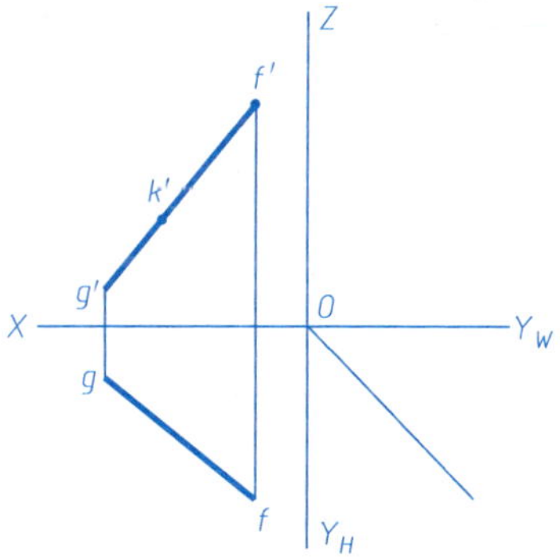

GF 是________线

2-10　读空间直线和体上棱线的投影

读直线投影要领是：在投影对应关系是点对应横向线或竖向线，表示直线是投影面垂直线，垂直于点所在投影面；找投影对应关系，一般从点出发。斜线对应横向线或竖向线，表示直线是投影面平行线，平行于斜线所在投影面；找投影对应关系，一般从斜线出发。斜线对应斜线，表示直线是一般位置直线；找投影对应关系，从任一斜线的两端点出发。

1. 用铅笔模拟出下列直线，比出其空间位置，说明其名称，想象其 *W* 面投影特点（指投影为点，横向线、竖向线或倾斜线）

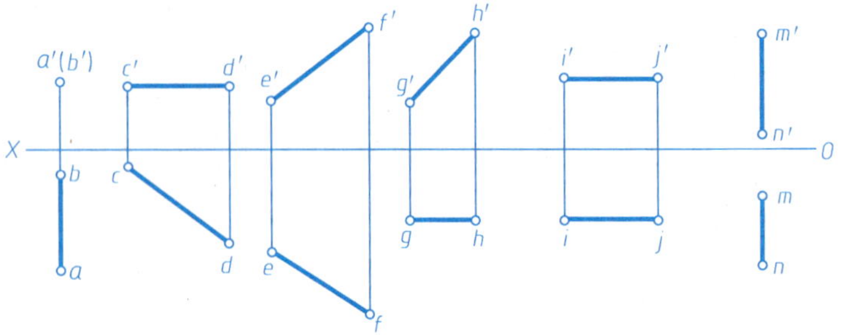

AB 是____线　*CD* 是____线　*EF* 是____线

GH 是____线　*IJ* 是____线　*MN* 是____线

2. 求作两直线的 *W* 面投影，判断空间位置，用两支铅笔模拟两直线比出空间位置

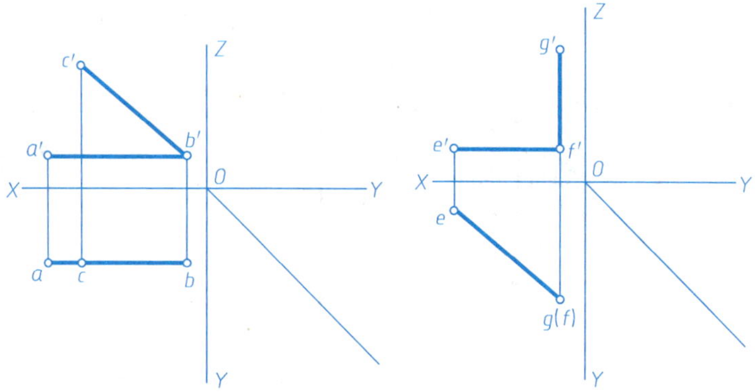

AB 是________线　*EF* 是________线

BC 是________线　*FG* 是________线

3. 已知平面体三视图上两棱线的两个投影，用字母标出第三个投影位置，补画视图所缺的图线

（1）

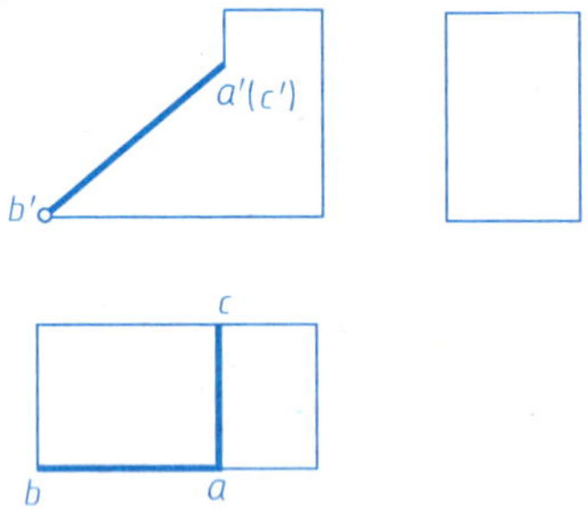

（2）

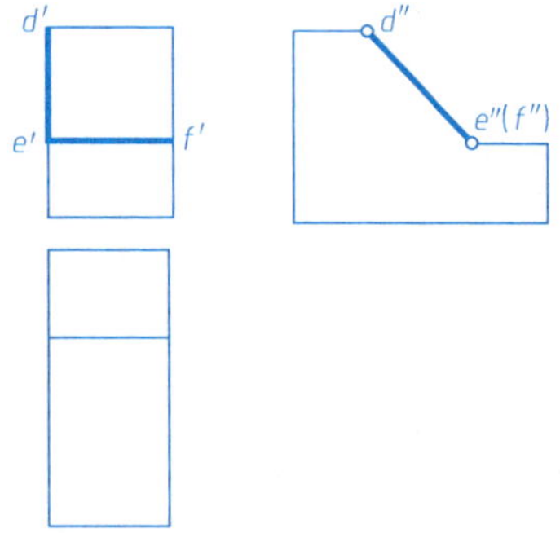

（3）

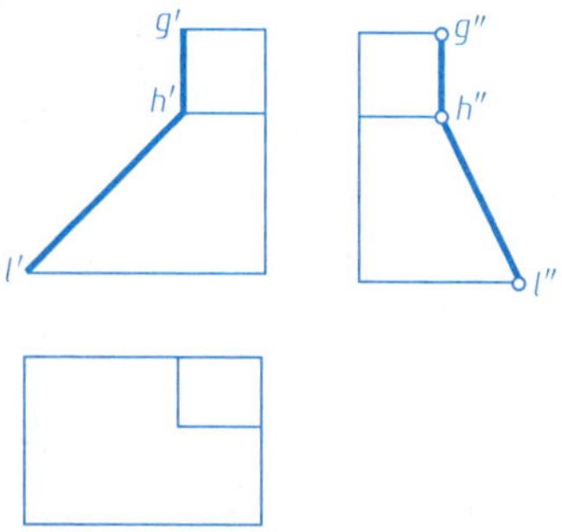

班级　　姓名　　学号

1. 分析立体图上直线 *AB* 与 *BC* 空间位置，填空、补画主视图所缺图线

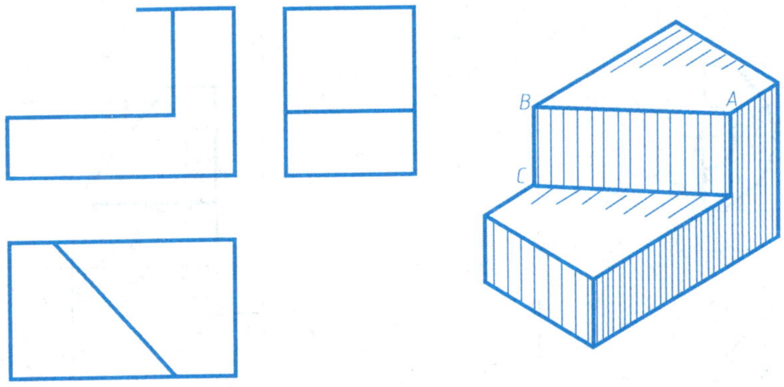

AB 是________线；*BC* 是________线

2. 在三视图标出立体上指定各点的投影位置，补画主、俯的漏线，说明直线 *AB*、*AD*、*BE* 的空间位置，并填空

AB 是________线

AD 是________线

BE 是________线

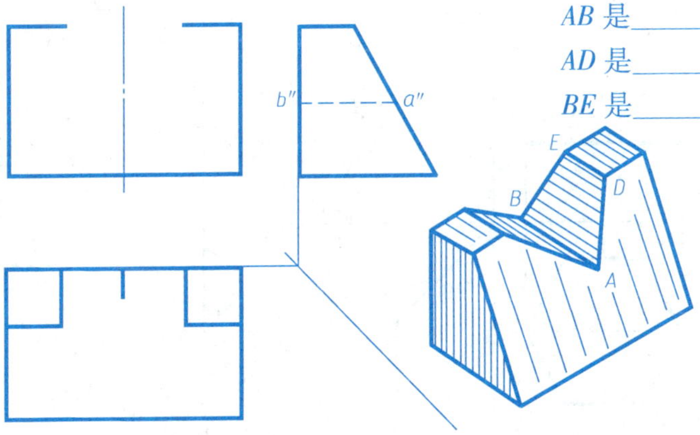

3. 已知平面体的三视图及体上三条棱线的正面和侧面投影，想象其空间位置并填空；标出水平投影和立体图的位置，并补俯视图所缺的图线

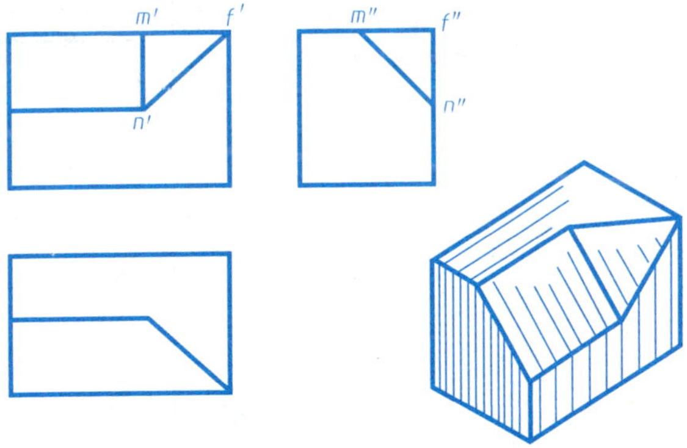

MN 是____线；*FM* 是____线；*FN* 是____线

4. 已知正三棱锥的底面在 *H* 面上及俯视图，锥高 25mm，求作主、左视图，保留投影连线

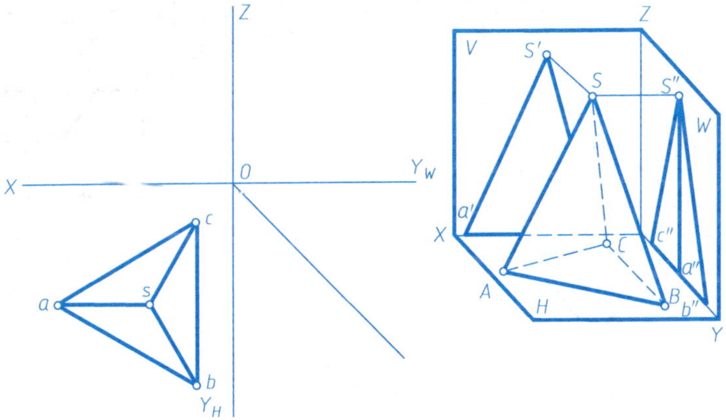

四、平面的投影

2-12　已知平面的两个投影，求作第三个投影，并说出平面的名称

1.

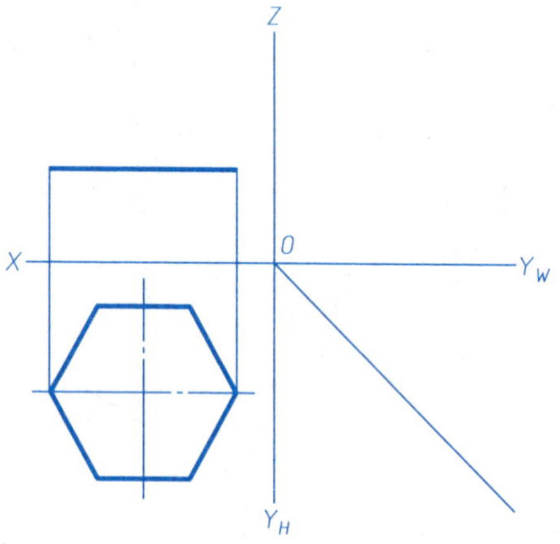

平面是______面

2.

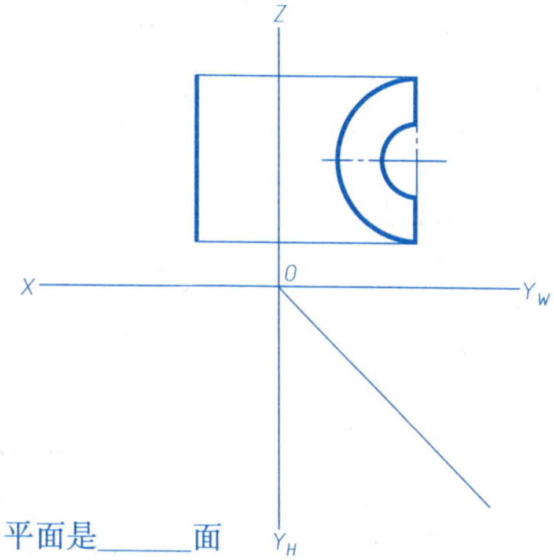

平面是______面

3.

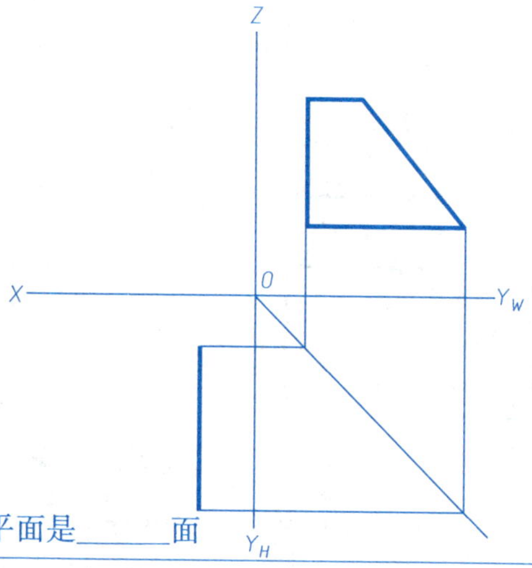

平面是______面

4.

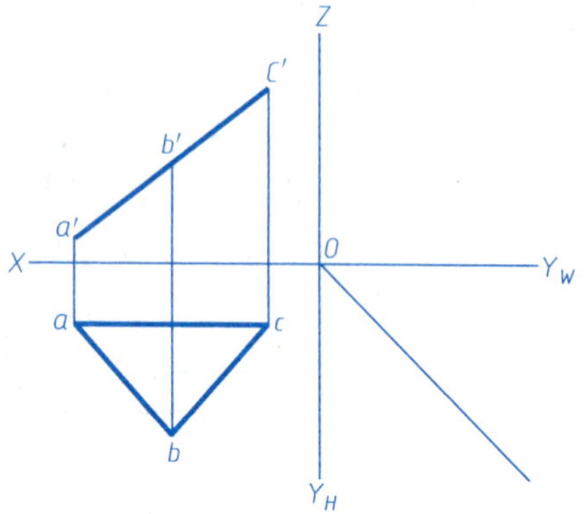

平面是______面

5.

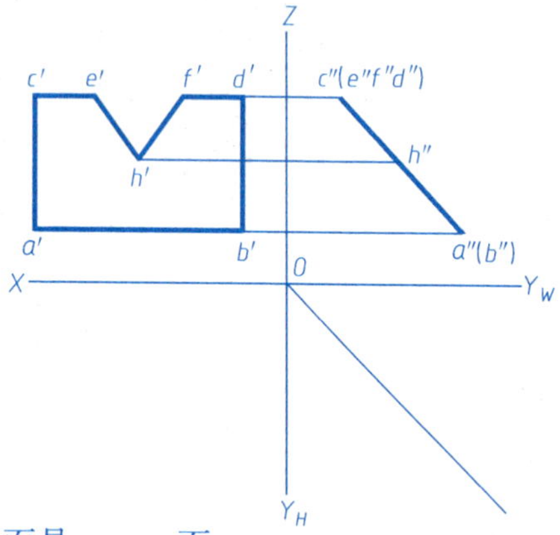

平面是______面

*6.

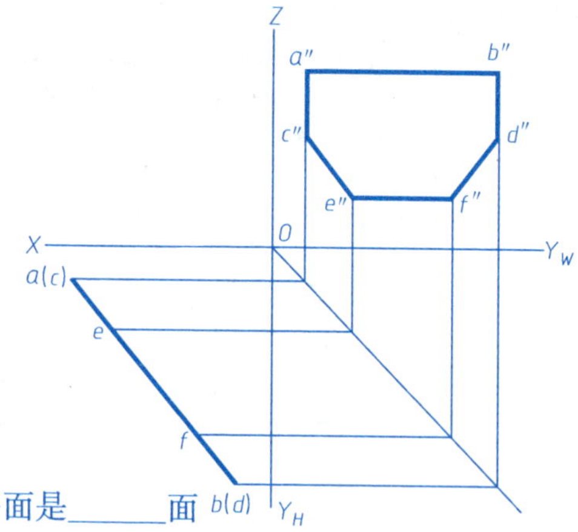

平面是______面

班级　　姓名　　学号

1. 体上指定面的投影分析的举例

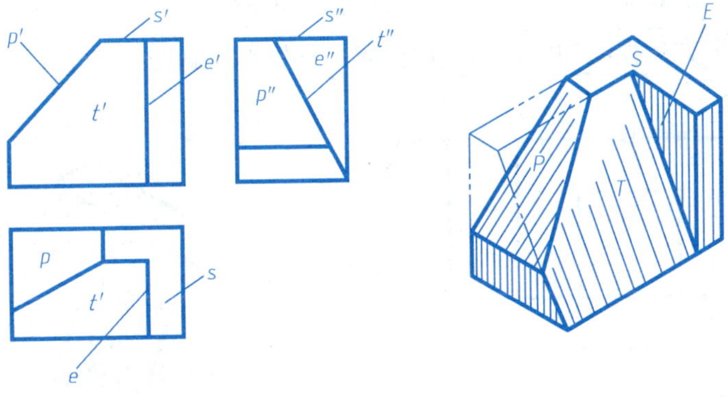

面 *S* 是水平面；面 *T* 是侧垂面；面 *E* 是侧平面；面 *P* 是正垂面

2. 在三视图上按题 1 所示，标出体上指定四个面的投影位置，并填空

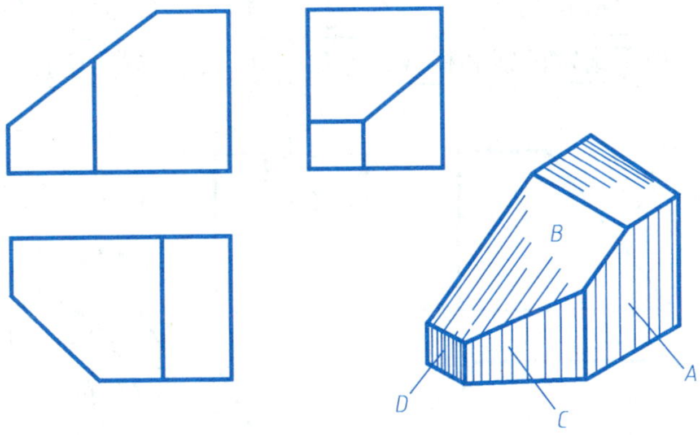

面 *A* 是____面；面 *B* 是____面；面 *C* 是____面；面 *D* 是____面

3. 在三视图上标出体上面 *D*、*E*、（*F*）的投影位置，补画俯视图上的漏线

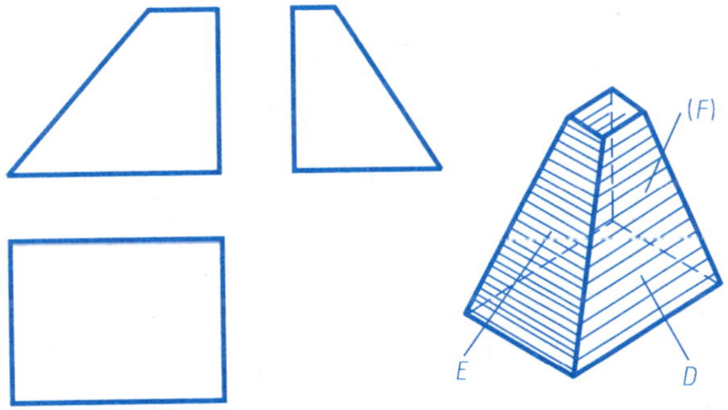

4. 已知三角形平面点 *K* 的正面投影 *k*′，求作水平面和侧面投影

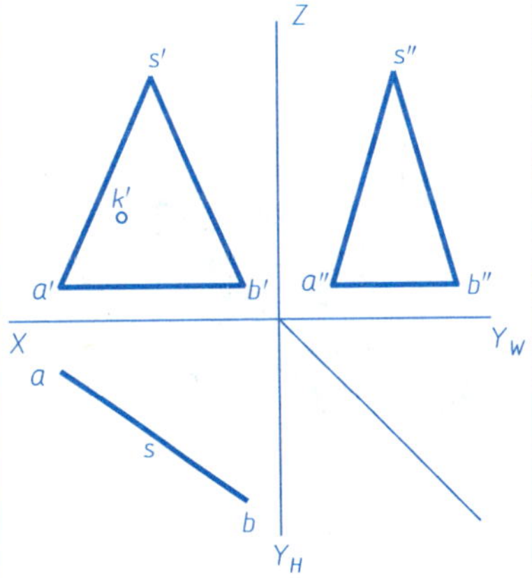

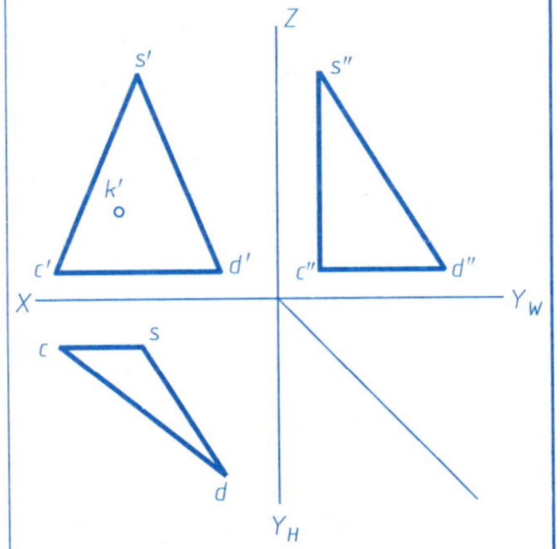

读平面投影的要领是：封闭形线框，对应横向线或竖向线，表示平面是投影面的平行面，平面平行于线框所在投影面。找投影对应关系时，一般从线框出发；若是积聚性斜线，对应类似形线框，表示平面是投影面的垂直面，平面垂直于斜线所在投影面。找投影对应关系时，一般从斜线出发；若都是线框对应线框，表示一般位置平面。找投影对应关系时，从任一线框顶点出发。

读三视图指定的线和框线，想象平面形状和空间位置，用相应字母标出其他视图和立体图上的位置，补视图所缺图线。

1.

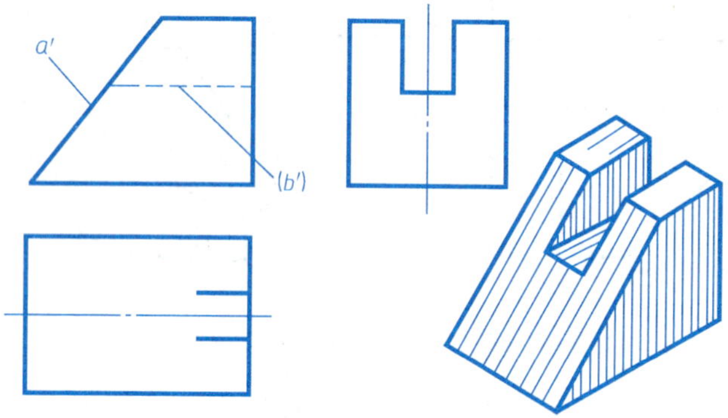

平面 *A* 是______面　平面 *B* 是______面

2.

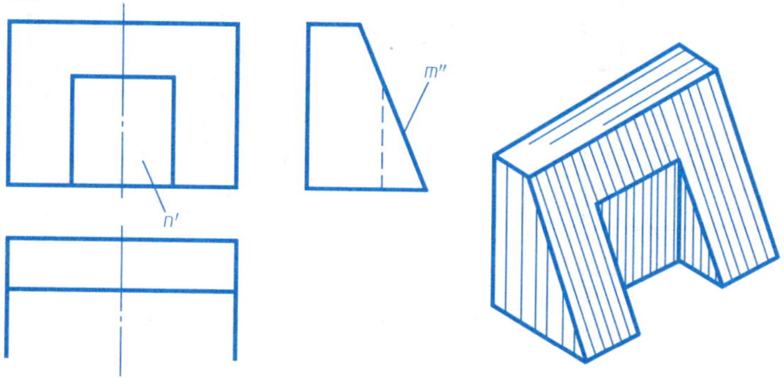

平面 *M* 是______面　平面 *N* 是______面

3.

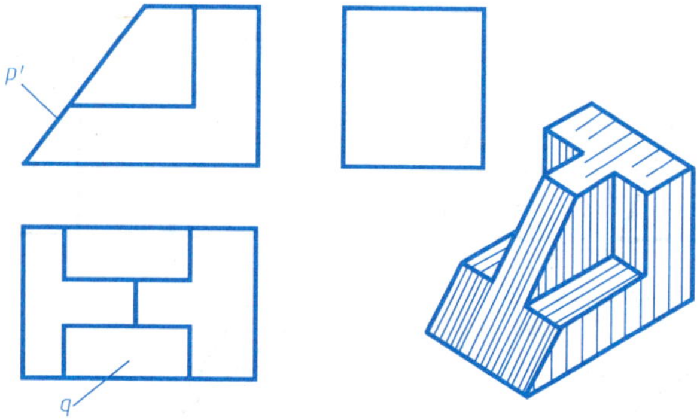

平面 *P* 是______面　平面 *Q* 是______面

4.

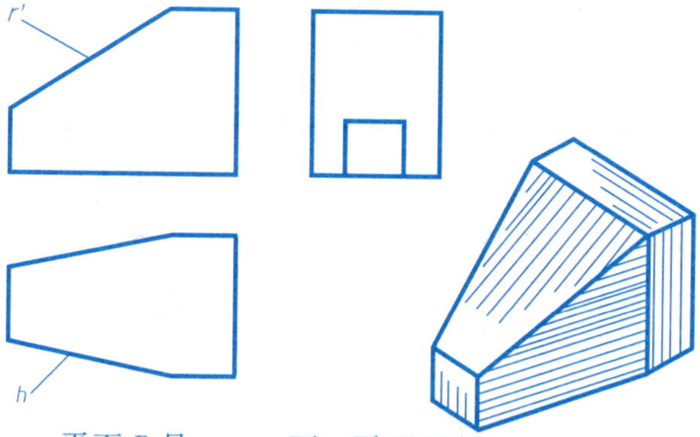

平面 *R* 是______面　平面 *H* 是______面

班级　　　姓名　　　学号

第三章 基本立体

一、画基本立体三视图

3-1 画平面体三视图

1. 已知正六棱柱及其尺寸

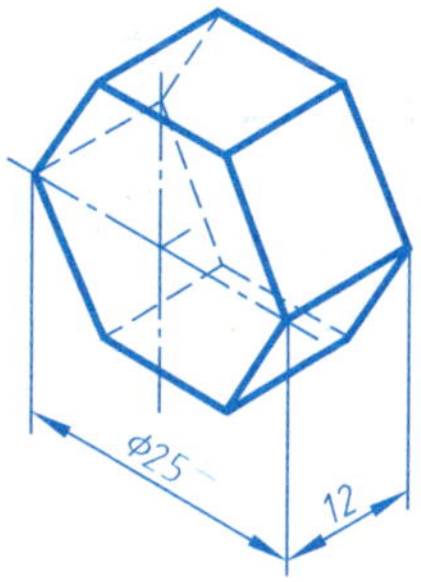

2. 已知五棱柱的俯视图及高 12mm

3. 已知四棱台及其尺寸

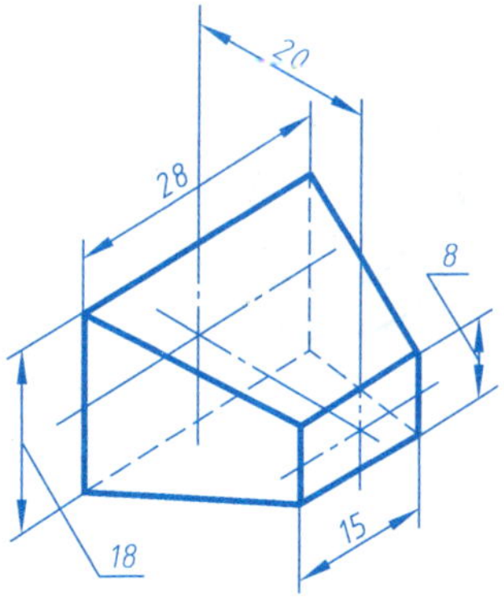

4. 已知六棱锥台的俯视图，高度为 25mm

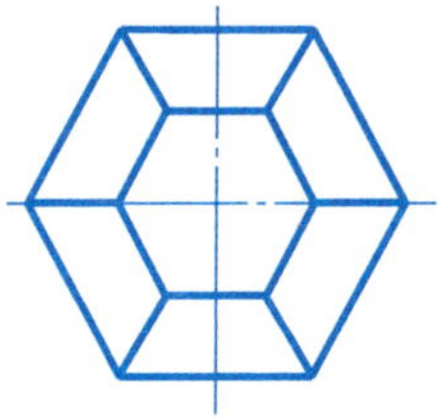

1. 想象下列三视图所示立体形状，补画视图所缺图线；想象视图上指定点所在面、线的位置，作其他两面投影

（1）主视图完整视图

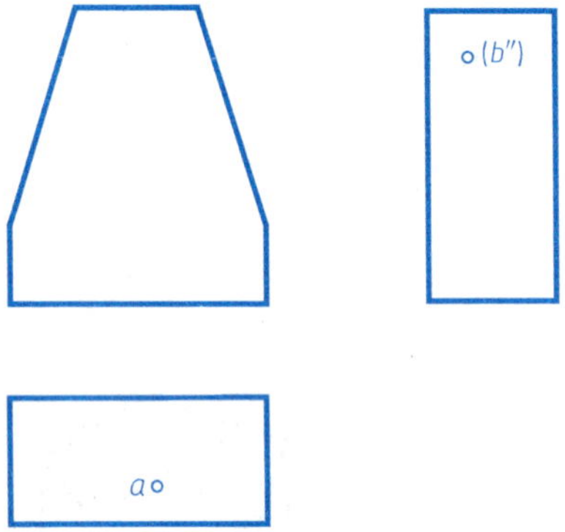

（2）俯视图完整视图

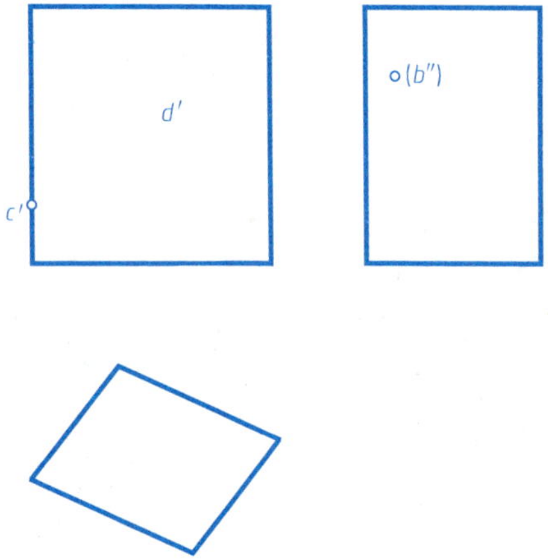

（3）主视图完整视图

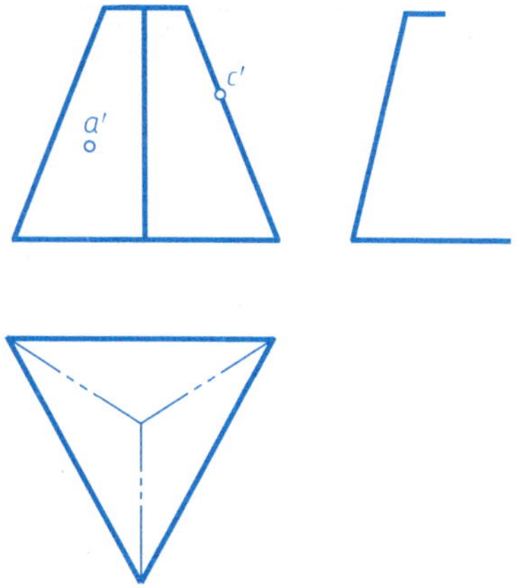

2. 已知（1）圆柱的主视图，高 20mm；（2）圆锥台的左视图，高 25mm；（3）半圆球体的左视图，作其他两视图

（1）

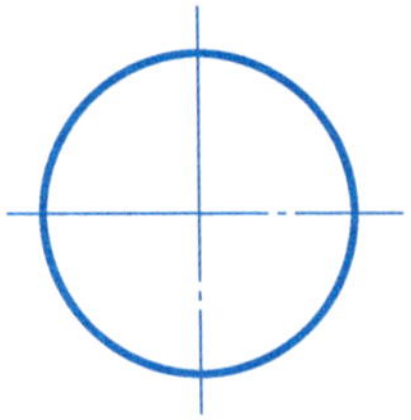

（2）

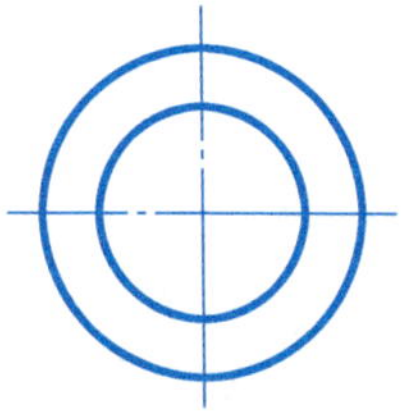

（3）

班级　　姓名　　学号

3-3 已知回转体表面上点的一个投影，求作其他两面投影（保留作图线）

1.

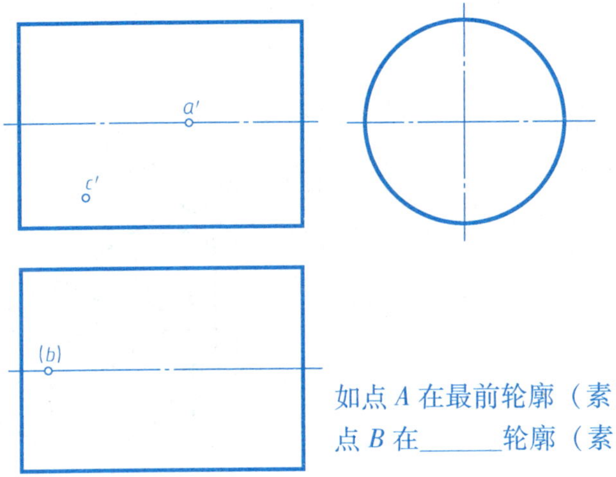

如点 A 在最前轮廓（素）线上

点 B 在______轮廓（素）线上

2.

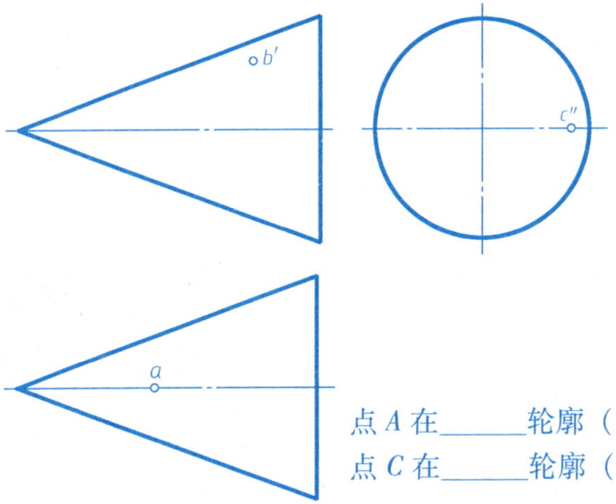

点 A 在______轮廓（素）线上

点 C 在______轮廓（素）线上

3.

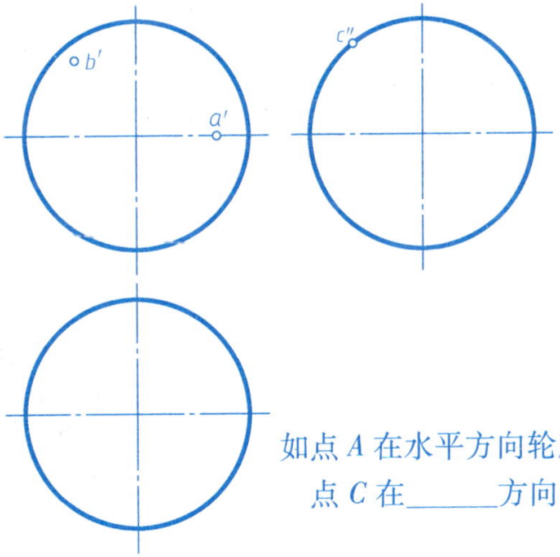

如点 A 在水平方向轮廓线上

点 C 在______方向轮廓线上

*4. 已知圆锥台面 BC 的侧面投影为垂直于轴线的虚直线 b″c″，作其他两面投影

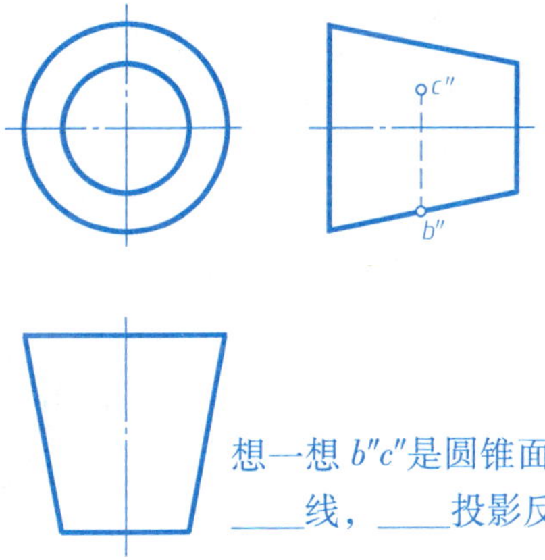

想一想 b″c″是圆锥面一条______线，______投影反映实形

3-4　画下列立体图的三视图

1.

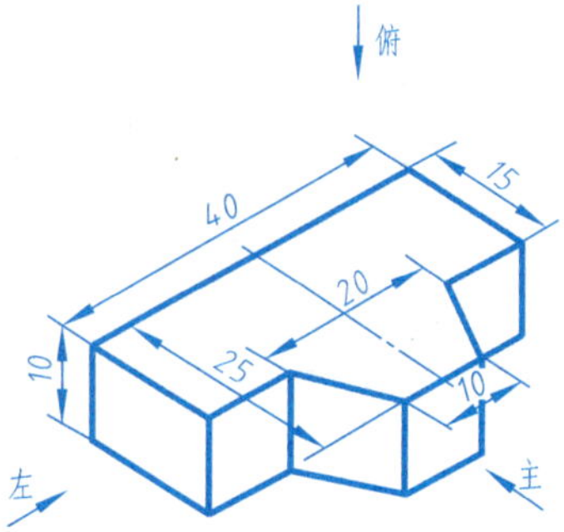

2.

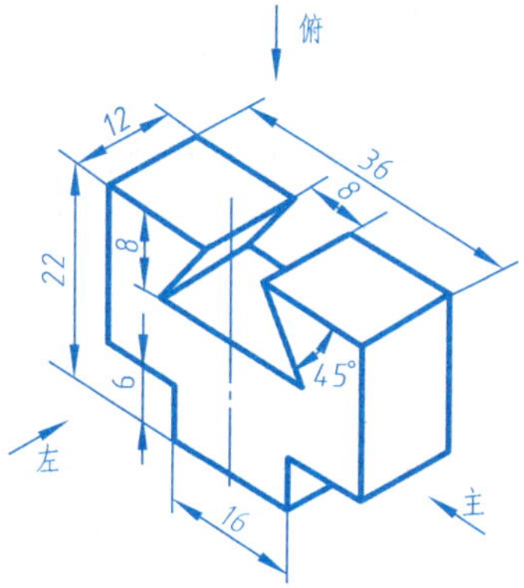

3.

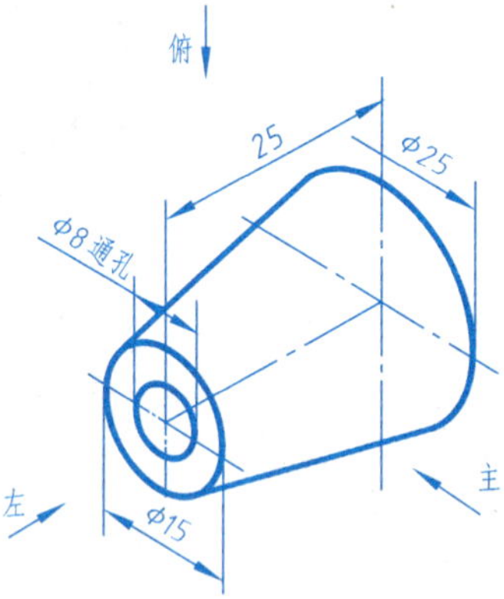

4.

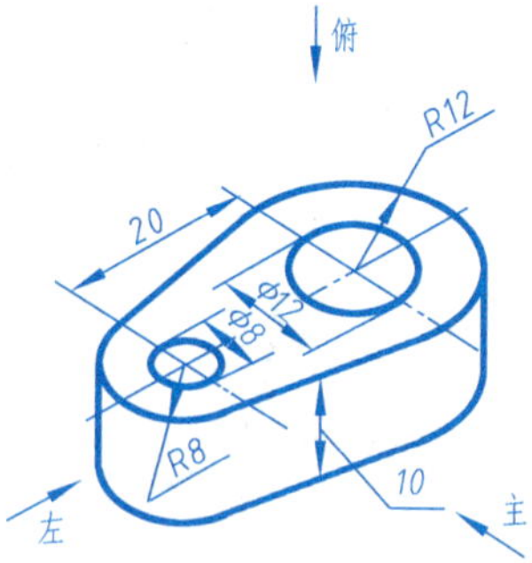

班级　　姓名　　学号

二、读基本立体三视图

3-5　已知回转体的两面视图，想象立体形状、补画第三面视图

读图要点是：①一面视图为圆（圆弧）或两个同心圆（圆弧），对应其他视图是横向或竖向的轮廓线、矩形线框，想象为圆柱体（完整或不完整）；②一面视图是圆（圆弧）或两个同心圆（圆弧），对应其他视图是斜的轮廓线或三角形、梯形，想象为圆锥体或圆锥台（完整或不完整）；③两个视图都是圆（圆弧），一般想象为圆球（完整和不完整）。补画视图的关键是确定轮廓线的投影。用粉笔或橡皮泥制作模型。

1.

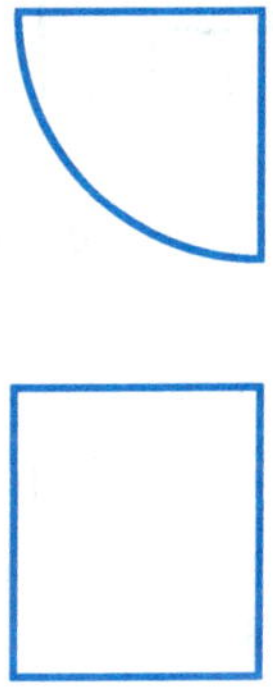

2.

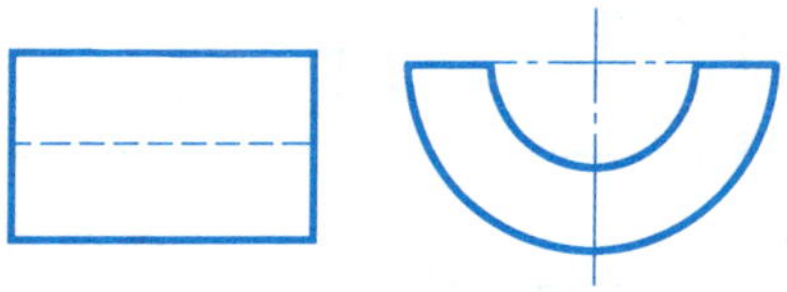

3.

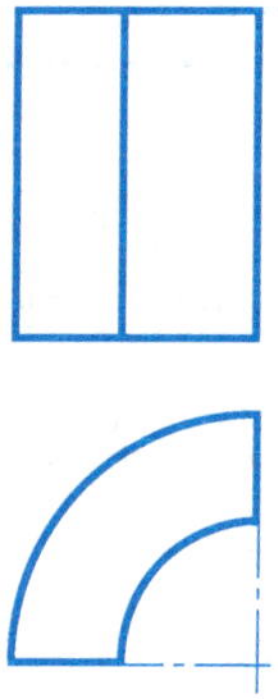

4.

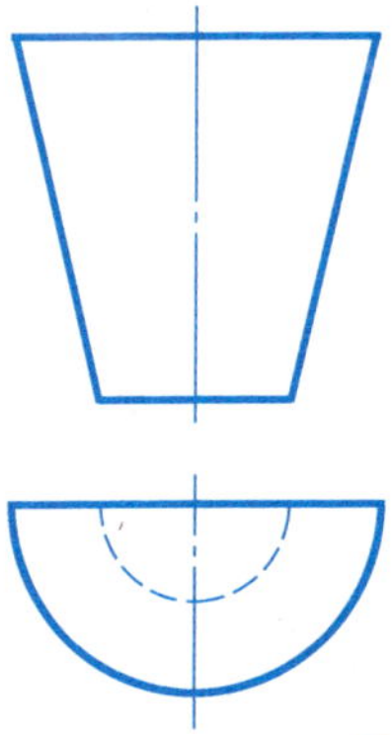

5.

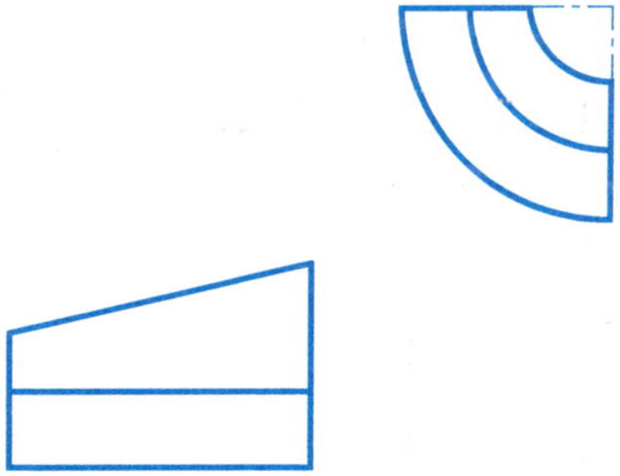

6.

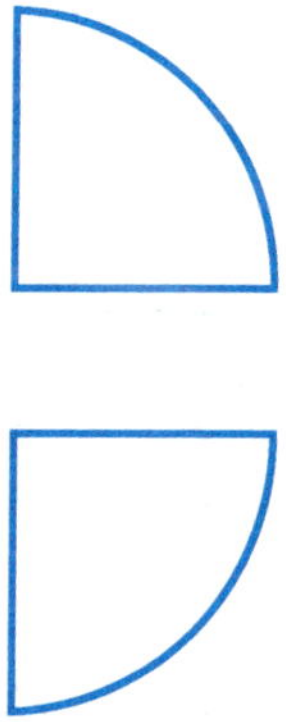

3-6 根据下列等厚柱形体的三视图，想象立体形状，补画视图中所缺图线

读图要点是：①在三视图中确定特征视图；②把特征视图旋转归位；③用特征形线框所示平面和位置，按投射方向逆向“拉伸”想象立体形状，并在脑海中形成表象；④根据想象的立体形状和空间位置，想象其他两个一般视图的形状；⑤按投影关系补画视图中所缺图线（包括对称中心线）。建议用橡皮泥等制作模型。

1.

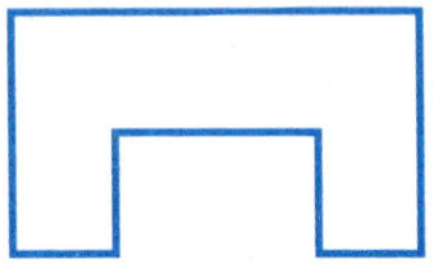

____视图是特征视图，特征面空间位置是______面旋转归位后特征面往____方向拉伸

2.

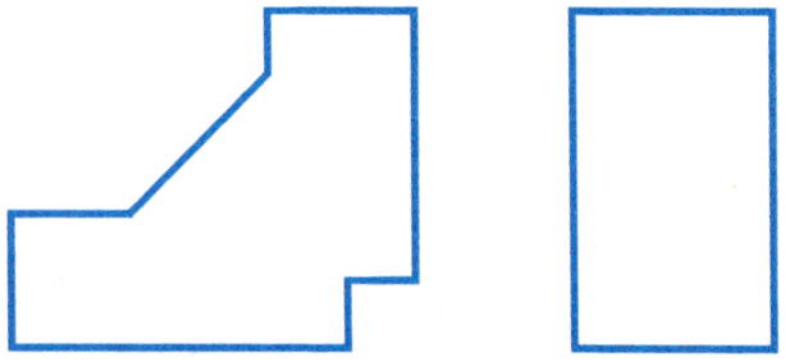

视图是特征视图，特征面空间位置是________面特征面往____方向拉伸

3.

____视图是特征视图，特征面空间位置是______面旋转归位后，特征面往____方向拉伸

4.

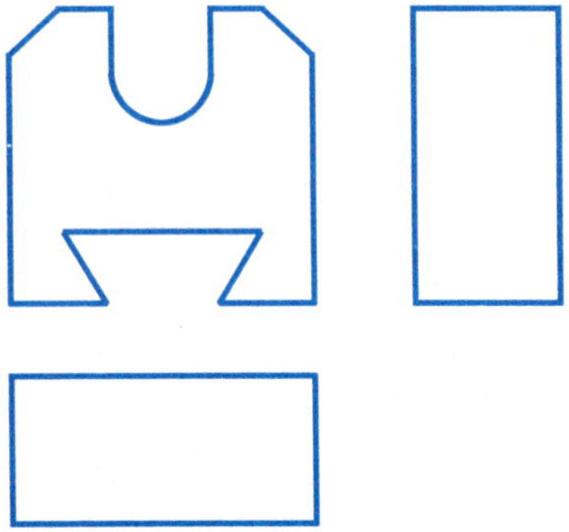

5.

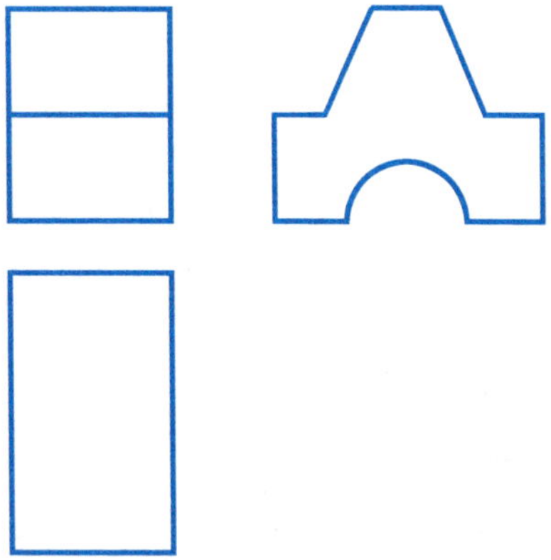

6.

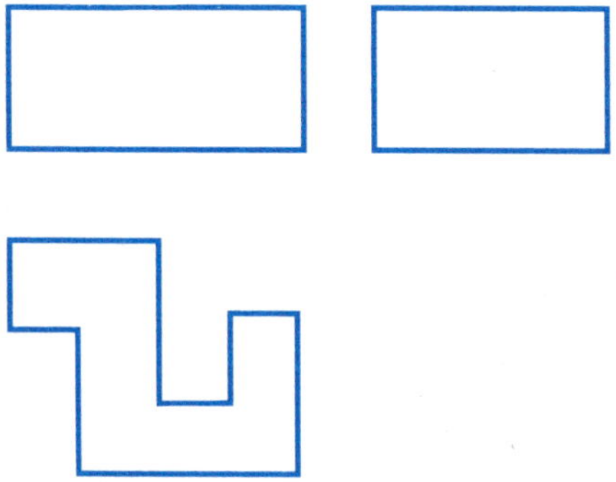

班级　　姓名　　学号

3-7 已知两面视图，想象柱形体形状，补画第三视图。在题 1、2、3 右下角的小图上画出简易立体图，题 4、5、6 制作模型

补画视图要点是：①首先分析特征形线框所表示面的空间位置；②画特征面的积聚性线（横向线或竖向线）；③补画侧向轮廓线的投影。

1. 求作第三面视图举例

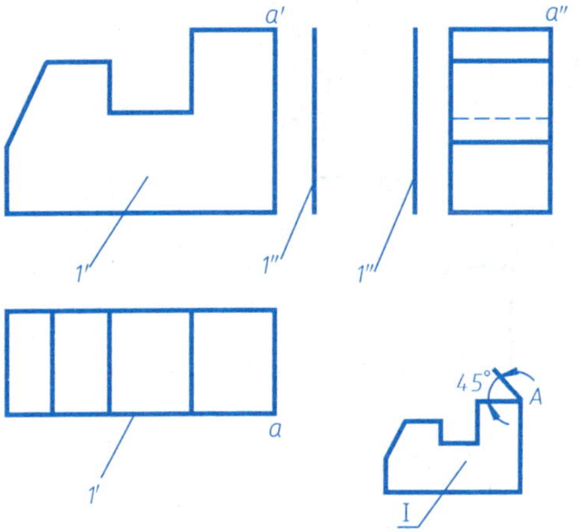

2.

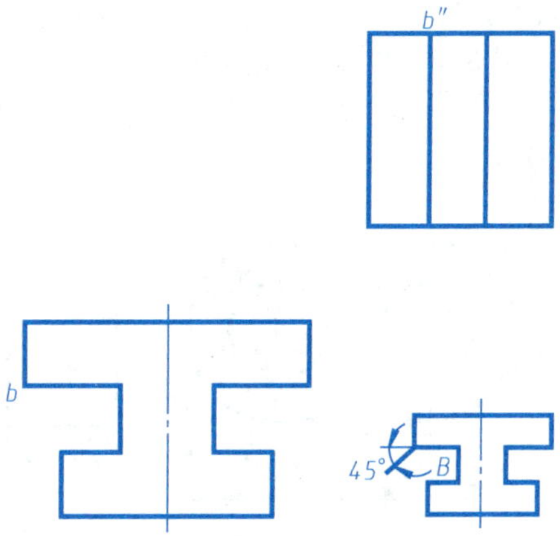

3.

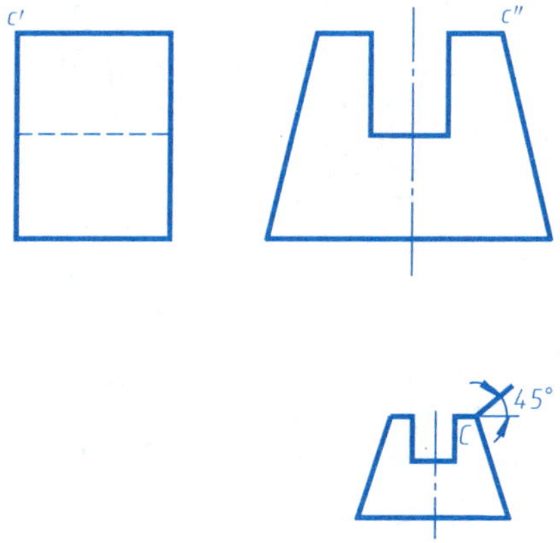

4.

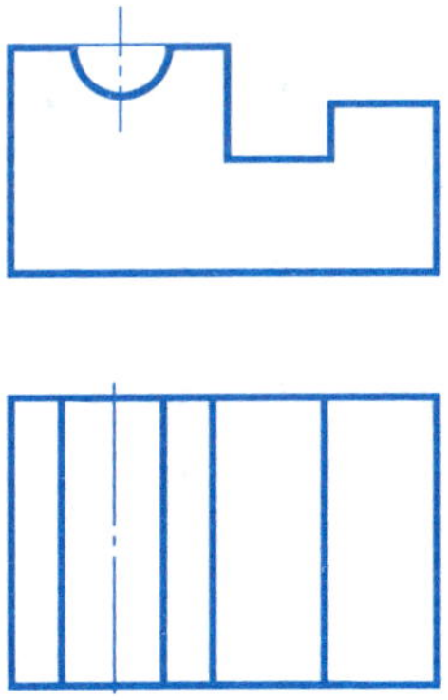

5.

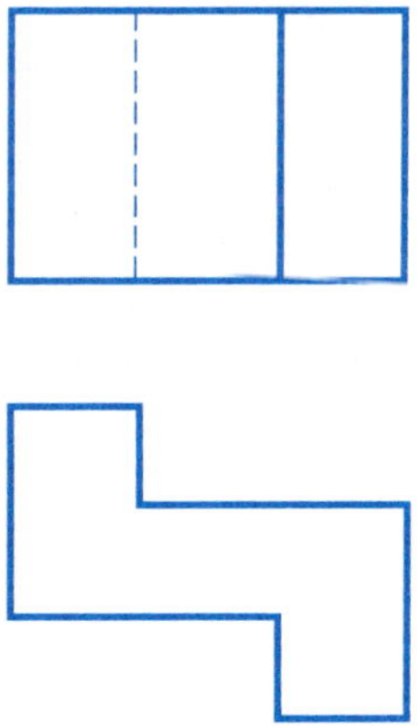

＊6.

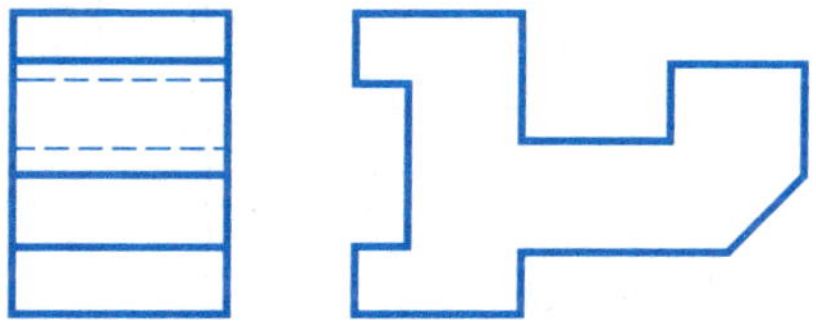

三、标注基本立体的尺寸

3-8 读懂两面视图，改正图中尺寸标注的错误或不当（去掉尺寸用“×”）和补标被遗漏的尺寸（均不标数字）

提示：1）物体应直接标注总长、总高、总宽的总体尺寸，若遇到端部为圆弧尺寸，一般只注到确定圆心的位置尺寸，不直接标注总尺寸。

2）对称图形的尺寸，一般以对称中心线为基准，把尺寸布置为对称。

3）特征视图一般应集中标注两个方向尺寸。

4）同一结构的几个相同圆孔应标数量，几个相同圆弧不标数量。

1.

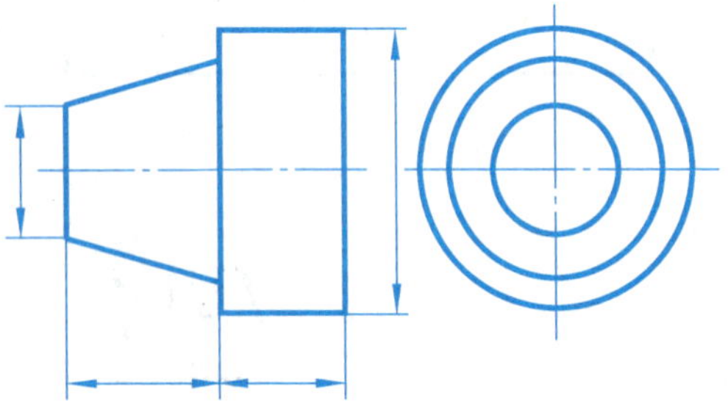

2.

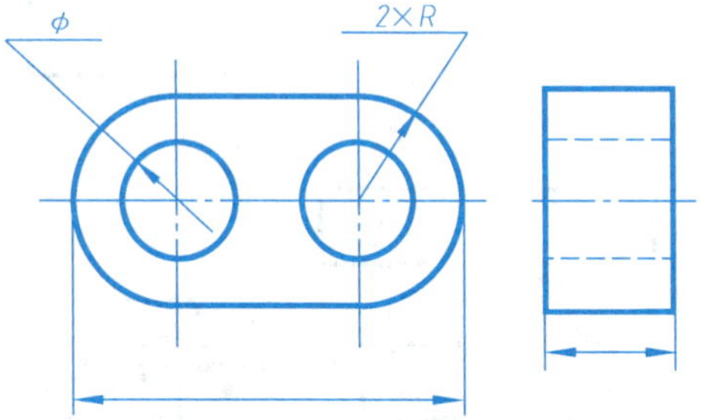

3.

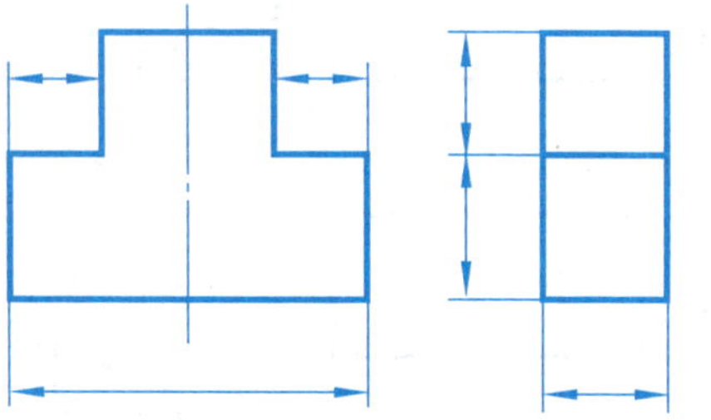

4.

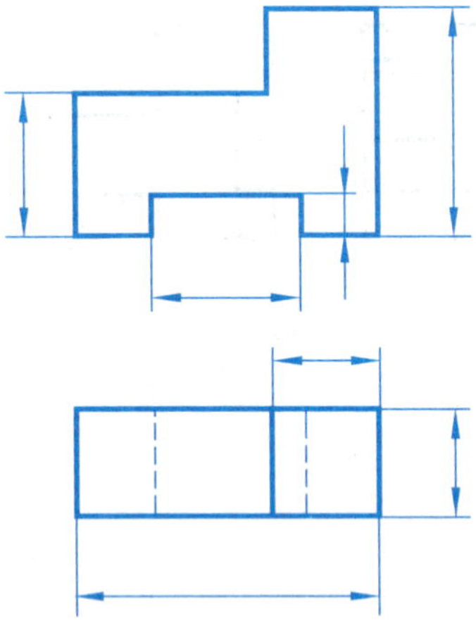

5.

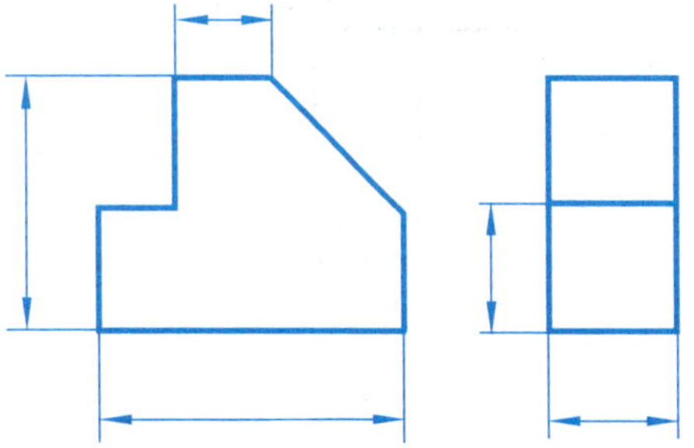

6.

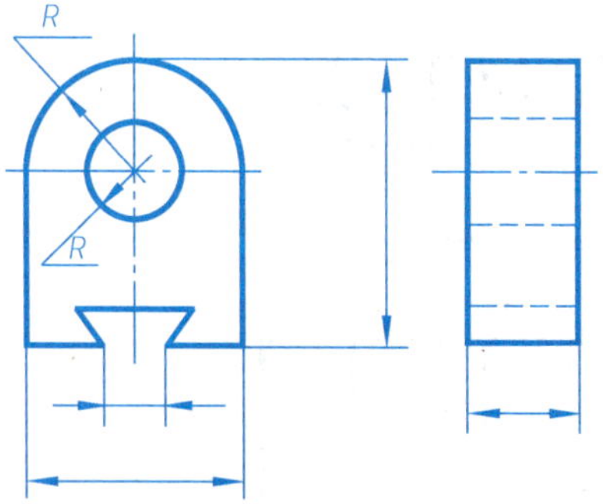

班级　　姓名　　学号

四、画柱形体三视图草图并标注尺寸

3-9　根据立体图所示形状和方位，画三视图草图，并标注尺寸（一个方格表示 3mm，由老师指定在方格纸上画题 1、2 或题 3、4）

1.

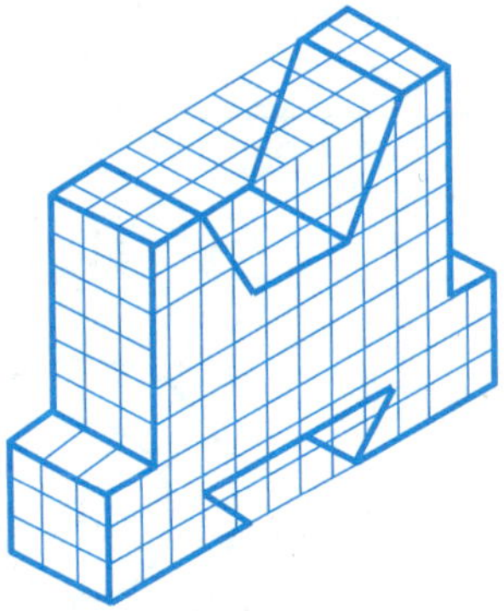

2.

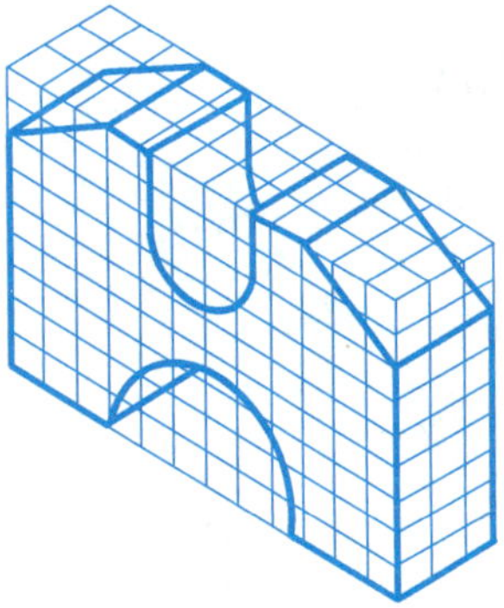

3.

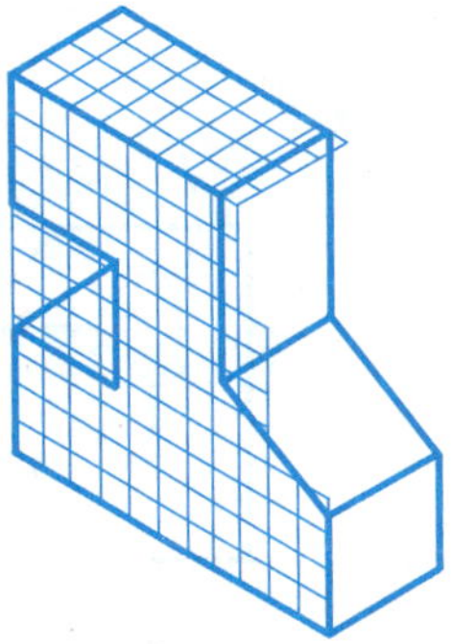

4.

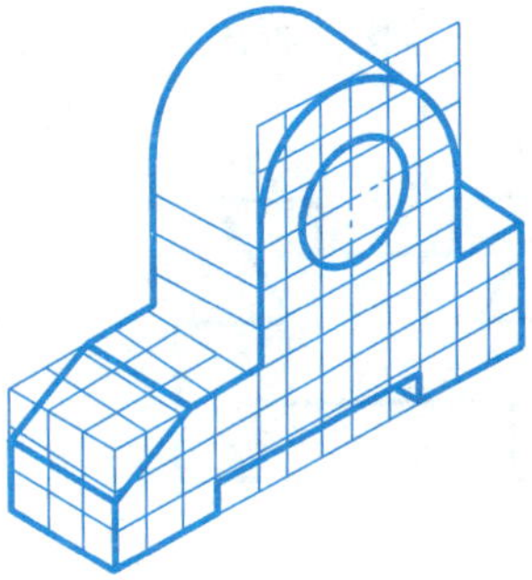

＊五、基本立体的构思与表达

3-10　由一面视图、两面视图构思立体形状，并画指定视图

1. 已知题 a 的主视图、题 b 的左视图，厚度为 12mm，构思柱形体的形状，画出其他两面视图

a.

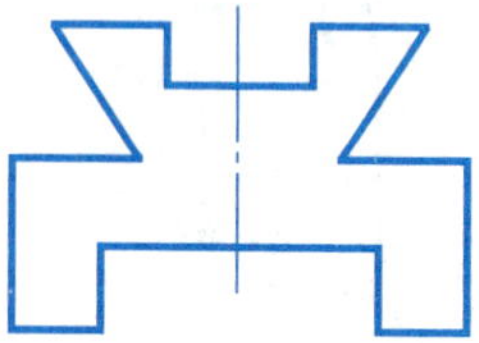

b.

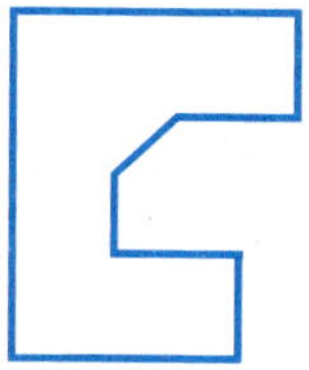

2. 已知左视图，构思由四个不同形状回转体组成的共轴立体，画主视图（尺寸自定）

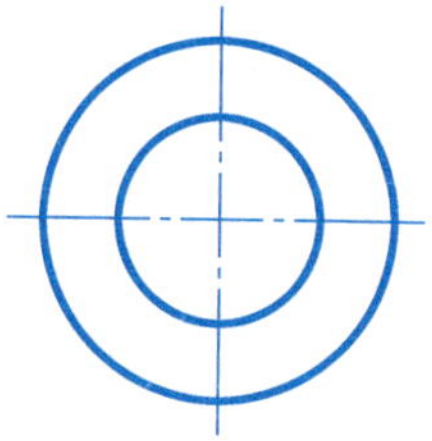

3. 已知左视图，构思由三个平面体所组成立体，画主视图（尺寸自定）

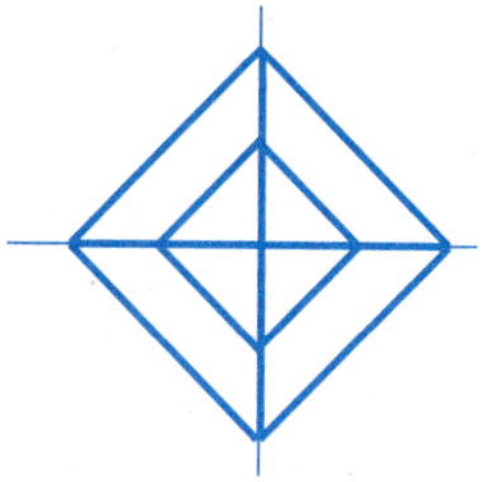

4. 已知主、左视图形状相同，构思两个不同柱形体，画俯视图

a.

b.

班级　　　姓名　　　学号

六、基本立体轴测投影

3-11 画平面体正等测

1. 已知三种柱形体特征面的轴测投影与厚度为 15mm，完成其正等轴测图（Y_1、Z_1、X_1 分别为其厚度的轴测方向）

（1）

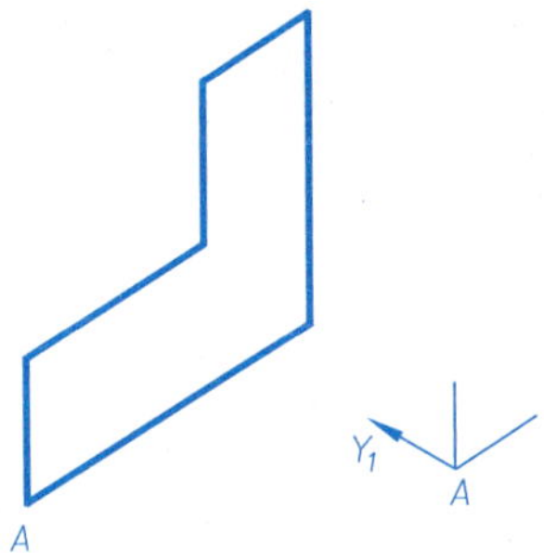

（2）

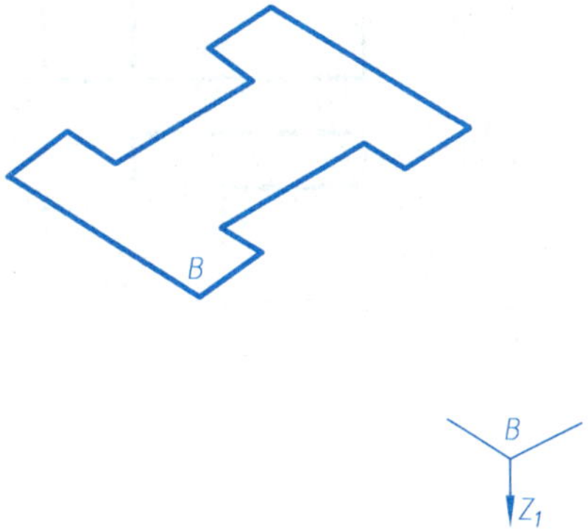

（3）

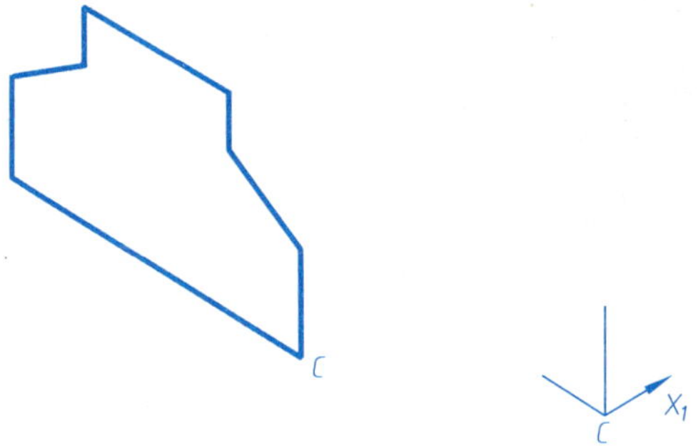

2. 根据等厚柱形体特征主视图；在方体正等测造型，补画俯、左视图上的漏线

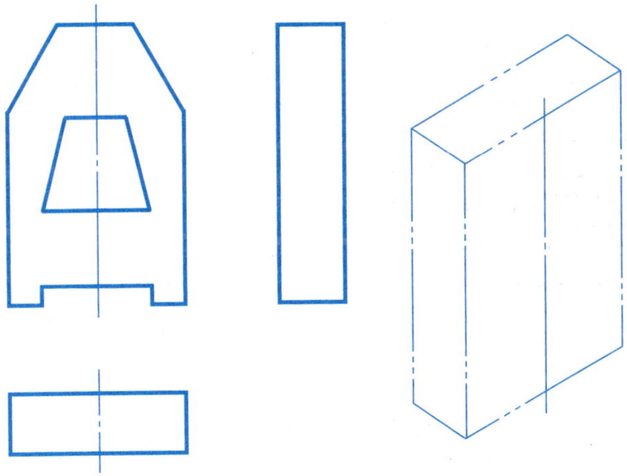

3. 由两个叠加柱形体的主、俯视图，画正等测，补画左视图

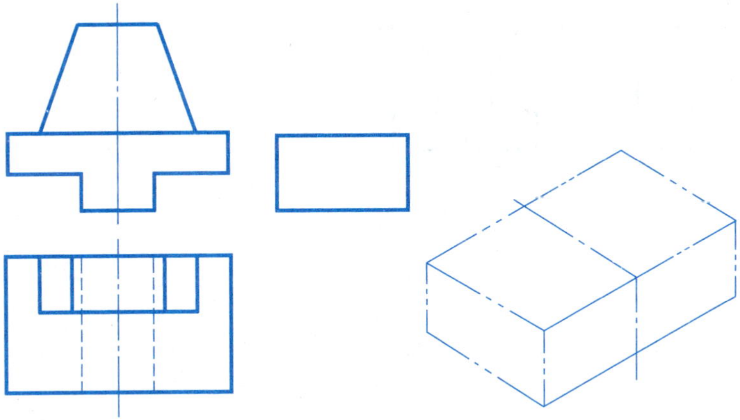

3-12 读平面体视图画正等测并补画所缺视图及漏线

1.

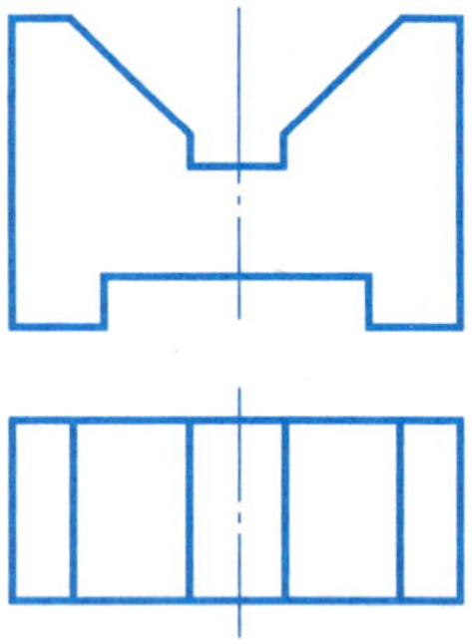

2.

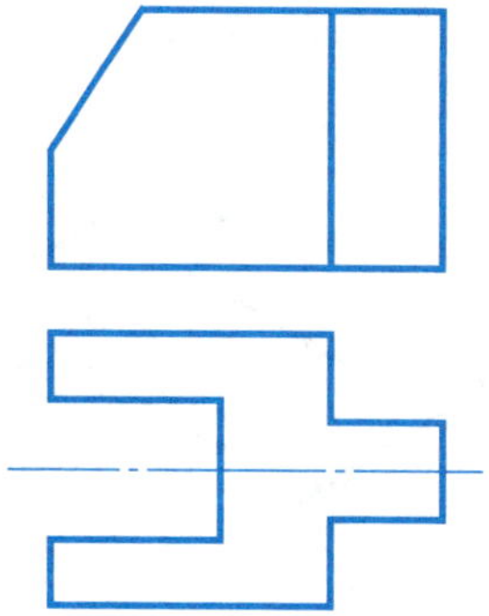

*3.

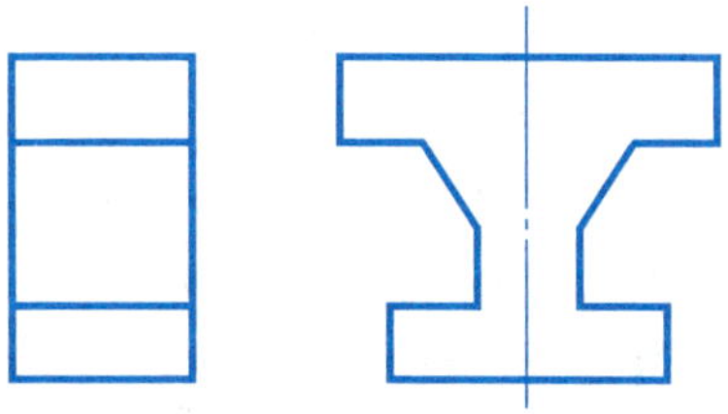

4.

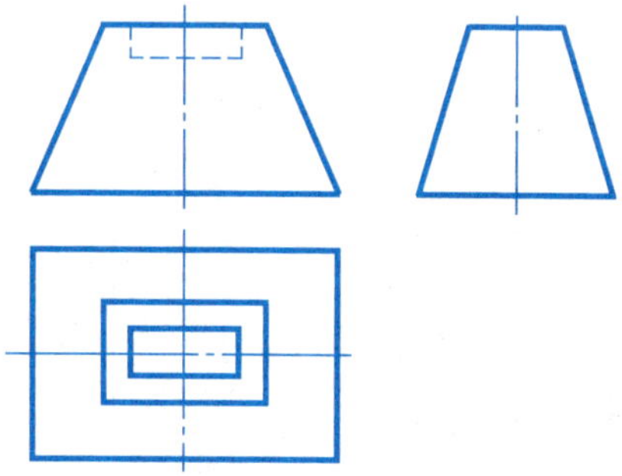

班级　　　　姓名　　　　学号

3-13 回转体和柱形体的轴测图

1. 画圆柱正等测

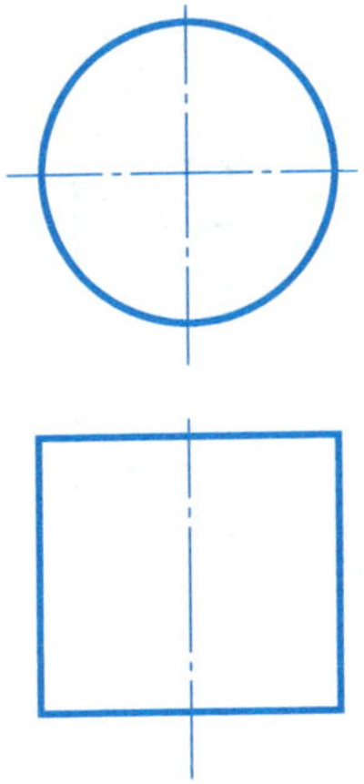

2. 根据主、左视图，按 2:1 比例画出正等测

（1）

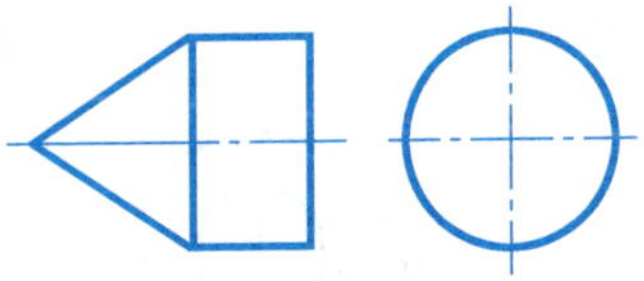

1:1

（2）

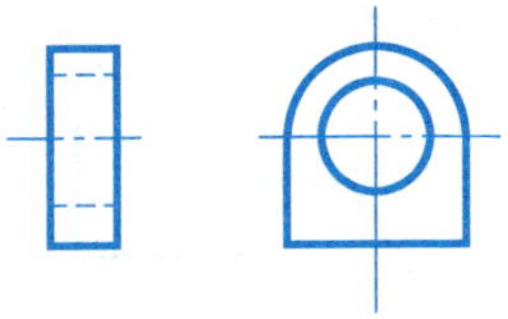

1:1

3. 根据主、俯视图，画正等测

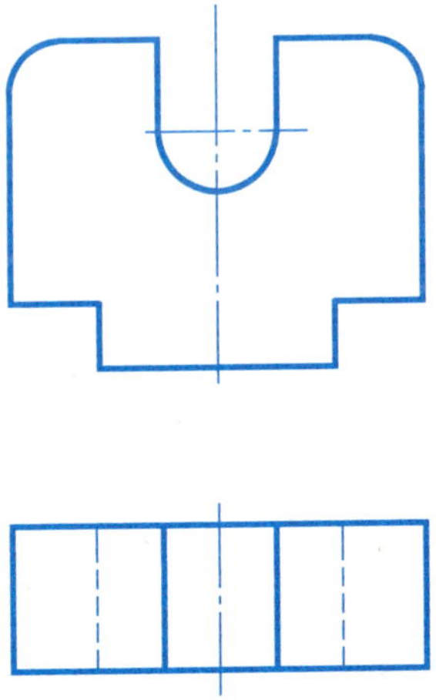

4. 根据主、俯视图，按 2:1 比例画斜二测

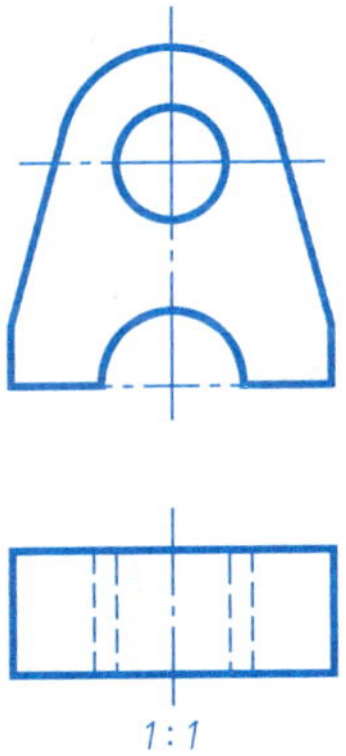

1:1

3-14　画轴测草图

1. 在长方体顶面正中叠画平面柱体正等测草图

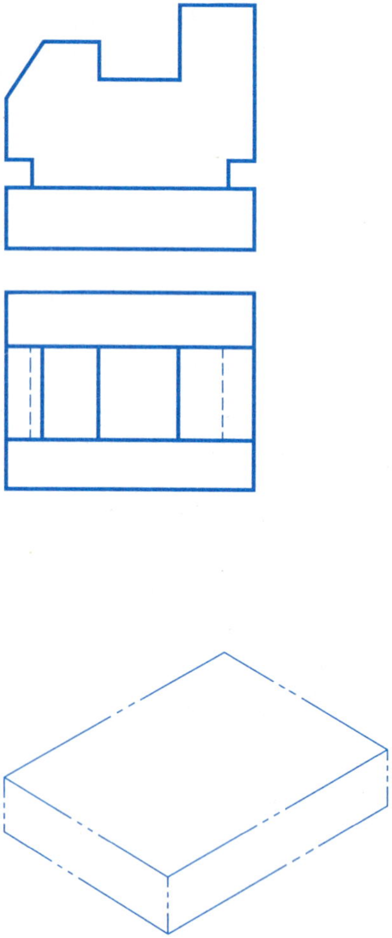

2. 在长方体上画底板正等测后叠画竖板正等测草图

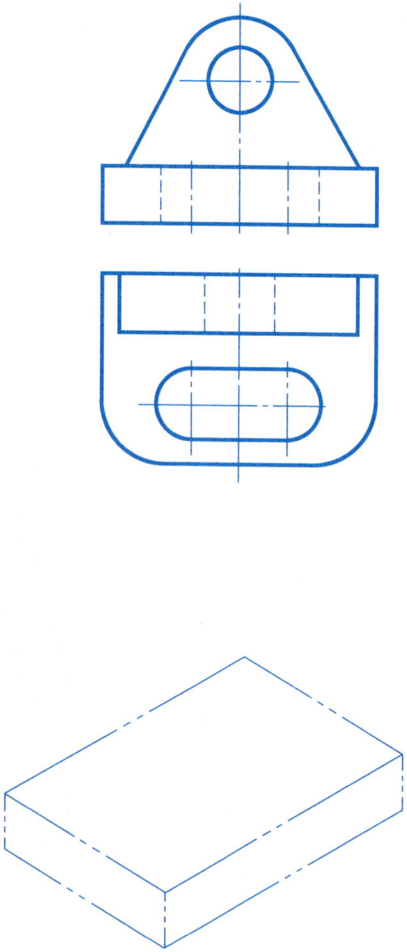

3. 由两视图画斜二测草图

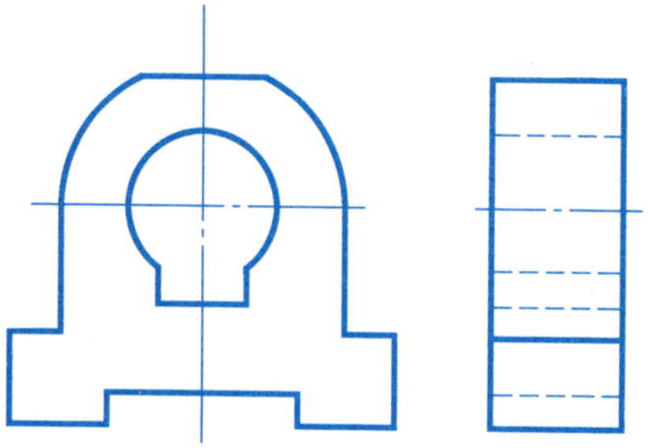

班级　　　　姓名　　　　学号

第四章　常见立体表面交线

一、平面体的截交线

4-1　根据一个完整视图，想象截交面的形状（截交线所围成平面形）和空间位置，补画视图及视图的漏线

1. 主视图

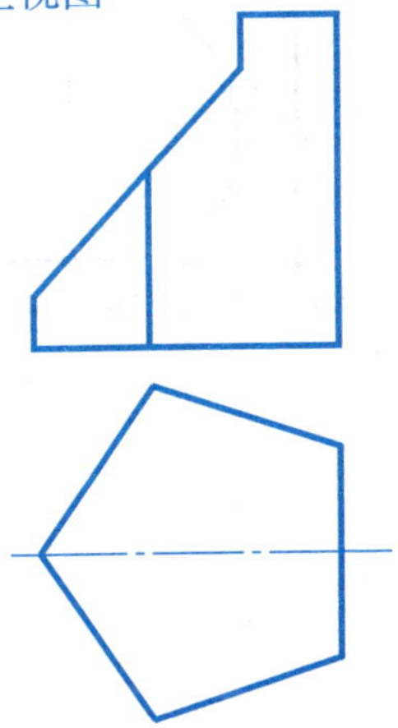

2. 主视图

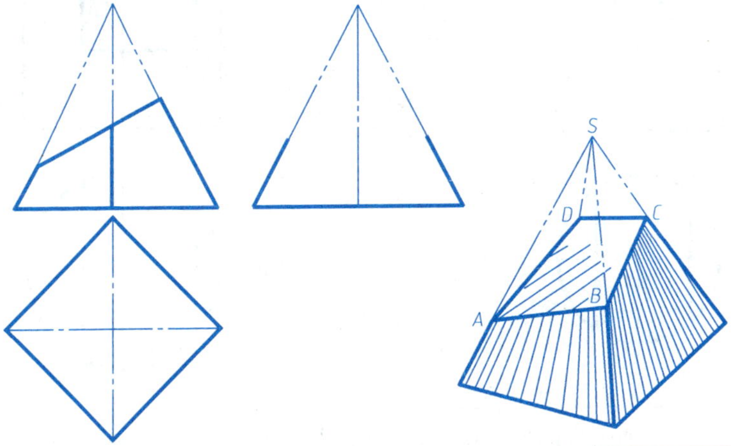

3. 主视图

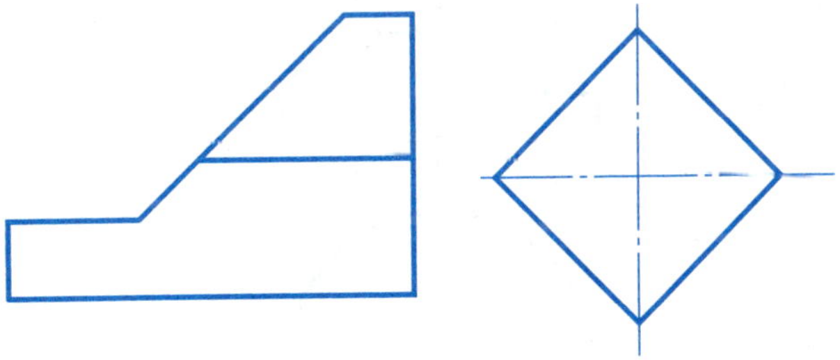

4. 左视图

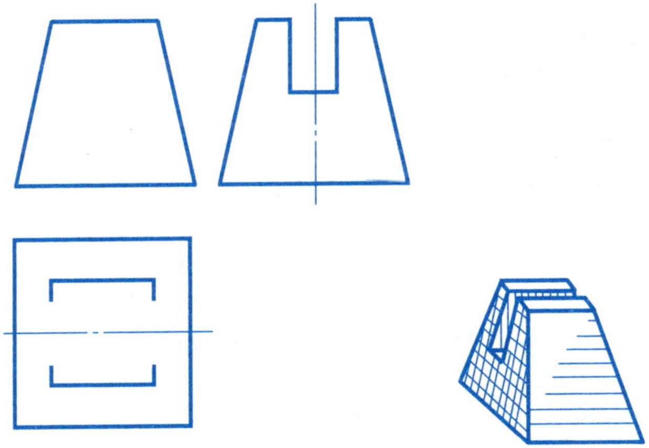

二、回转体的截交线

4-2　根据两面视图或一面完整视图、想象截交线、截断面的形状和空间位置，补画第三视图及视图的漏线

1. 补画左视图

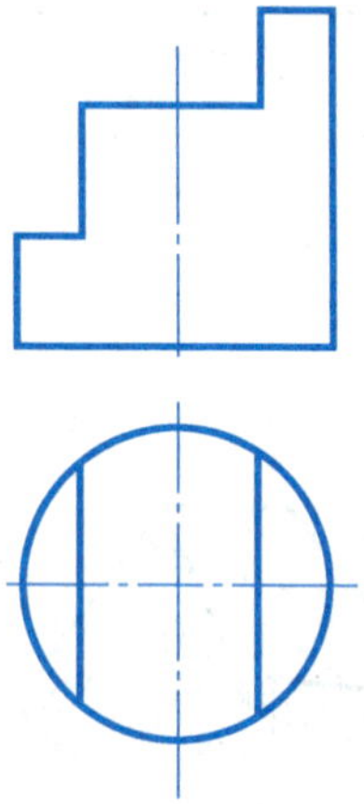

2. 补画左视图

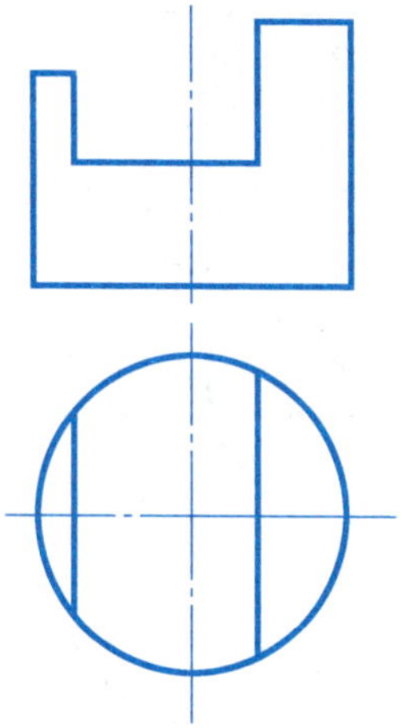

3. 补画俯视图

4. 补画俯视图所缺图线及左视图

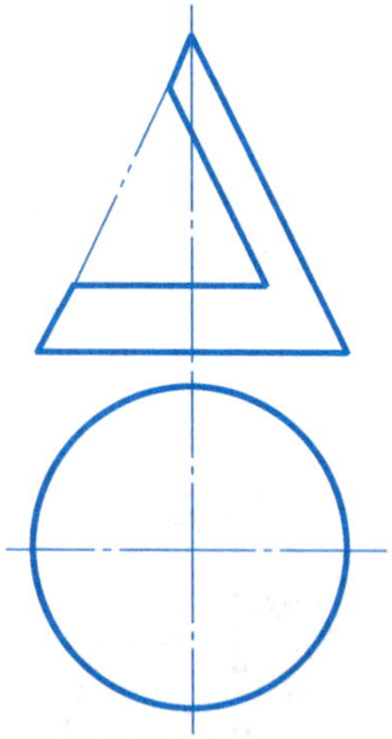

5. 补画左视图所缺图线及俯视图

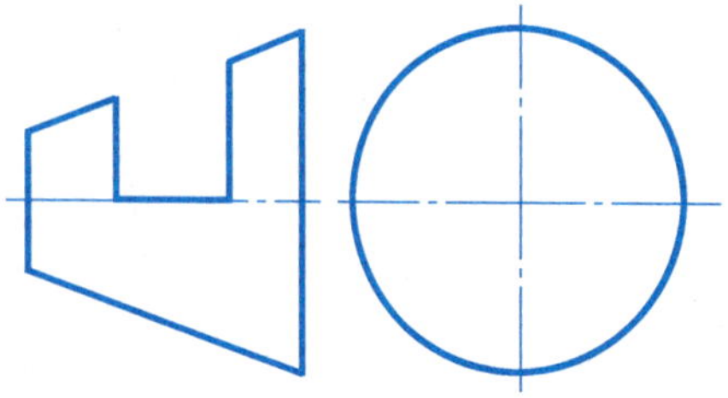

6. 补画俯视图所缺图线及左视图

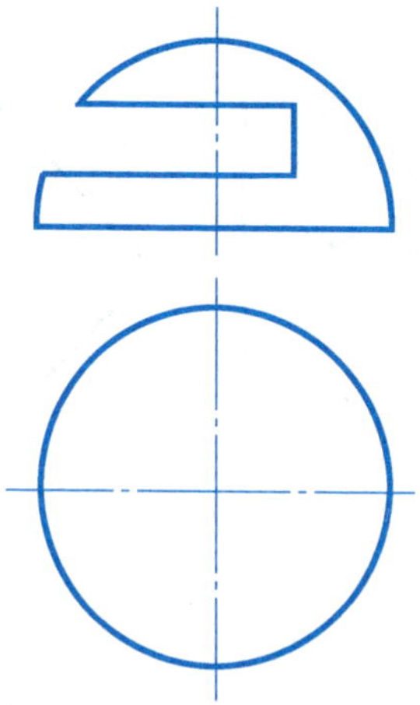

班级　　　　姓名　　　　学号

4-3 补画题 1、2 俯视图所缺图线；补画题 3 俯、左视图

1.

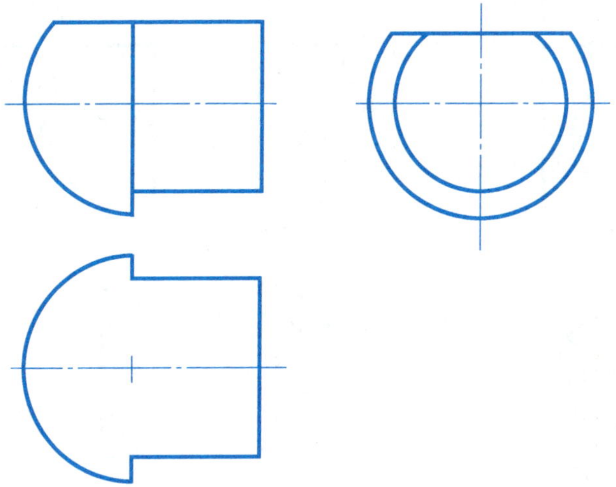

2.

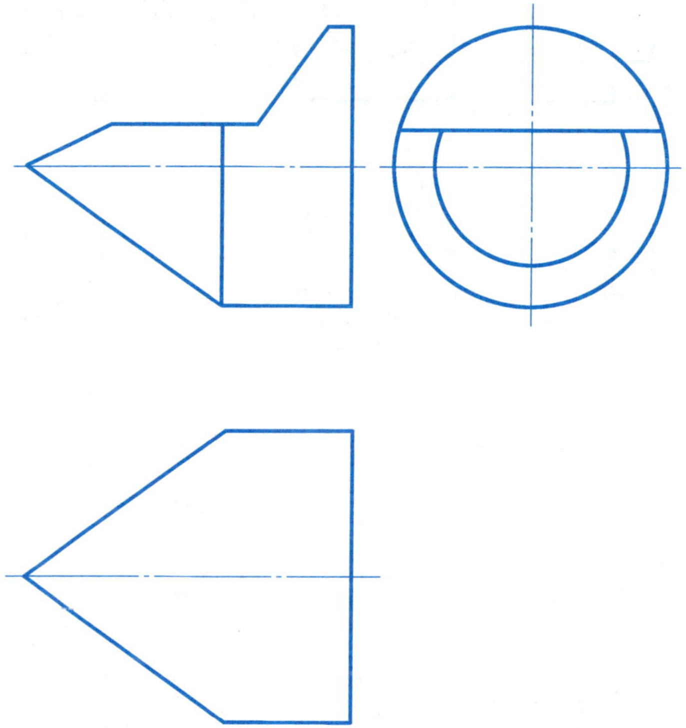

3. 根据一个主视图构思物体形状：补画其他两个视图

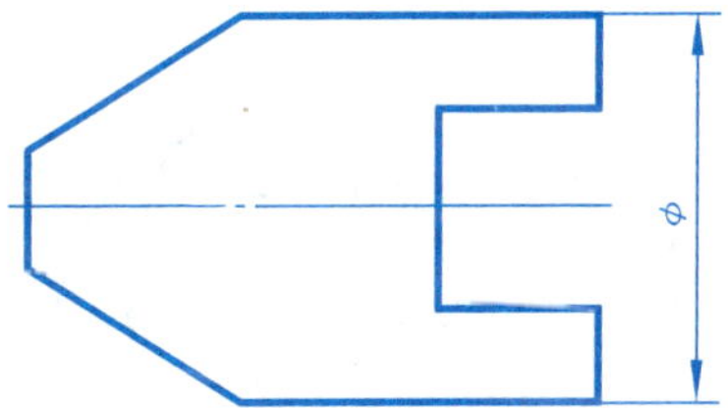

三、回转体的相贯线

4-4　求作相贯线的投影（除求特殊点外，题 1、2、3 加求两个一般位置点，题 4、5 加求一个一般位置点）

1.

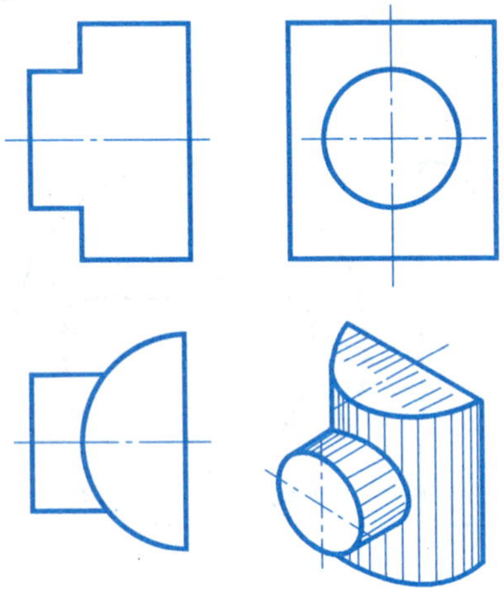

2.

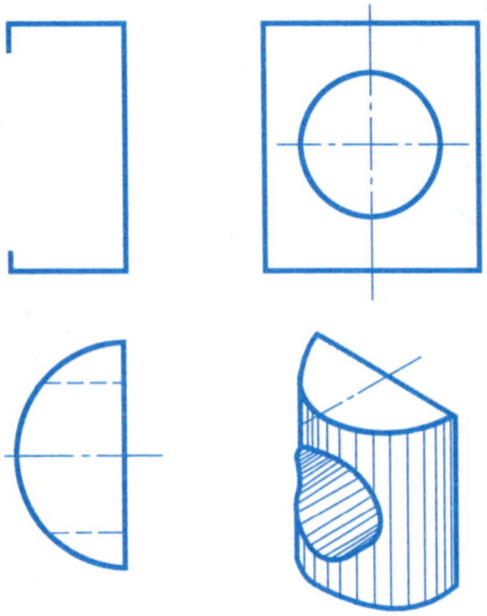

3.

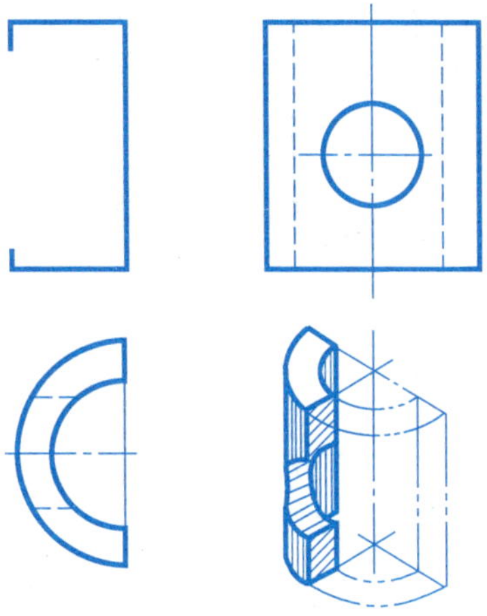

4.

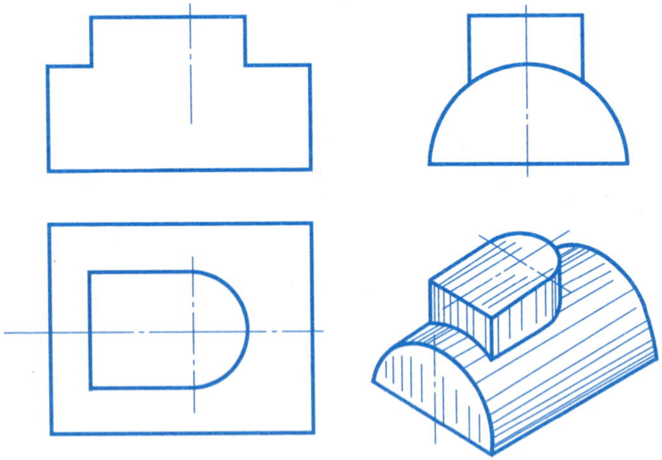

5.

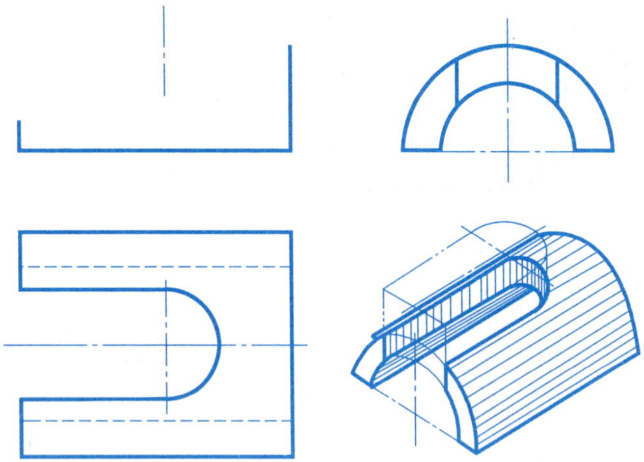

班级　　　　姓名　　　　学号

4-5 求作相贯线的投影

1.

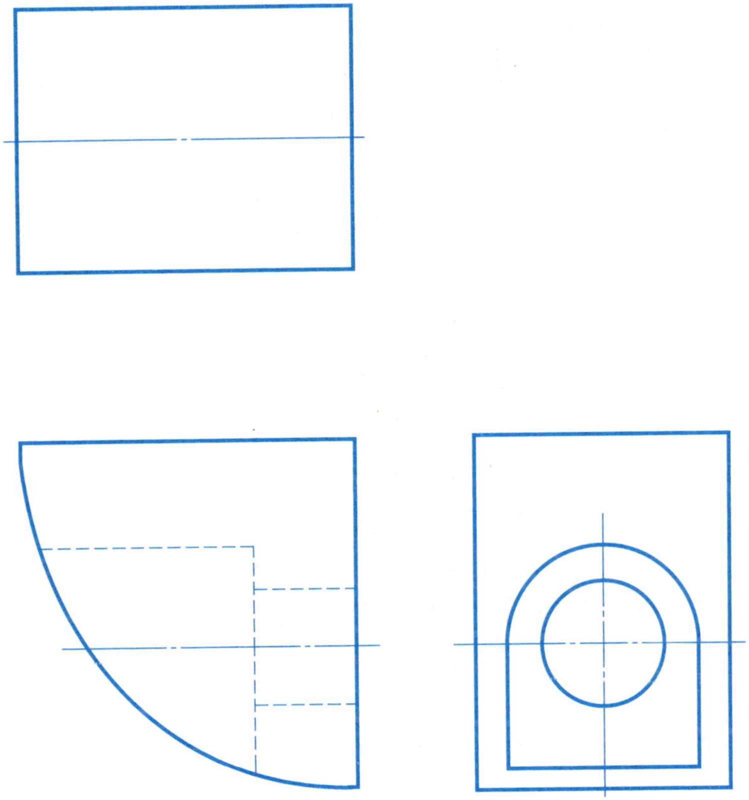

2.

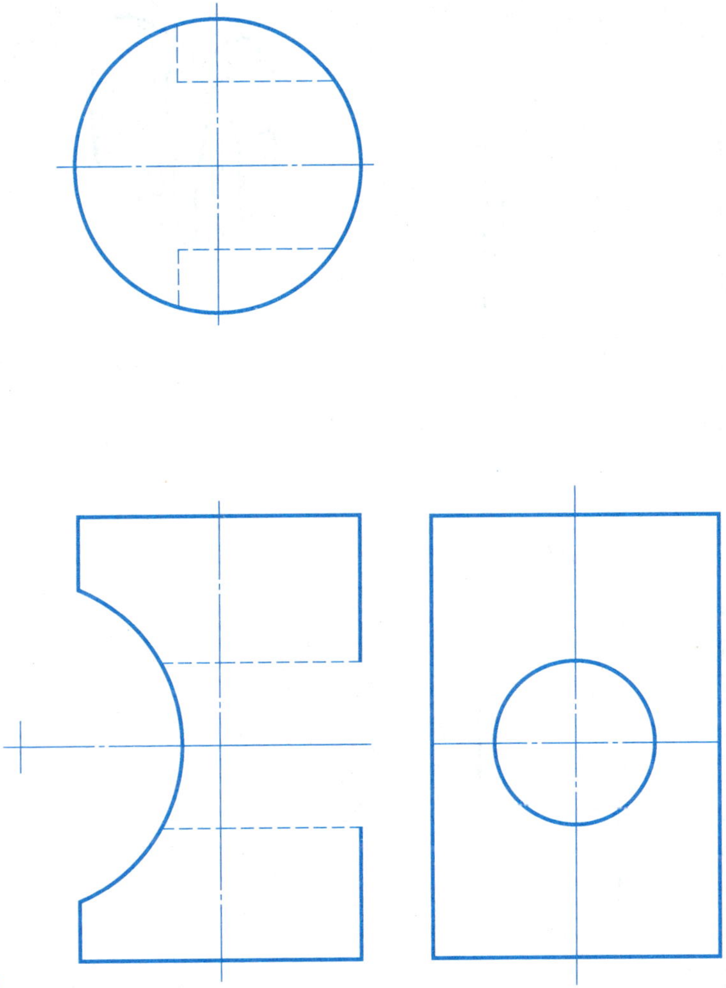

4-6 求作相贯线的投影

1.

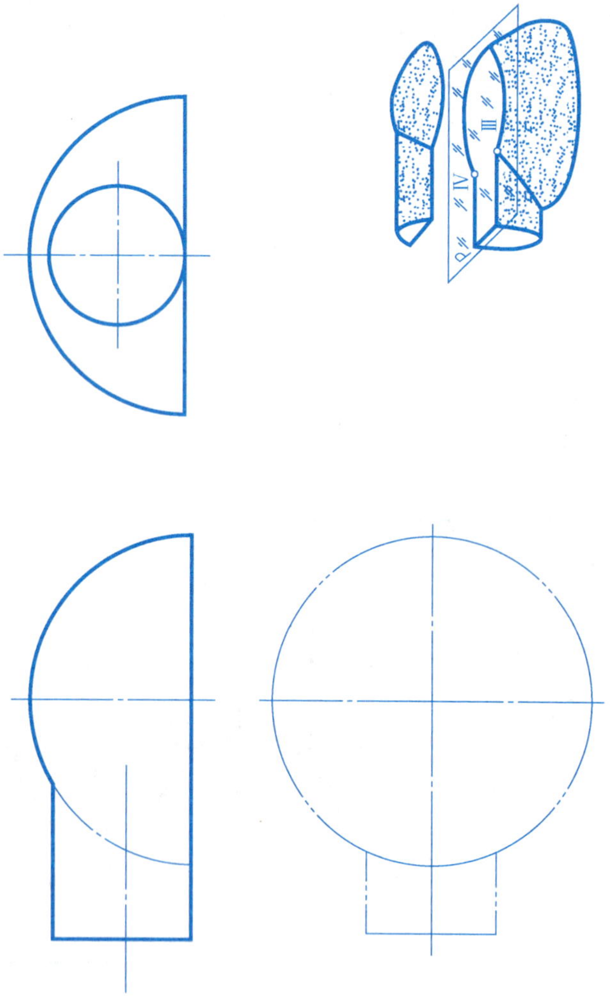

2.

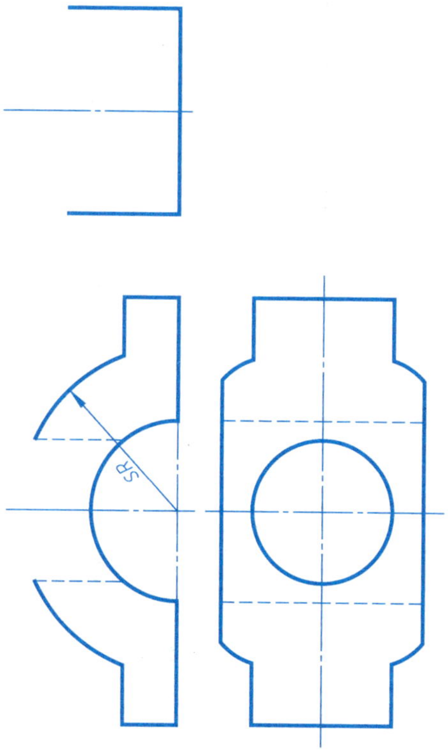

班级　　姓名　　学号

四、读图思维基础及读图举例

4-7　识别视图上的点、线、线框含义及判断面的相对位置

1. 识别图中指定点、线、线框含义

(1)

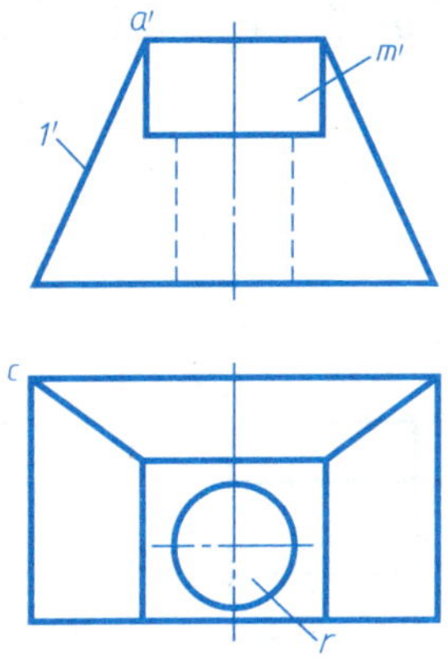

(2)

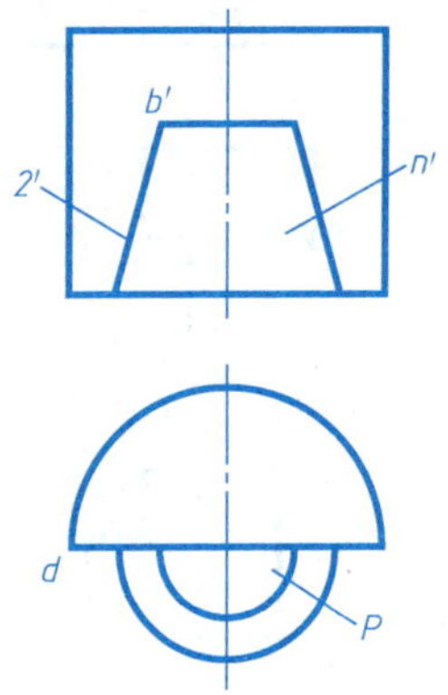

点 a'表示____，点 b'表示____，点 c 表示____，点 d 表示____；线 1′表示____，线 2′表示____；线框 m'表示____，线框 n'表示____，线框 r 表示____，线框 p 表示____

2. 判断点所在面的相对位置（对的用“√”），并求点的其他两面投影

(1)

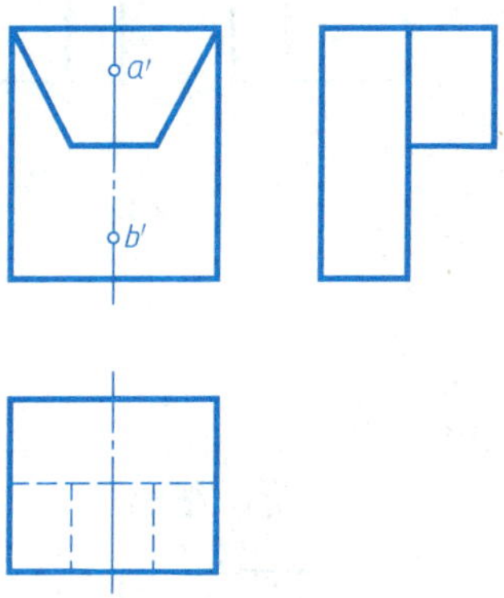

点 A 的面比点 B 的面（前、后）

(2)

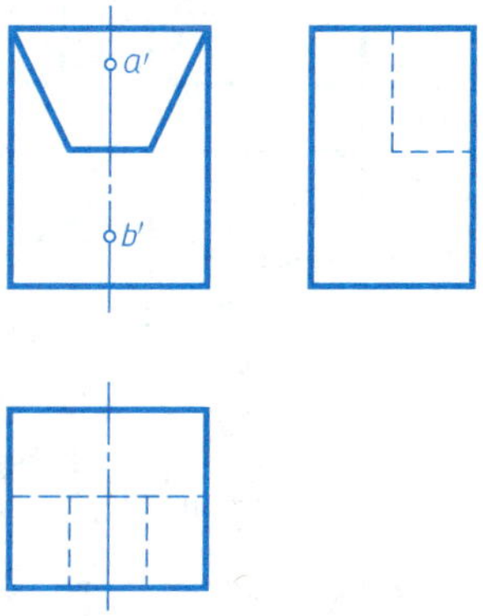

点 A 的面比点 B 的面（前、后）

(3)

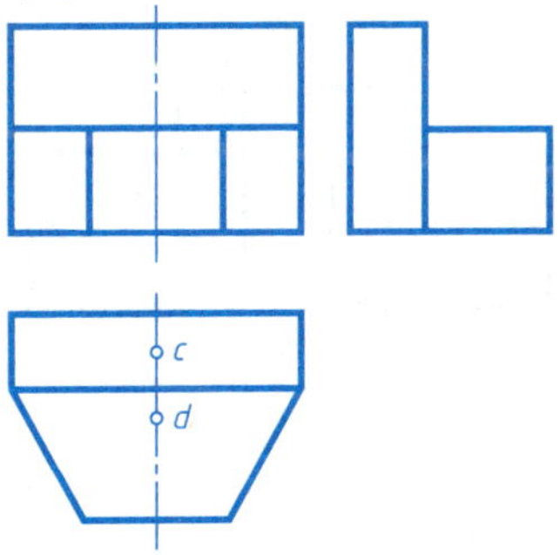

点 D 的面比点 C 的面（高、低）

(4)

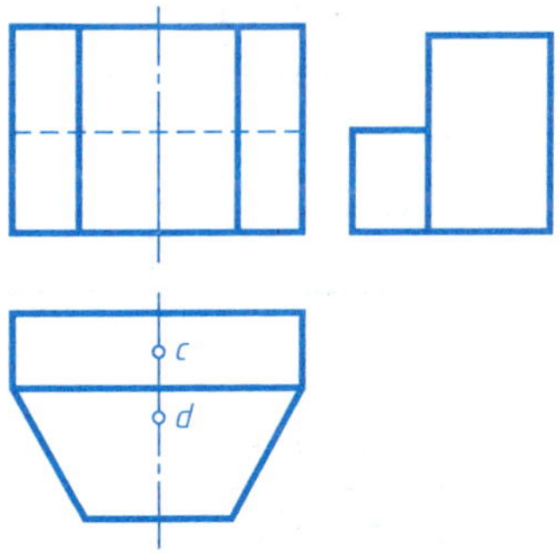

点 D 的面比点 C 的面（高、低）

(5)

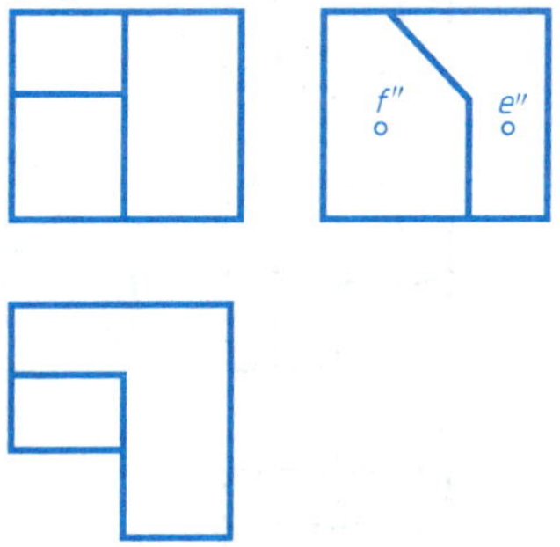

点 F 的面比点 E 的面（左、右）

(6)

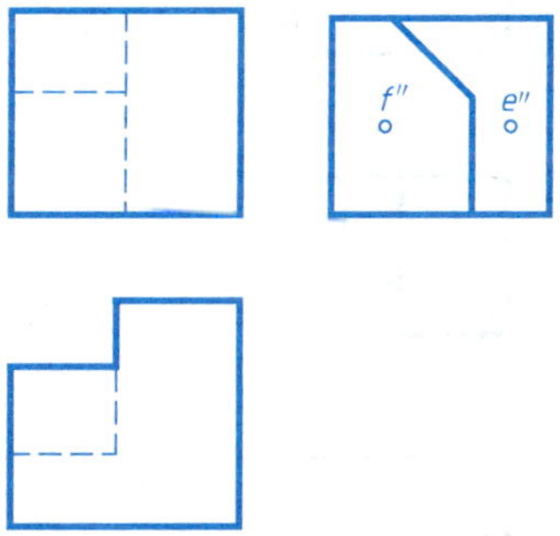

点 F 的面比点 E 的面（左、右）

4-8 已知两面视图，想象立体形状，找出与其相对应的第三视图（在正确的第三视图编号处打“√”）

1. 主、俯视图

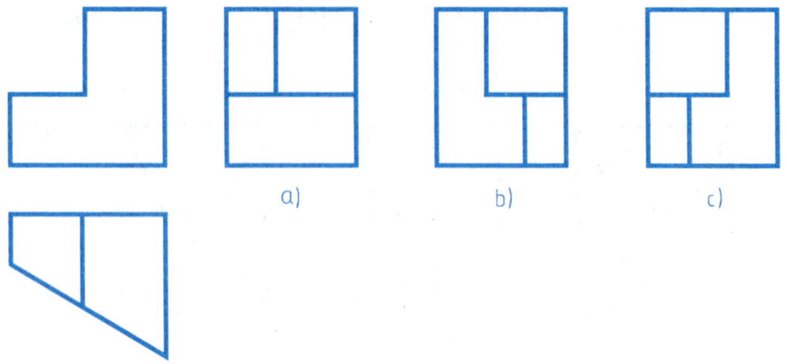

2. 主、左视图

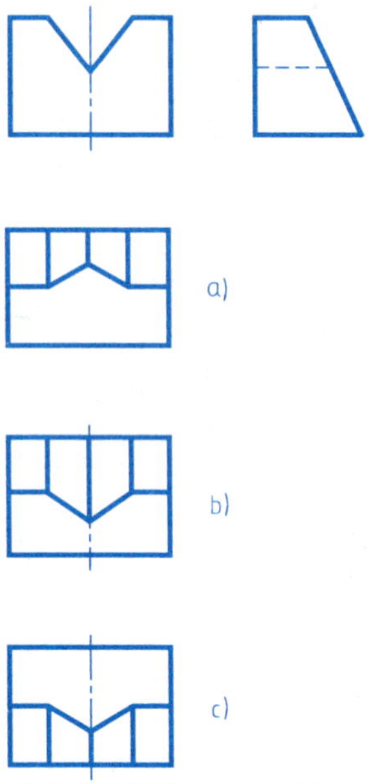

3. 俯、左视图

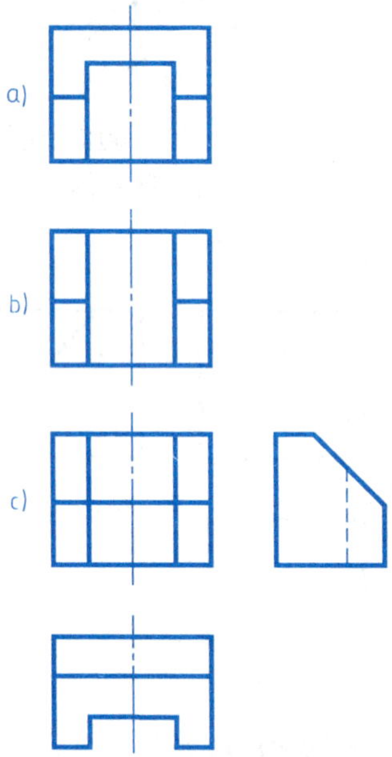

4. 主、俯视图

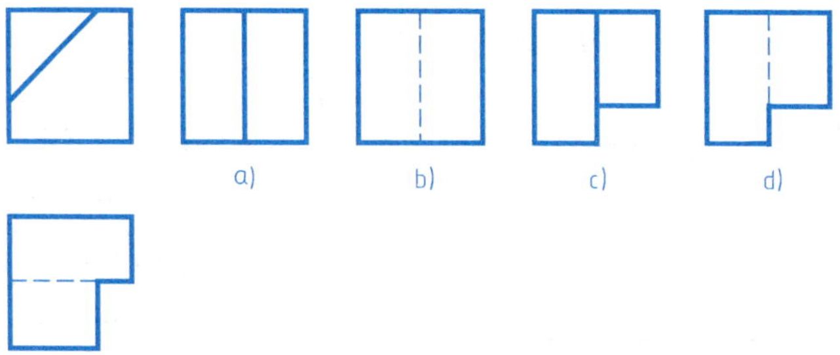

5. 主、俯视图

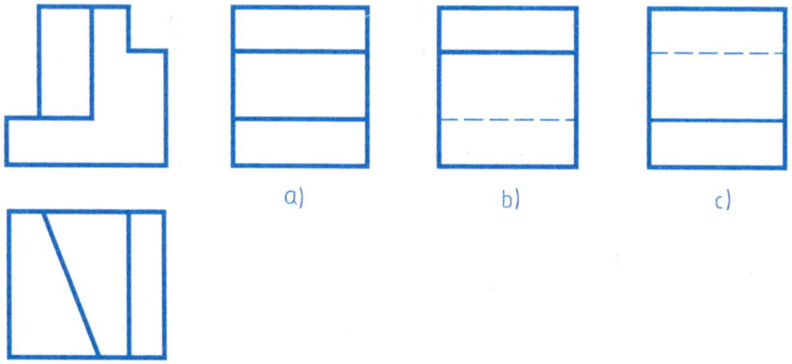

6. 主、俯视图

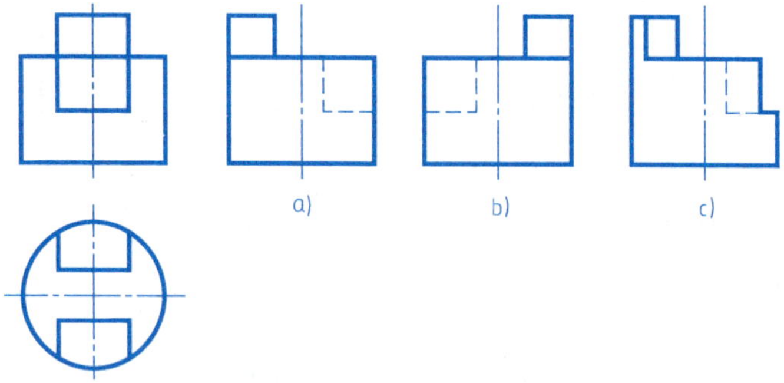

班级　　姓名　　学号

4-9 已知两面视图，想象立体形状，找出与其相对的左视图，把对应左视图的编号填入括号（　　）中

1. 两组俯视图形状相同，主视图形状不同，想象立体形状，在图 a、b、c 中找出题 1 对应的左视图，在图 d、e、f 中找出题 2 对应的左视图，把对应左视图编号填入括号（　　）中

(1)

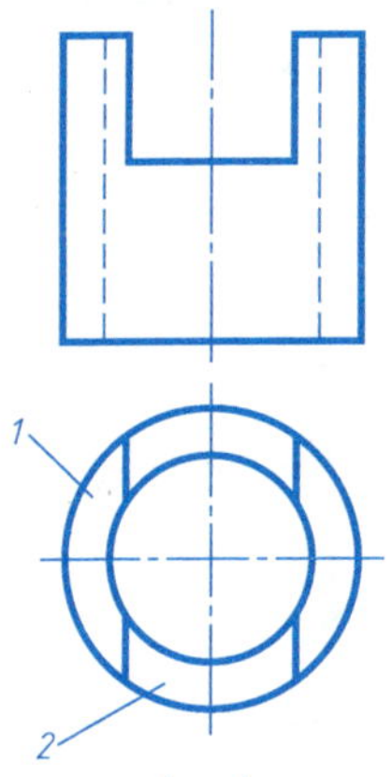

（　）

(2)

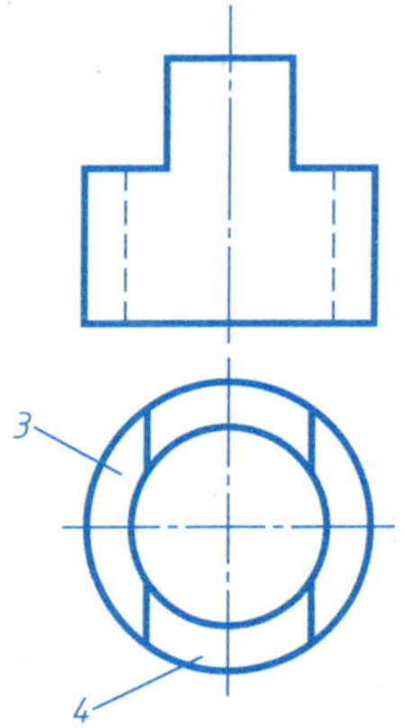

（　）

读图要点：

1）俯视图两个同心圆对应主视图是竖向线，表示哪种形体。

2）比较线框 1 与 2、3、4 的相对位置，相象线框 2 与 3 所示切割体形状。

3）比较两个形体的共同点和不同点。

4）竖向截交线有几条，侧面投影有几条不可见。

5）判断前后轮廓线是否被切法。

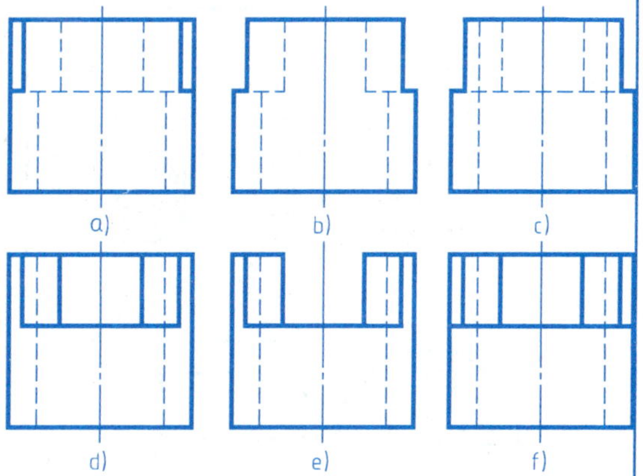

2. 根据五组主、俯视图，想象立体形状，在右边五个图中，找出各自对应左视图，在括号中填写编号

(1)

已知主、俯视图及编号

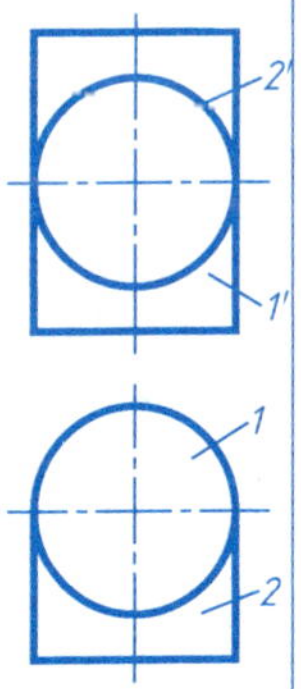

（　）

(2)

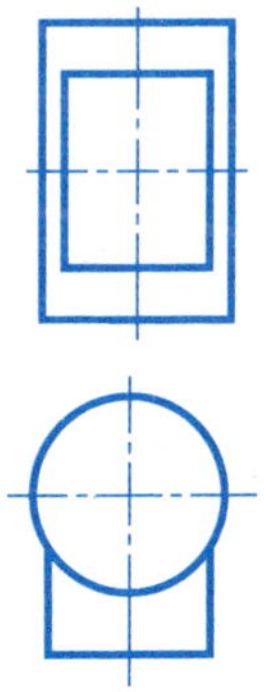

（　）

(3)

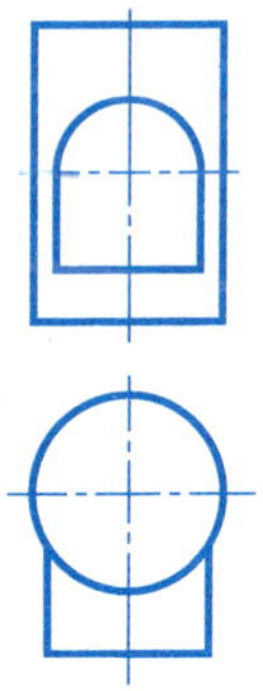

（　）

(4)

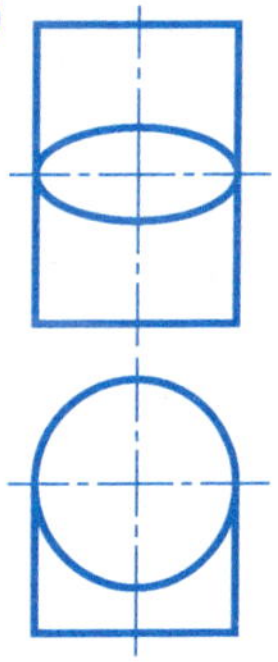

（　）

(5)

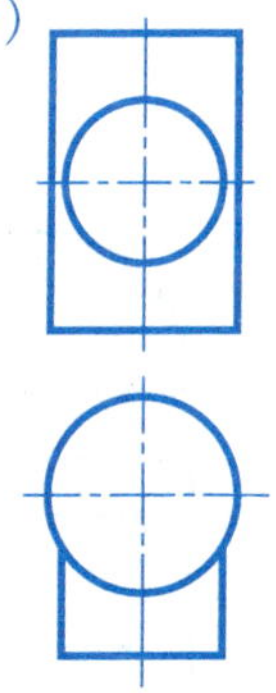

（　）

对应左视图及编号

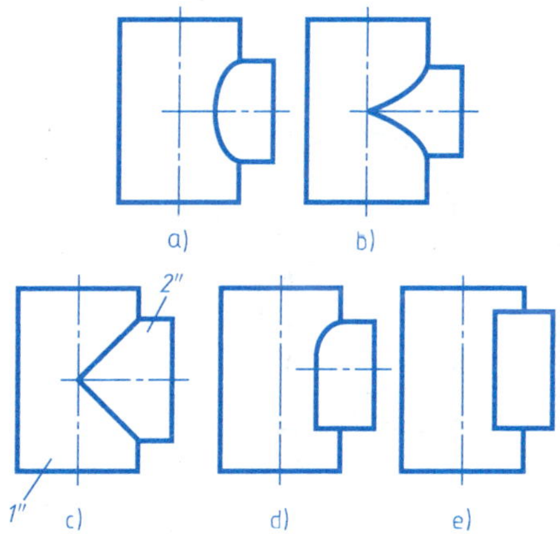

4-10　由已知两个视图，想象立体形状，补画第三个视图，在右下角画轴测草图（只要求表示形状，不要求大小，除题1、2、3画正等轴，其余画斜二测）

1.

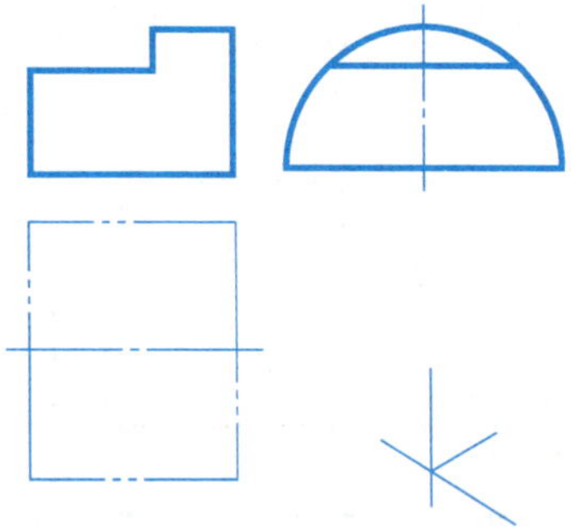

2.

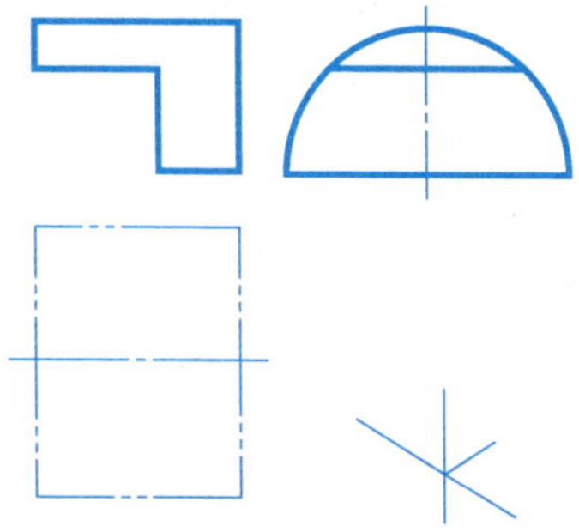

3.

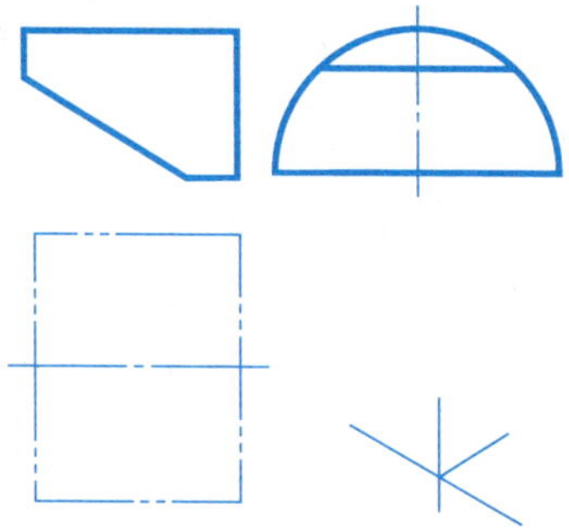

4.

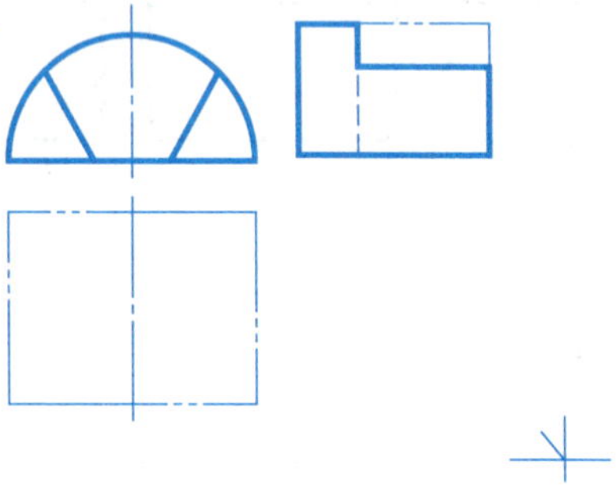

5.

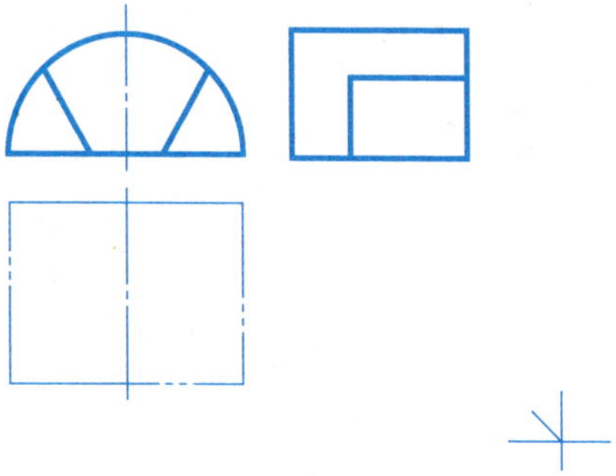

6.

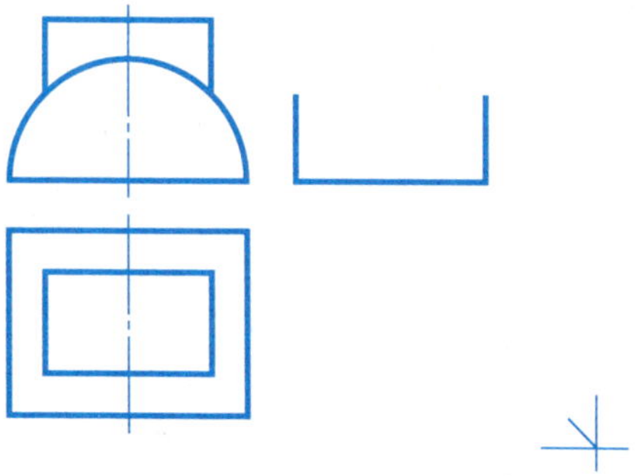

7.

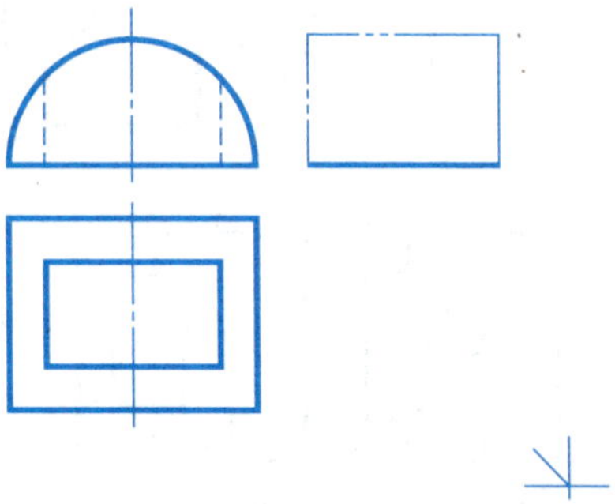

8.

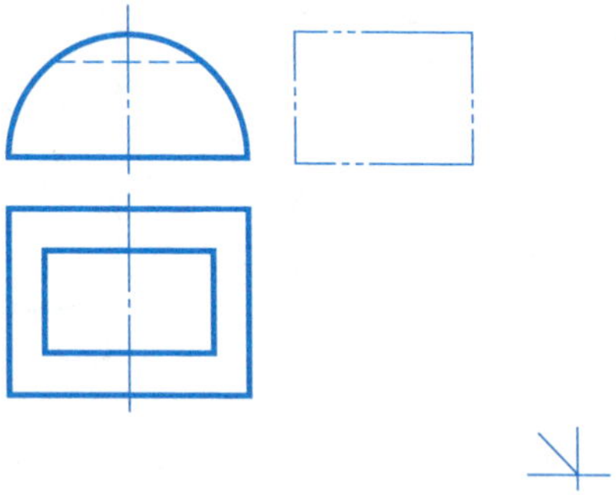

9.

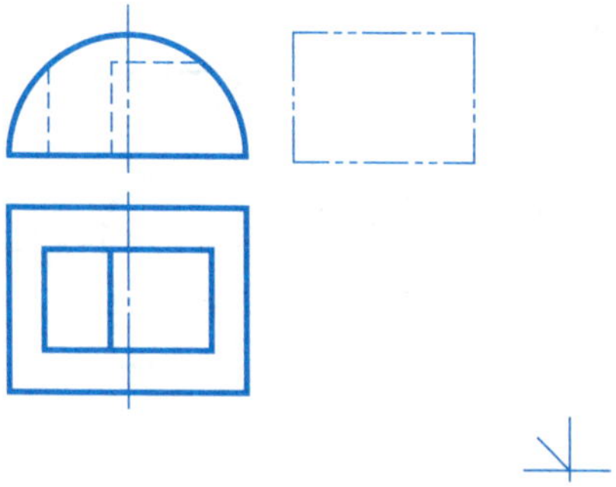

班级　　　　姓名　　　　学号

4-11 已知两面视图，想象立体形状，补画第三视图，画轴测草图或用橡皮泥造型

1.

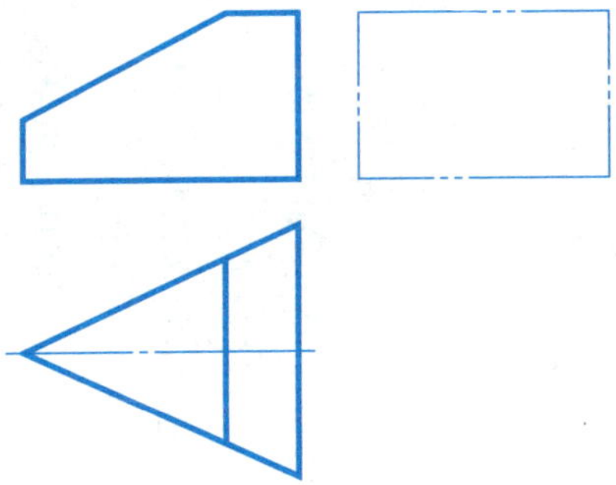

2.

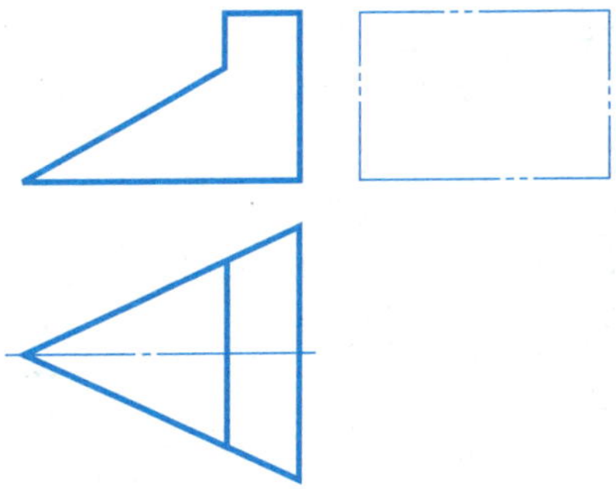

3.

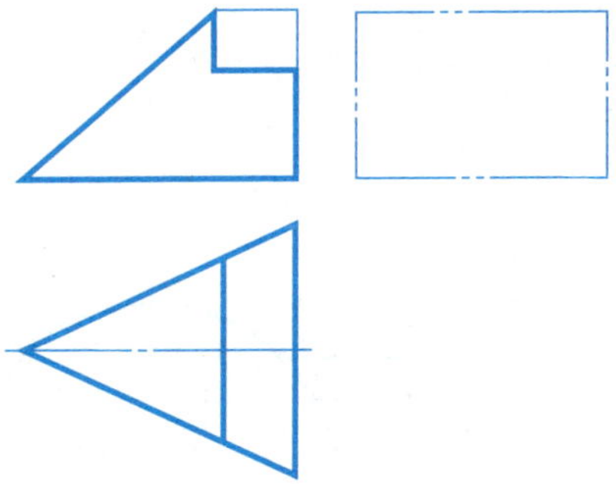

4.

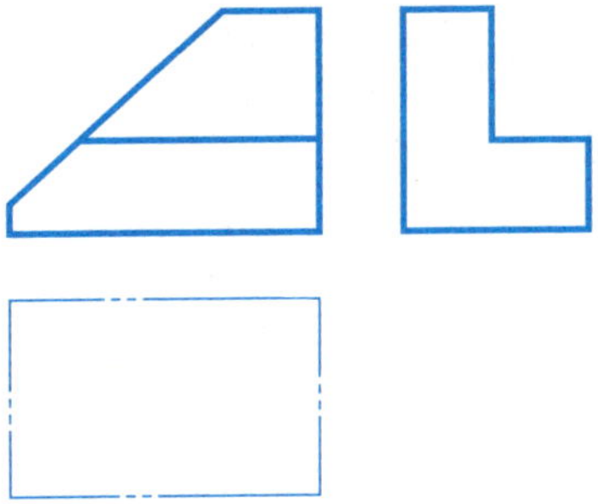

5.

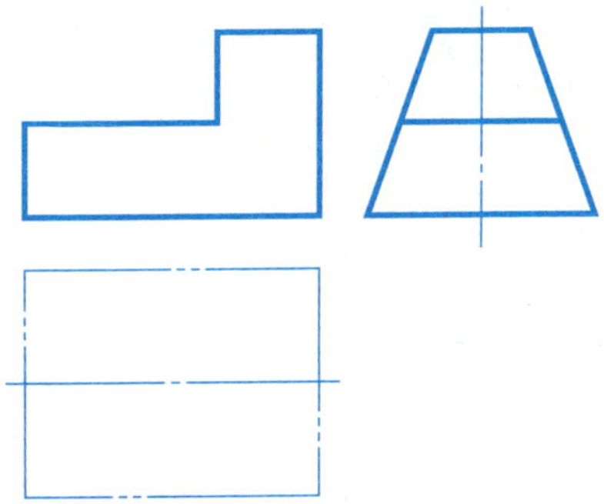

6.

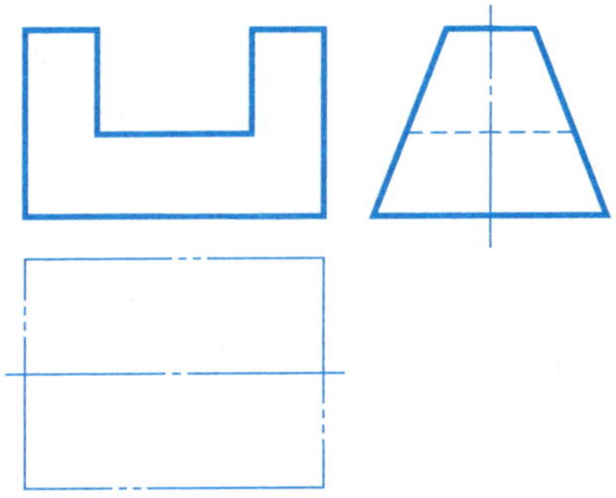

7.

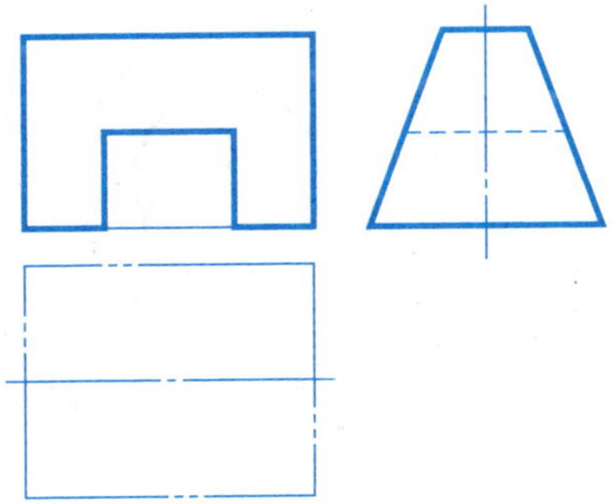

8.

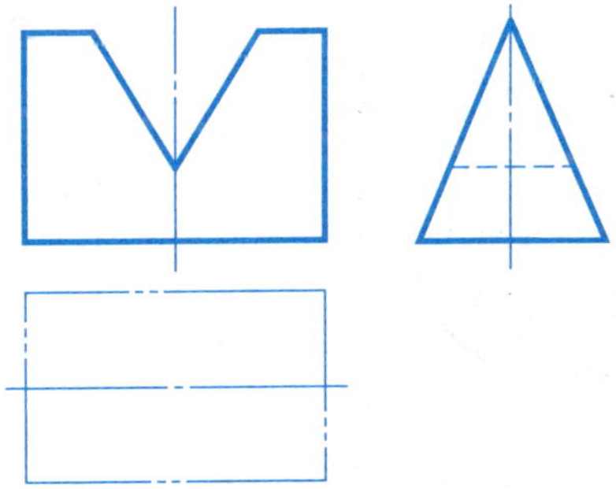

9.

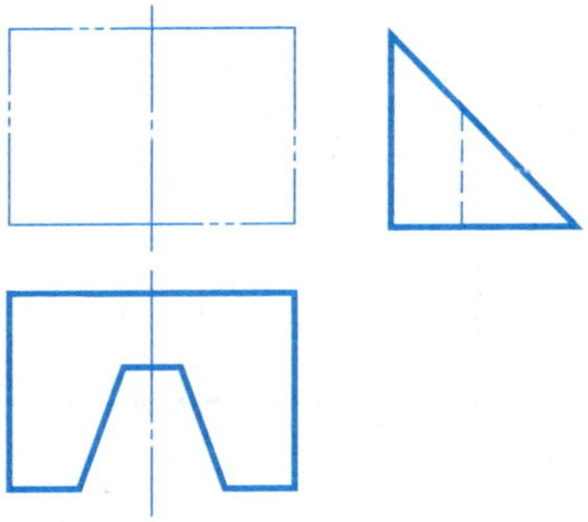

4-12 已知截交体和相贯体的两面视图，想象立体形状，补画图中所缺截交线和相贯线的投影

1. 补画主视图的相贯线

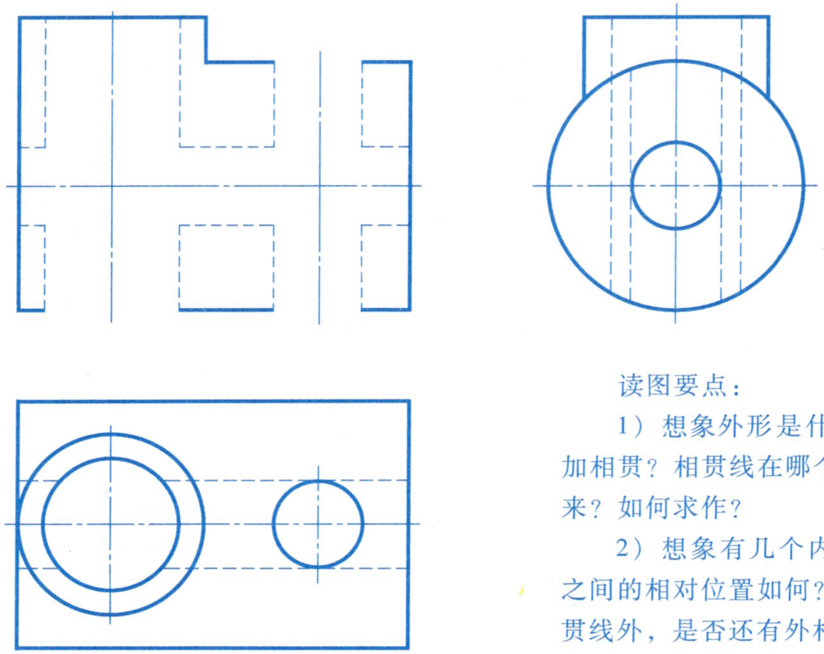

读图要点：

1）想象外形是什么回转体参加相贯？相贯线在哪个视图显示出来？如何求作？

2）想象有几个内圆孔？它们之间的相对位置如何？除了有内相贯线外，是否还有外相贯线？

2. 补画主、左视图相贯线

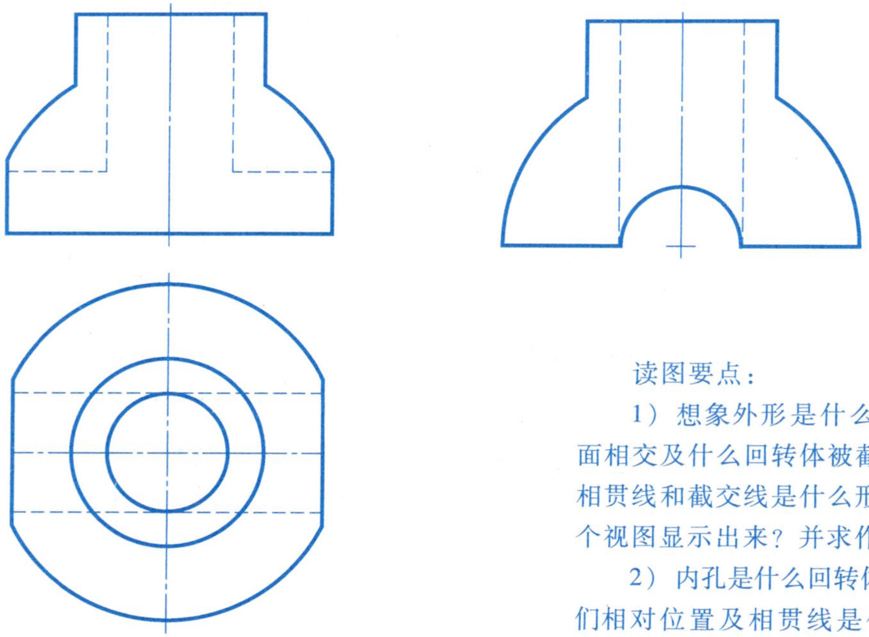

读图要点：

1）想象外形是什么回转体表面相交及什么回转体被截切？它们相贯线和截交线是什么形状？在哪个视图显示出来？并求作。

2）内孔是什么回转体？想象它们相对位置及相贯线是什么形状，在哪个视图显示出来？并求作。

班级　　姓名　　学号

第五章 组 合 体

一、画组合体三视图

5-1 由三视图对照轴测图，补画视图中所缺图线并改正错画的图线

要求

1）先在轴测图进行形体分析，搞清楚形体间表面连接关系。

2）然后应用表面连接处的画法。①两形体间的相邻表面不平齐，相接处应有线隔开；②两形体间的相邻两表面平齐，相接处没有线隔开；③两形体间的表面相切，相切处无分界线；④两形体表面相交，相交处有相交线。

分析三视图中画箭头处是否错画或漏画图线，并予以改正（错误的线用“×”表示）。

1.

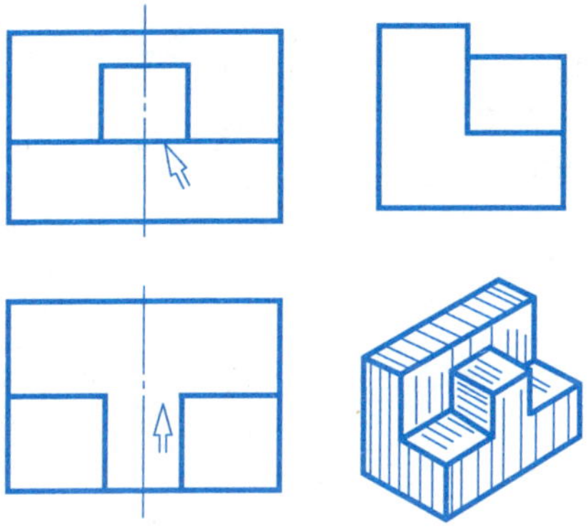

2.

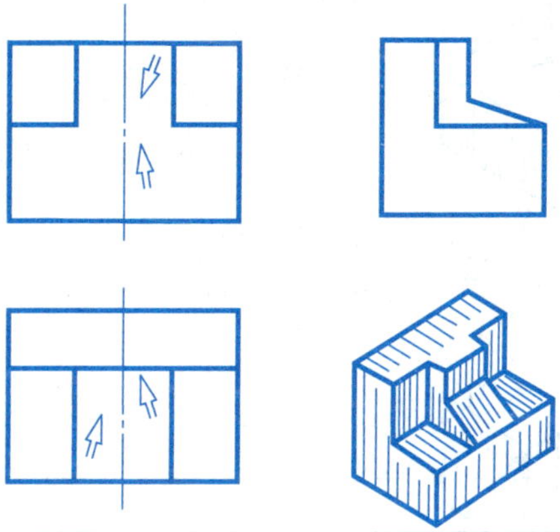

3.

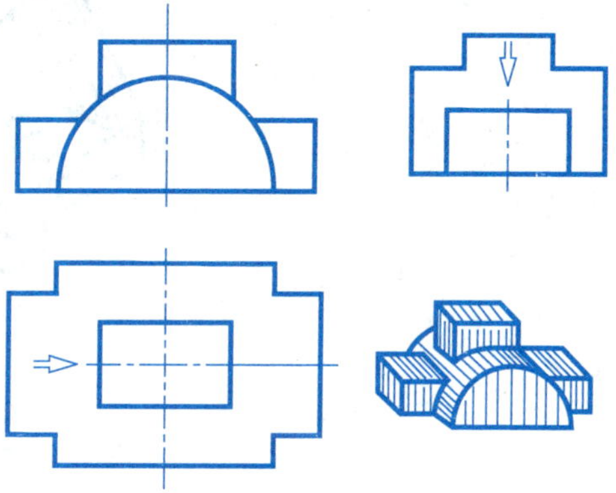

4.

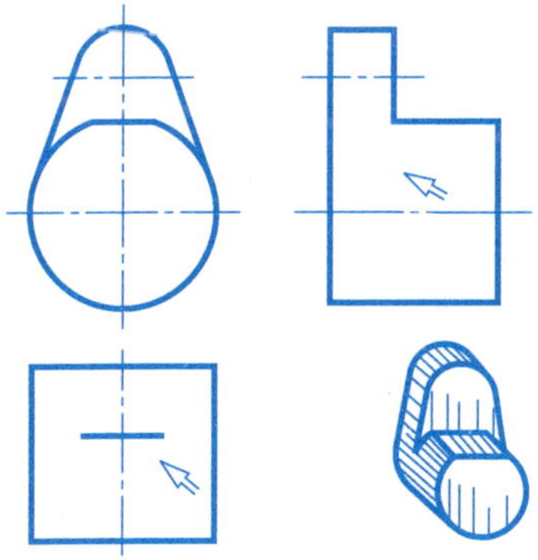

5.

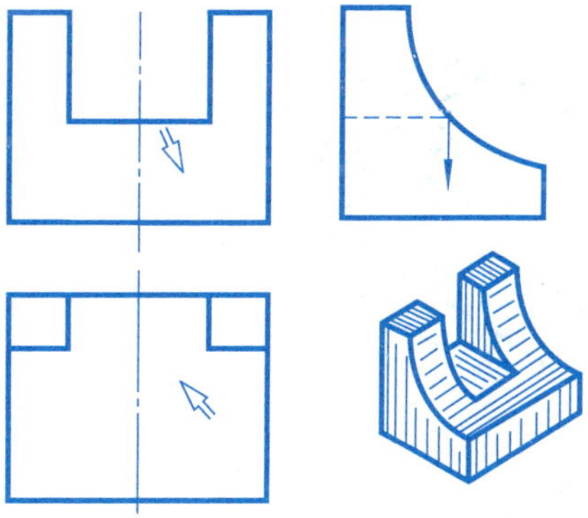

6.

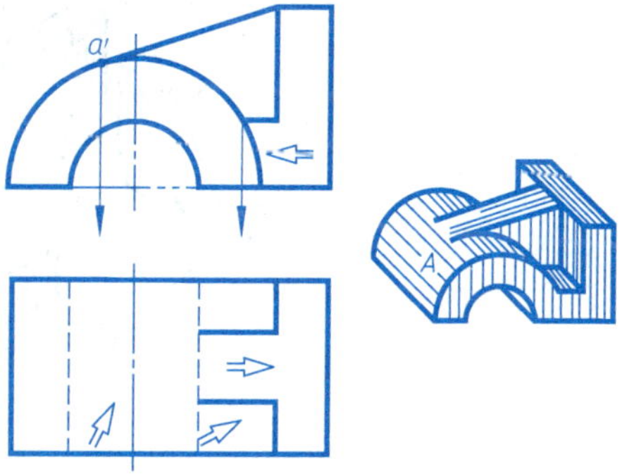

5-2　按形体分析法画组合体三视图（1）

画图提示：对图（1）组合体进行分析，如图（2）所示，由底板Ⅰ、支承板Ⅱ和两块直角三角柱Ⅲ组成左右对称、上下、前后叠加而成的。

画图时，逐个叠加画出每个形体的三视图；第一步画底板Ⅰ，左、俯视图配合先画；第二步画带半圆孔方柱Ⅱ，先画主视图；第三步画两块直角三角柱Ⅲ，先画主视图。按尺寸在右边空白处画三视图。

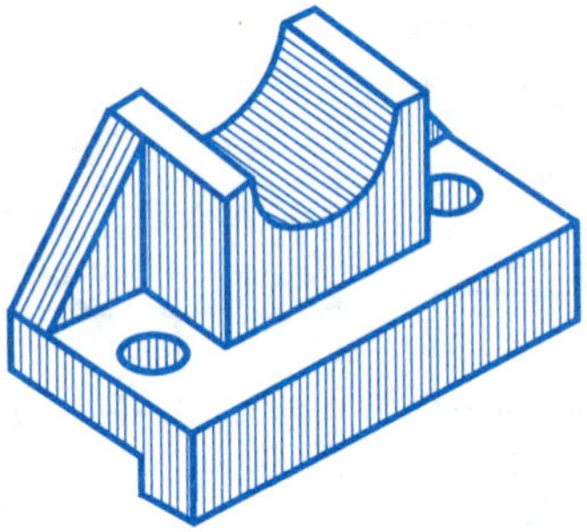

(1) 组合体轴测图

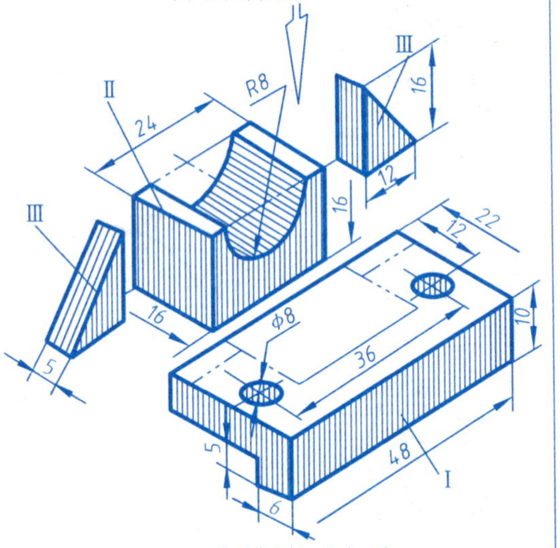

(2) 按形体分析，分为四块

班级　　　　姓名　　　　学号

第一步：画六边柱体三视图。
（主视图先画）

第二步：画长方体槽Ⅰ三视图。
（主视图先画）

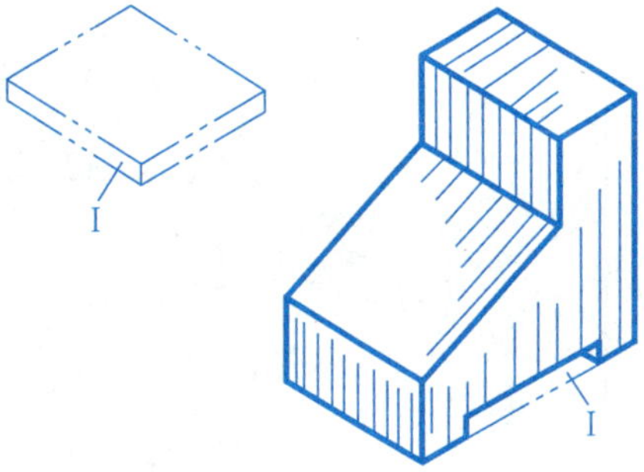

a)

第三步：画切去梯形柱Ⅱ的三视图。（主、俯视图先画）

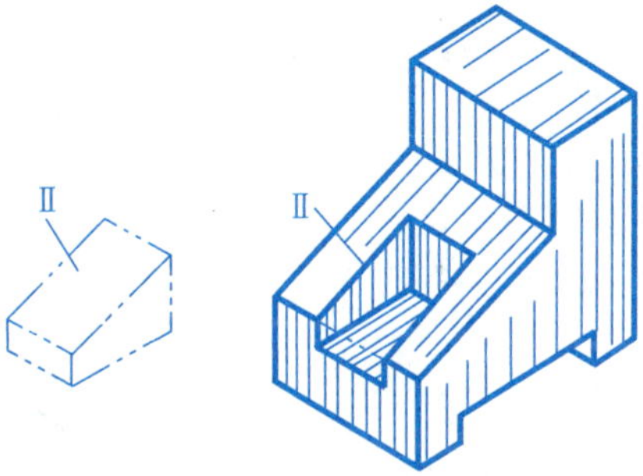

b)

第四步：画切去半圆柱Ⅲ的三视图。（左视图先画）

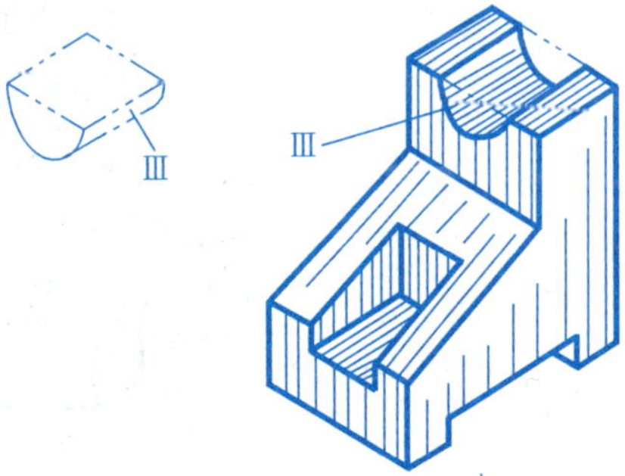

c)

画图提示：对组合体进行形体分析，如图 a、b、c 所示，在六边柱上挖去形体Ⅰ、Ⅱ、Ⅲ而成。画图时，应先画完整的六边柱体，按左边所示作图步骤逐个“挖切”画其三视图。画每一个挖切形体的三视图时，应先从该形体的特征视图先画。

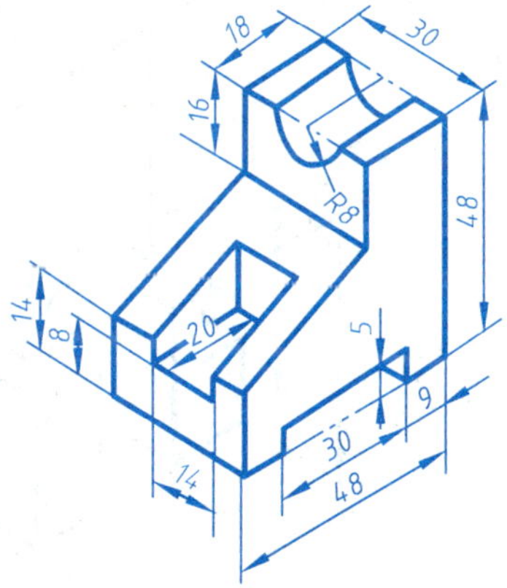

1.

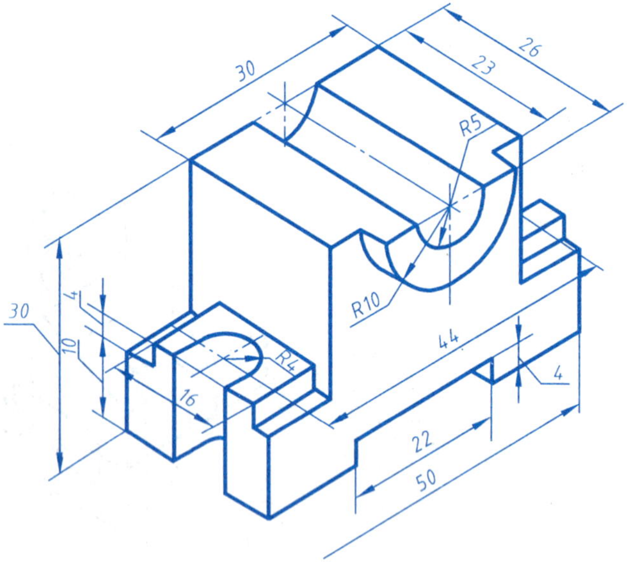
30
26
23
R5
30
4
10
R10
44
R4
16
4
22
50

2.

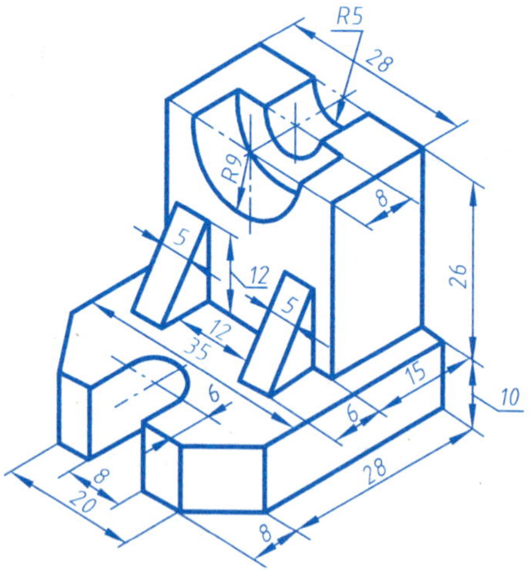
R5
28
R9
8
5
12
26
5
12
35
15
6
10
6
8
20
28
8

班级　　　　姓名　　　　学号

1.

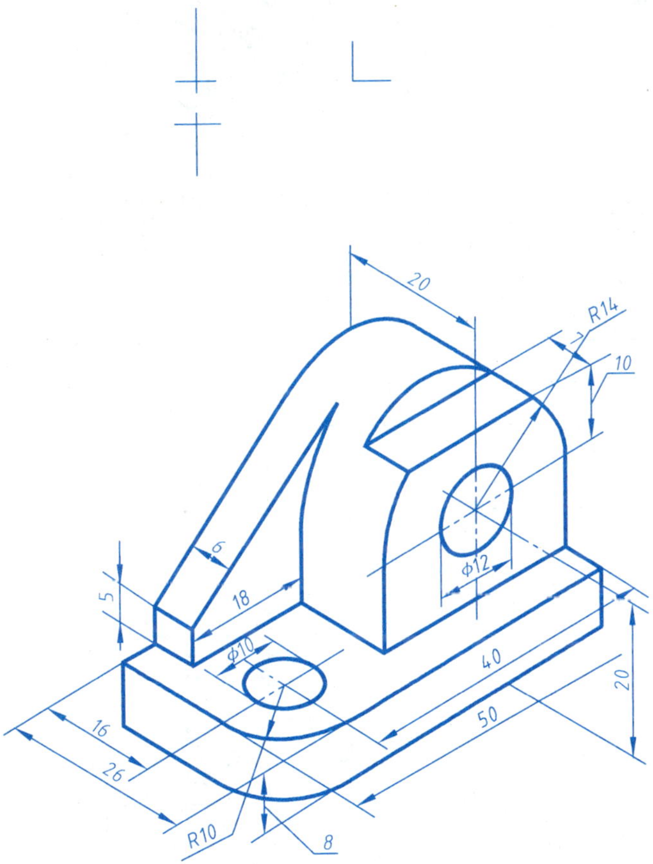
20
R14
10
6
5
18
φ12
φ10
40
20
16
50
26
R10
8

2.

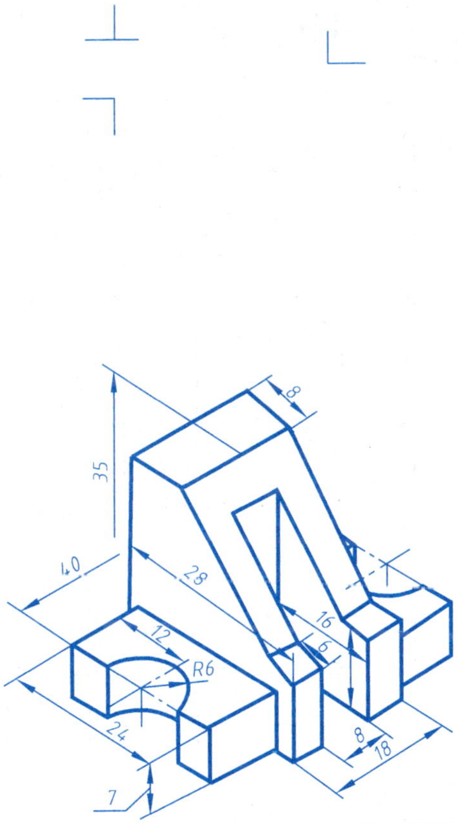
8
35
40
28
12
R6
16
6
24
8
18
7

5-6 按形体分析法，徒手画三视图草图（按老师指定画两题）

1.

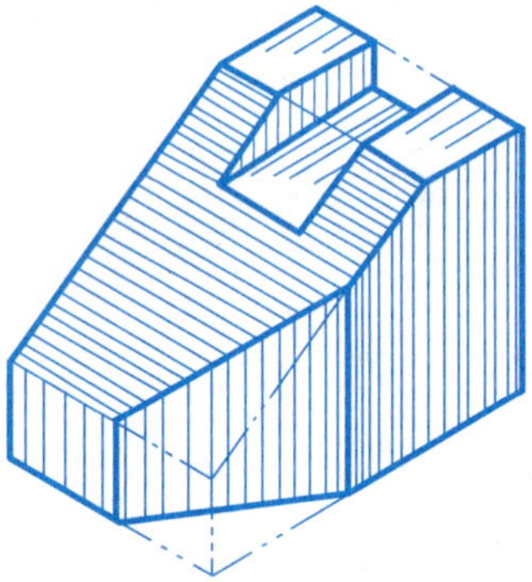

2.

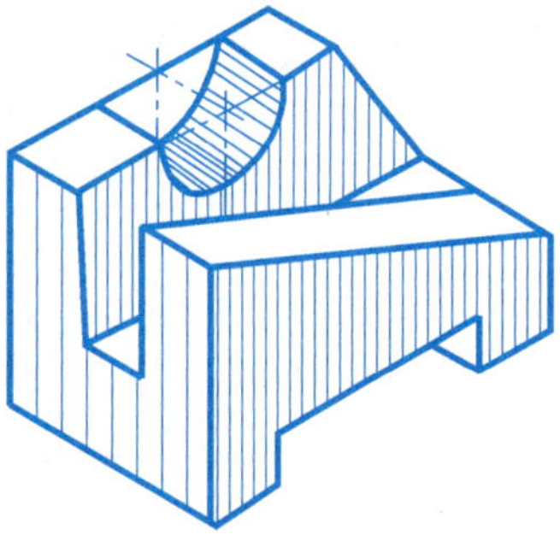

3.

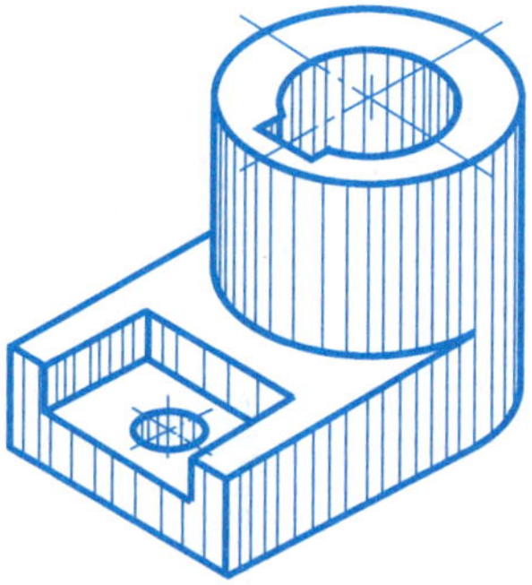

班级　　　　姓名　　　　学号

二、读组合体三视图（1）

5-7　根据组合体轴测图，想象三视图的形状，把对应主、俯、左视图的编号填入下表

如轴测图 A，是由主视图编号 2，俯视图编号 6，左视图编号 7 这三个视图组成。

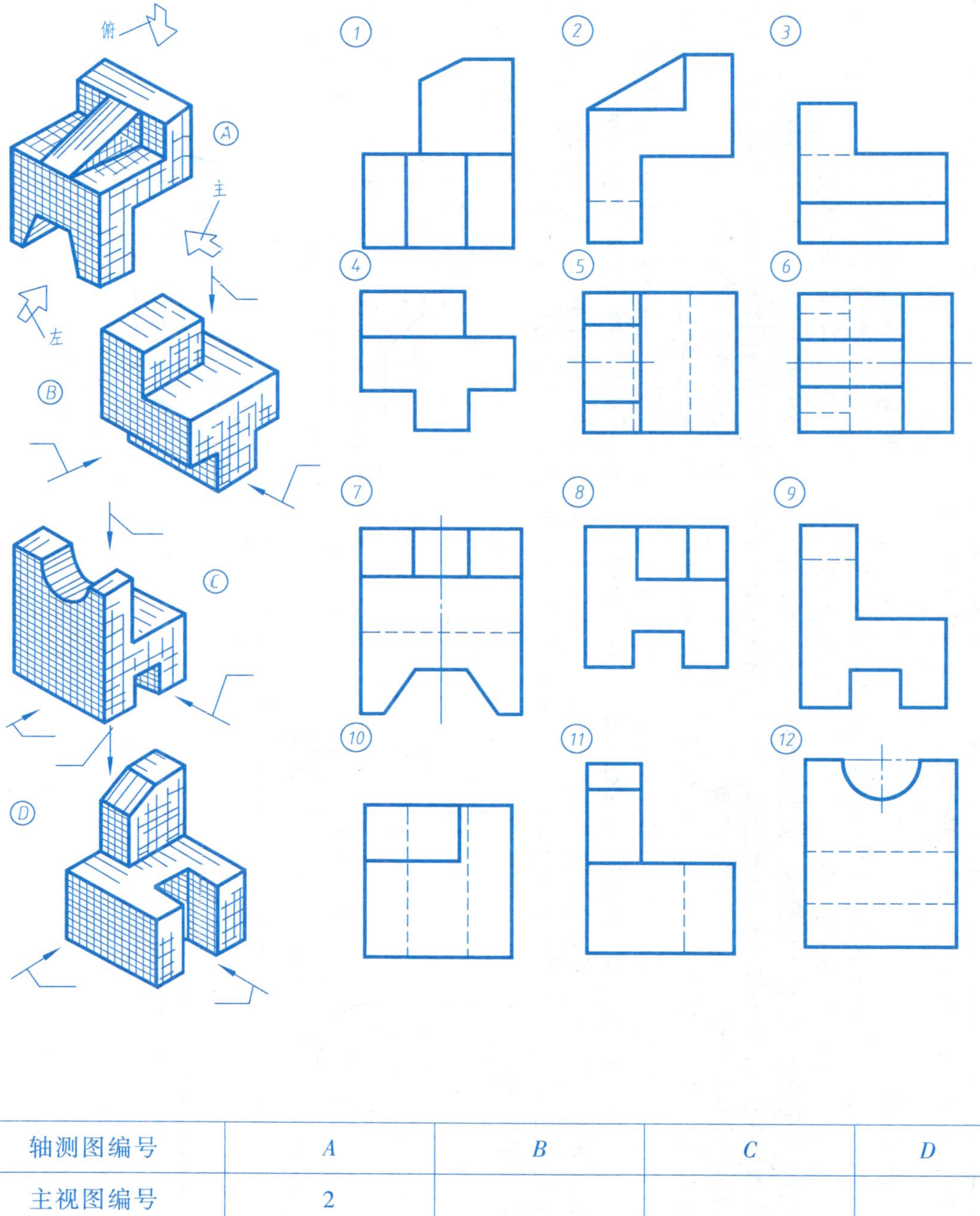

轴测图编号	A	B	C	D
主视图编号	2			
俯视图编号	6			
左视图编号	7			

已知三视图，想象该组合体由几个基本立体组成，想象其形状和相对位置

1. 读图要点和指示：

1）从主视图线框出发，找出其他视图线框的对应关系：线框 1′、1、1″；线框 2′、2、2″；线框 3′、3、3″及线框 4′、(4)、4″成对应关系。

2）以形状特征形线框，想象立体形状：俯视图的特征形线框 1 表示带圆孔的六边形底板Ⅰ；主视图的特征形线框 2′、3′表示拱形竖板Ⅱ及圆筒Ⅲ；左视图的特征形线框 4″表示方形肋板Ⅳ。

3）以位置特征线框，想象相对位置：主、左视图是表示上下位置关系的视图，尤其是主视图，如从线框 1″、2″上下关系，确定形体Ⅱ在形体Ⅰ之上；俯、左视图是表示前、后位置关系的视图，左视图更明显，如从线框 2″和 3″前后关系，确定形体Ⅲ在形体Ⅱ之前；主视图是表示左右关系的特征视图，对称中心线表明该组合体左右对称。线 a'' 表示方板与圆筒相交线。

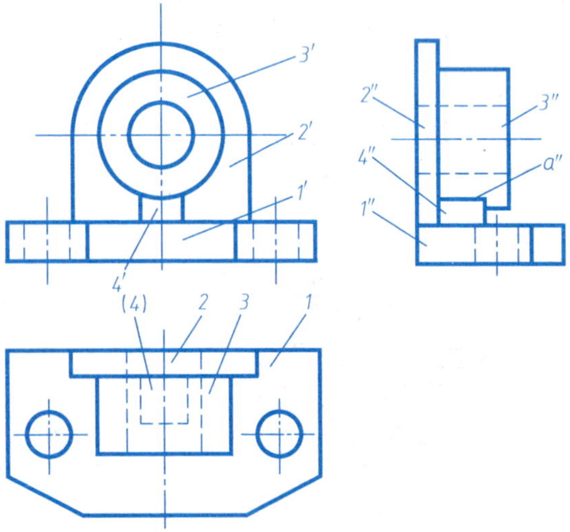

2. 读图要求和提示：

1）从主视图线框 1′、2′、3′、4′出发，找出其他视图线框的对应关系，并注写对应编号。

2）分块确定特征视图的特征形线框，想象各基本立体形状。俯视图的特征形线框是____ ____ ____

主视图的特征形线框是____

3）反映各基本立体组成上下、左右相对位置的主要特征视图是____视图；反映该物体前后对称的是____视图。

4）分析指定图线含义：线 a' 表示____形体和____形体相交线；为什么有线 b；c'、d'、f' 处为什么没有线；e 处为什么不画实线圆弧，而是画虚线圆弧。

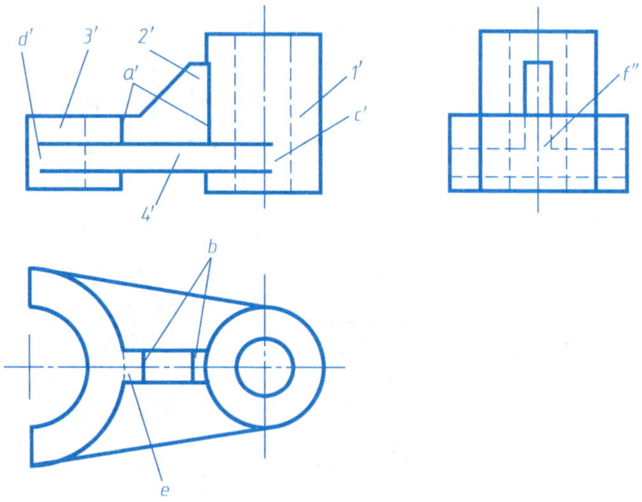

班级　　姓名　　学号

5-9 根据三视图想象立体形状

1. 读图要求：

1）在三视图中找线框对应关系，并把编号填写在引出线的横线上。

2）以特征形线框为基础，想象立体形状：

主视图的特征线框____表示____；俯视图的特征线框____和____表示____体和____体。

3）反映各基本立体上下、左右相对位置的特征视图是____视图；反映前后对称形较明显特征视图是____视图。想象整体形状。

4）线 a 是____体和____体的相交线，线 b''是____体和____体的相交线；曲线 c''是____体和____体相交线，这些线是从哪个视图投影得到的，如何求得。

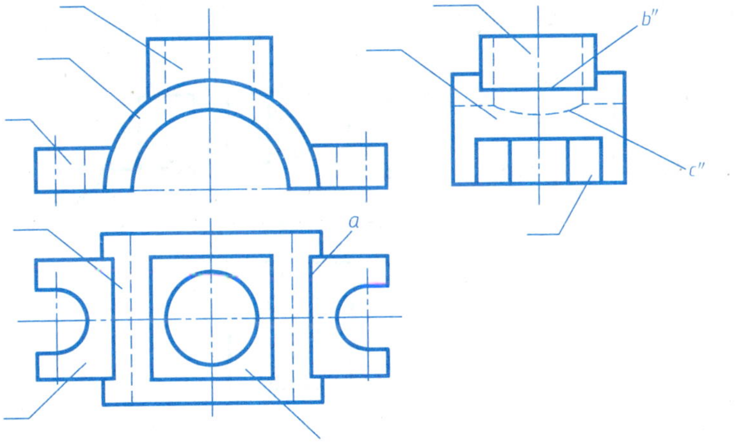

2. 读图要求：

1）读者在三视图中对应投影关系分离线框、找出相对应线框并编号。

2）该组合体由几块基本立体所组成，它的形状特征线框在哪个视图，表示什么形状？

3）判断各基本立体上下、左右相对位置的特征视图是____视图；判断前后相对位置较明显的是____视图。想象整体形状。

4）找出线框 5′、6′，（7′）在其他视图的对应关系，想象它们的形状；线 a''、b、c''和 d''表示什么形体相交线，如何求得的。

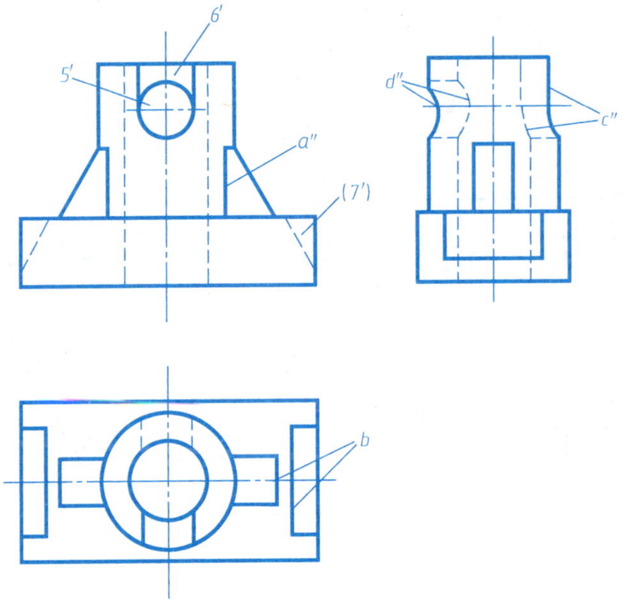

5-10　读三视图想象立体形状，补画视图所缺图线，用橡皮泥造型或在右角画出轴测草图（轴测图种类自定）

1.

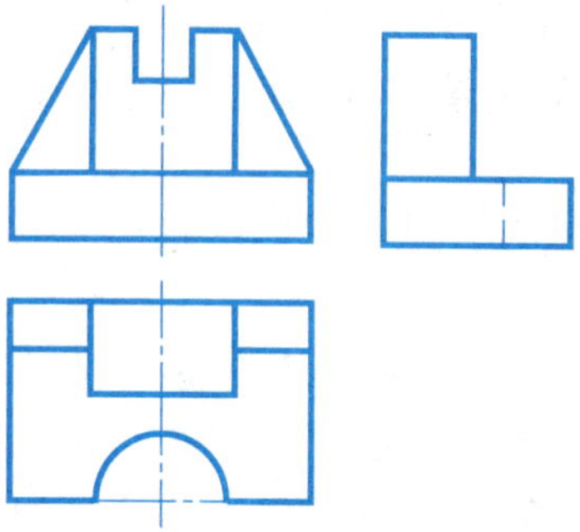

2.

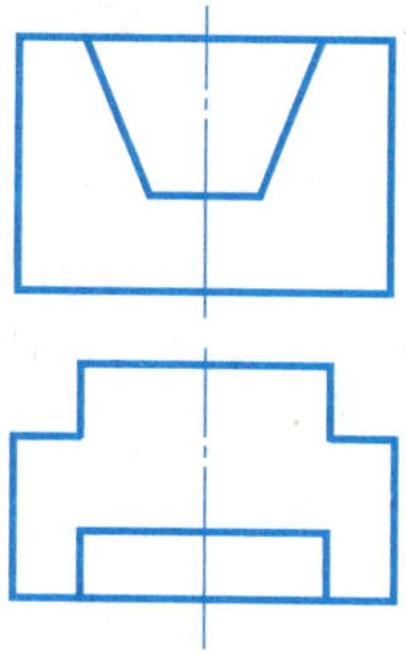

3.

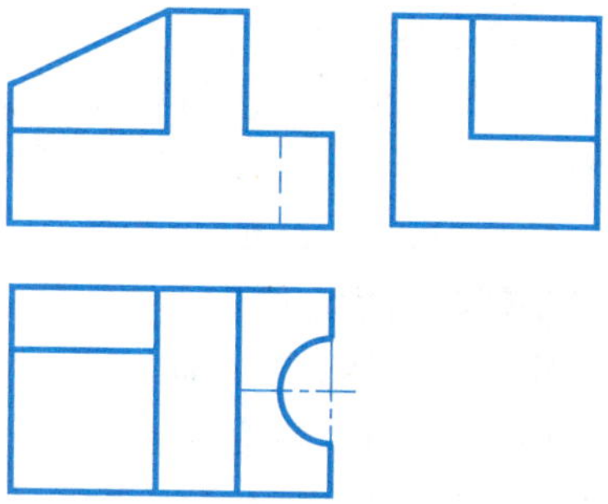

4.

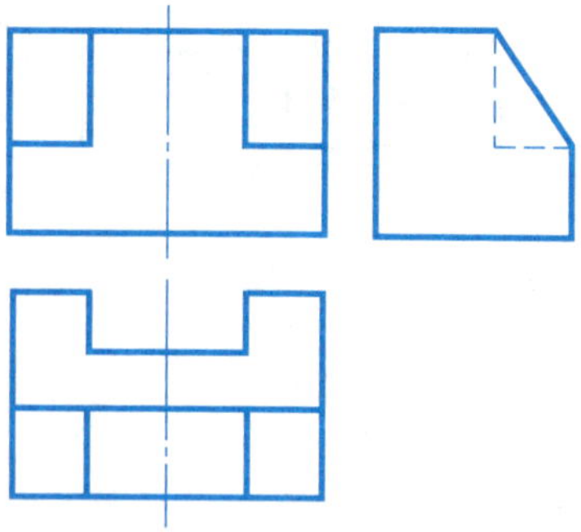

5.

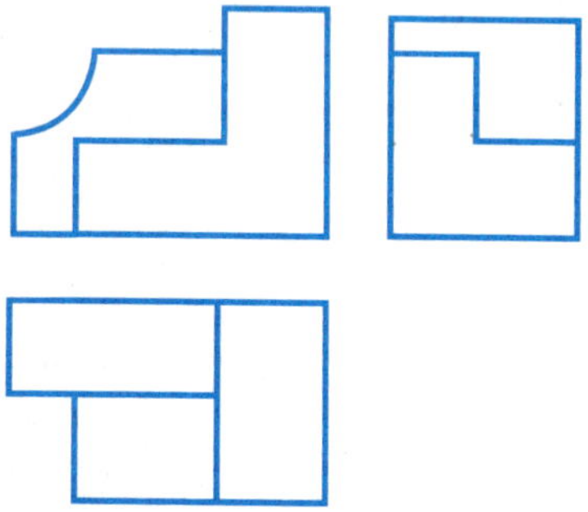

6.

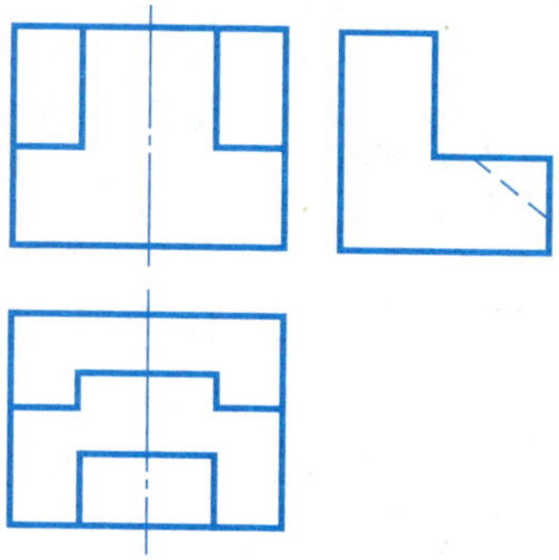

班级　　　　姓名　　　　学号

三、标注组合体尺寸

5-11 根据给定视图和尺寸想象立体形状，审查视图中所注的尺寸是否正确

读图要求：

1）读懂视图，想象各基本立体的形状和相对位置。

2）用“△”符号指出该组合体三个方向的尺寸基准。

3）按形体分析法审查每个基本立体的定形尺寸和定位尺寸，对重复、错误尺寸打“×”，补标遗漏尺寸（均不填写尺寸数字）

1.

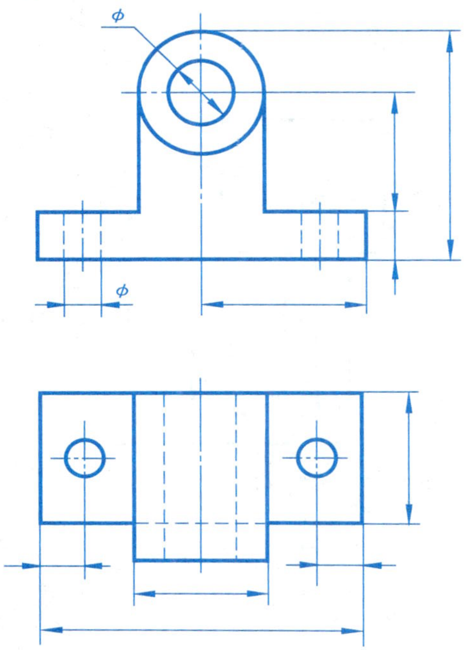

2.

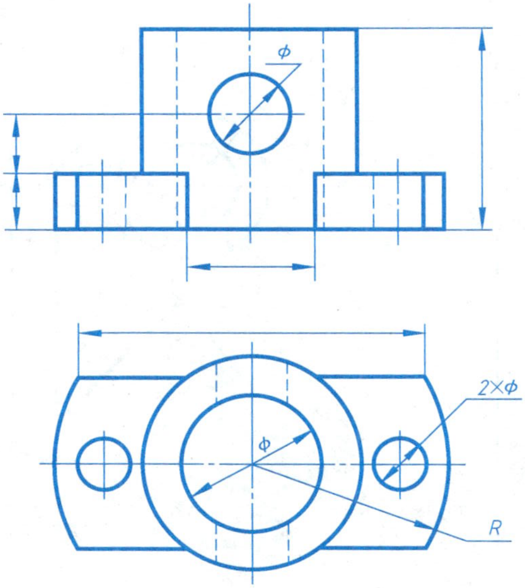

3.

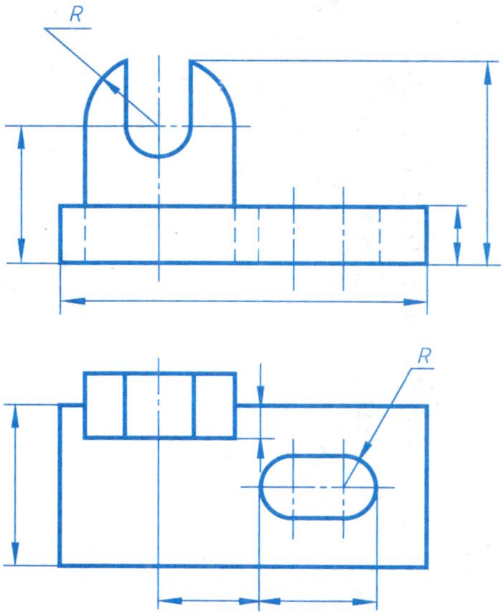

4.

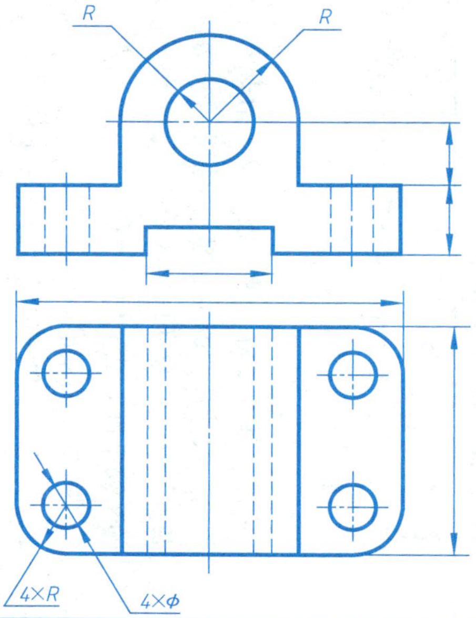

读图要求：

（1）根据主视图指出四个基本立体的名称，想象它们的形状及相对位置

（2）尺寸分析

1）尺寸基准分析（用"△"符号指出尺寸基准）：

从高向尺寸标注的主要起点，指出高度方向尺寸的主要基准。从长向尺寸标注的主要起点，指出长度方向尺寸的主要基准。从宽向尺寸标注的主要起点，指出宽度方向尺寸的主要基准。

2）定形尺寸和定位尺寸分析（举例）。

圆筒的定形尺寸是__________；高方向定位尺寸是____；宽方向的定位尺寸是______。

长圆槽的定形尺寸是__________；长方向的定位尺寸是__________；宽方向的定位尺寸是__________。

（3）思考题

1）为什么支承板Ⅱ和支肋板Ⅲ不标注高度尺寸？

2）为什么不标总长、总高和总宽尺寸？若计算，总长的尺寸应是____；总高尺寸应是______；总宽尺寸应是______。

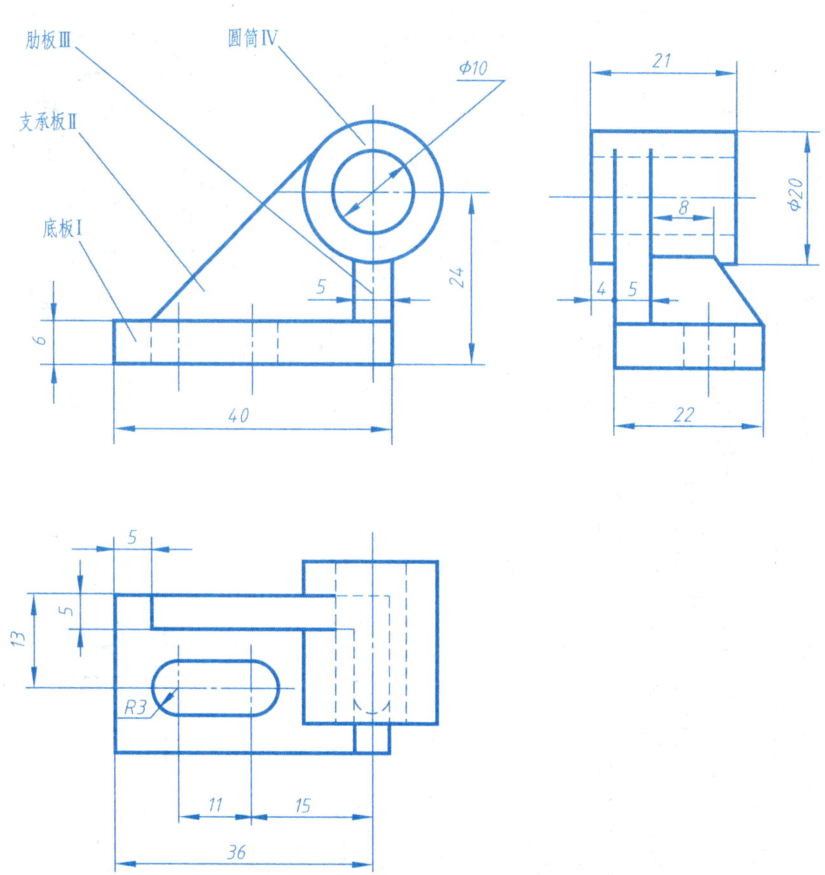

班级　　　　姓名　　　　学号

四、画组合体轴测图

5-13　该三视图想象立体形状，画正等轴测图

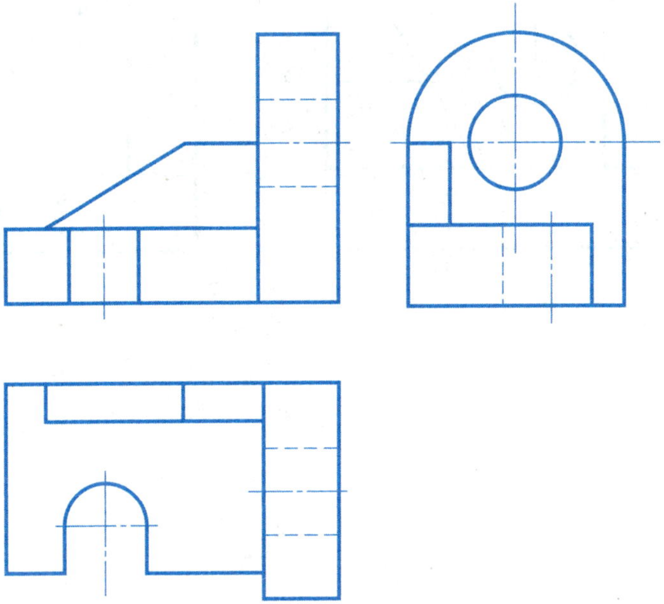

5-14　该两视图，想象立体形状，求作第三视图，并画轴测草图

1. 画正等测草图

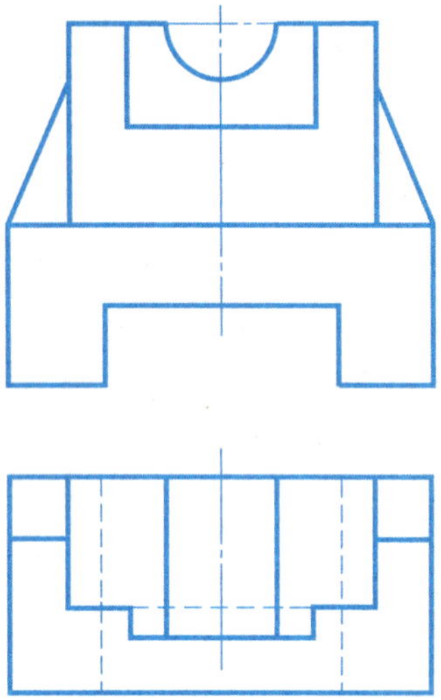

2. 画斜二测草图

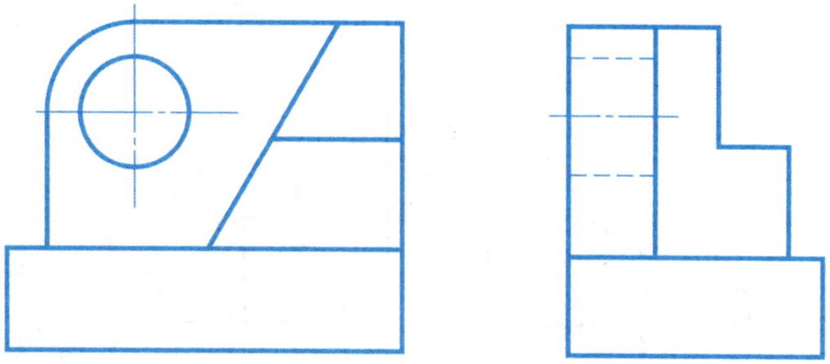

班级　　　　姓名　　　　学号

五、读组合体三视图（2）

5-15　读两面视图，想象立体形状，补画左视图（比较题3、4所示形状的相同点和不同点）

1.

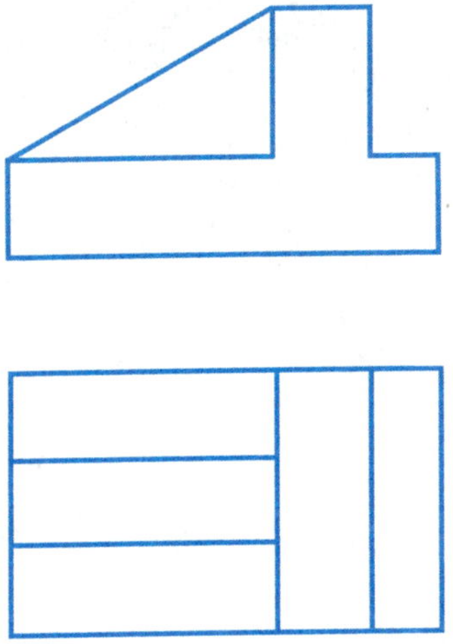

2.

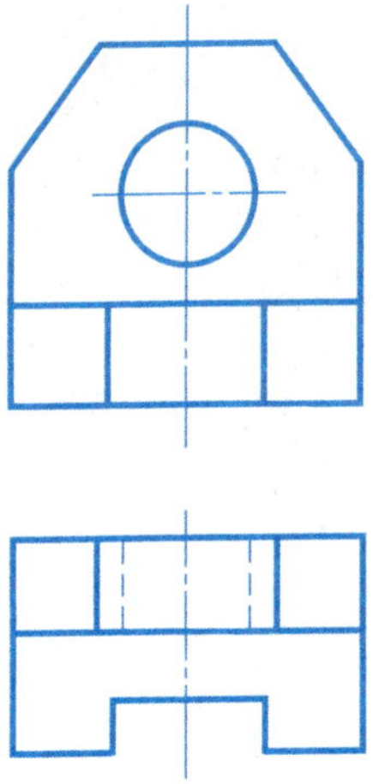

3.

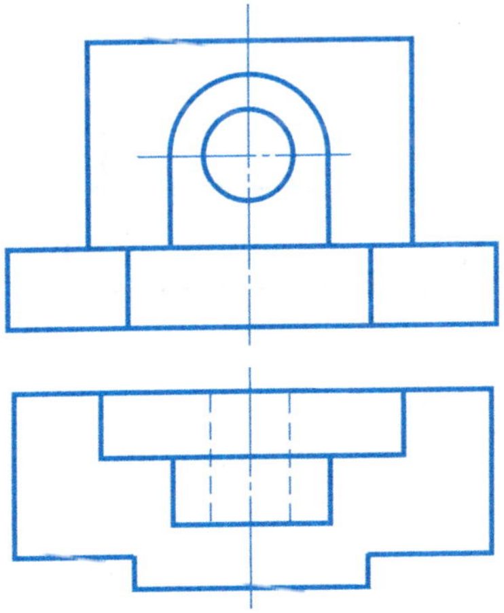

4.

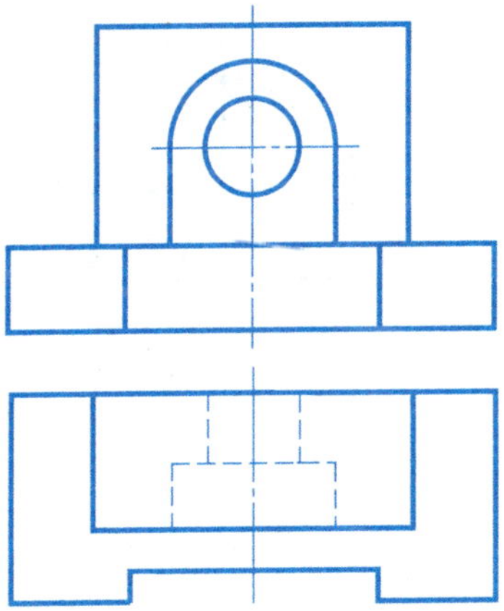

班级　　　　姓名　　　　学号

5-16　读两已知视图，想象立体形状，补画第三视图（比较题 1、2 所示形状的异同点）

1.

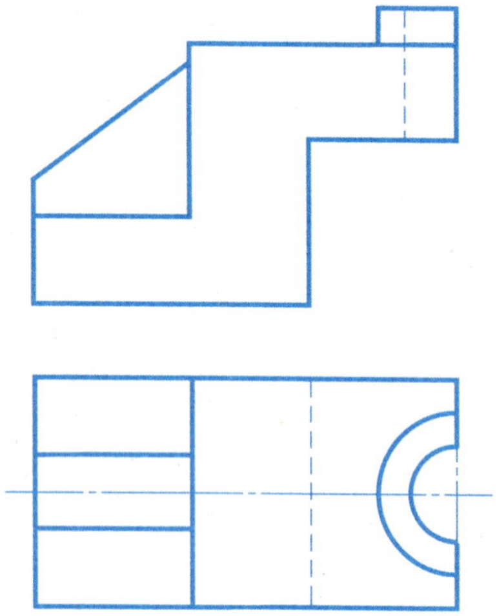

2.

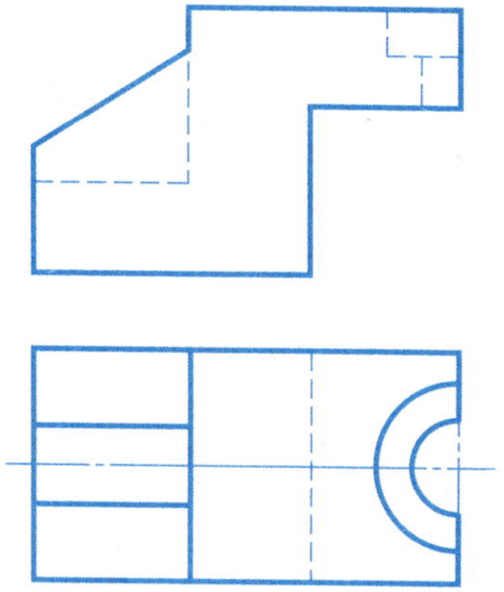

3.

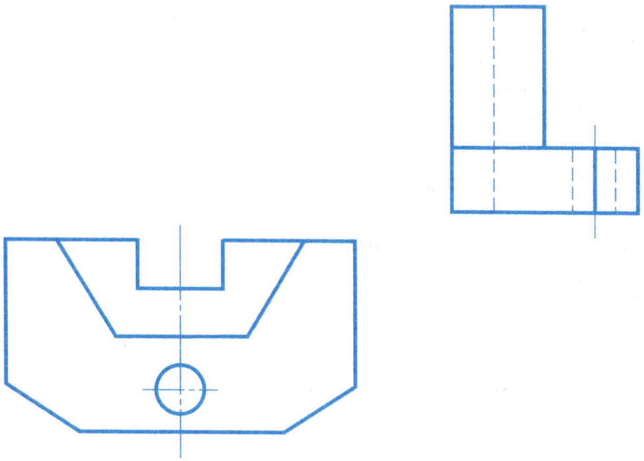

4.

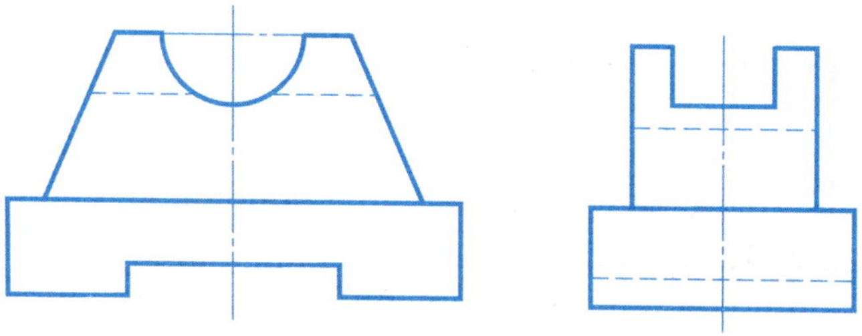

班级　　　　姓名　　　　学号

5-17 已知两面视图，找出正确的第三视图，在正确第三视图编号处打“√”

1. 已知主、俯视图，找出正确的左视图

(1)

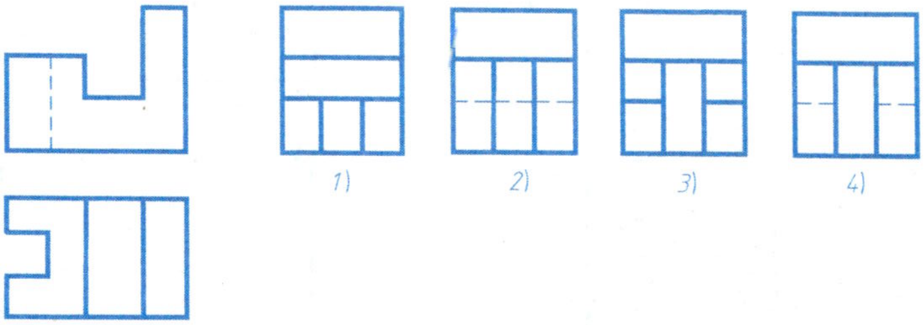

(2)

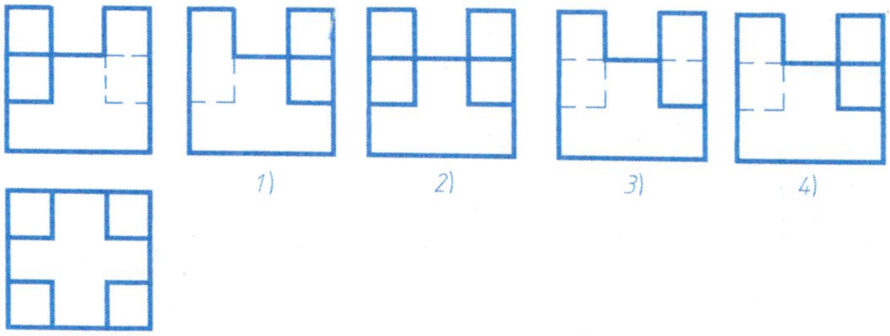

2. 已知主、左视图，找出正确的俯视图

(1)

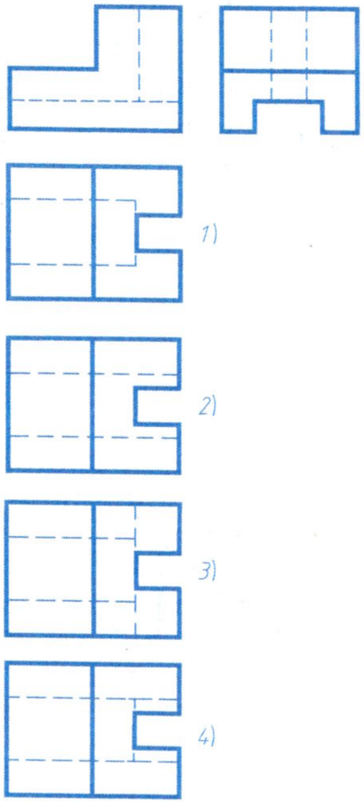

(2)

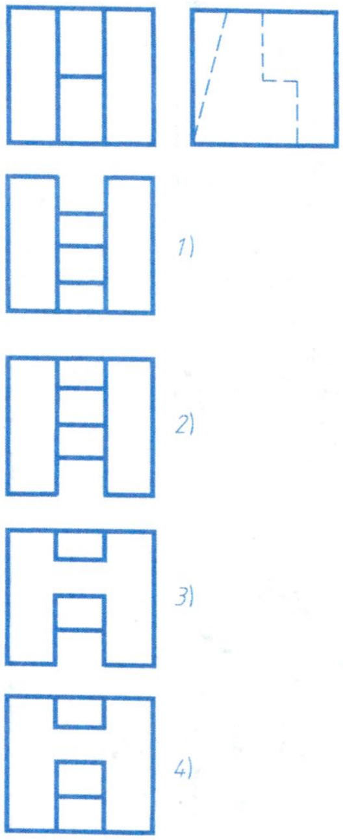

(3)

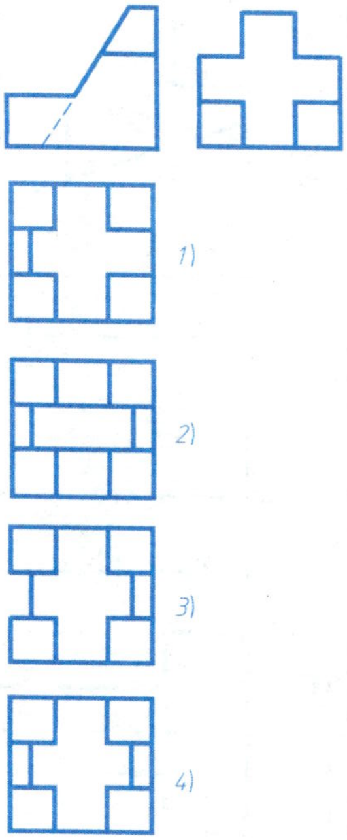

5-18 由三视图想象物体形状，并补画视图中的漏线

1.

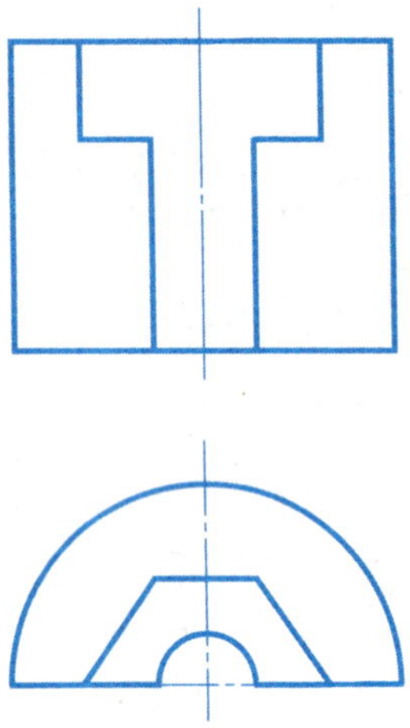

2.

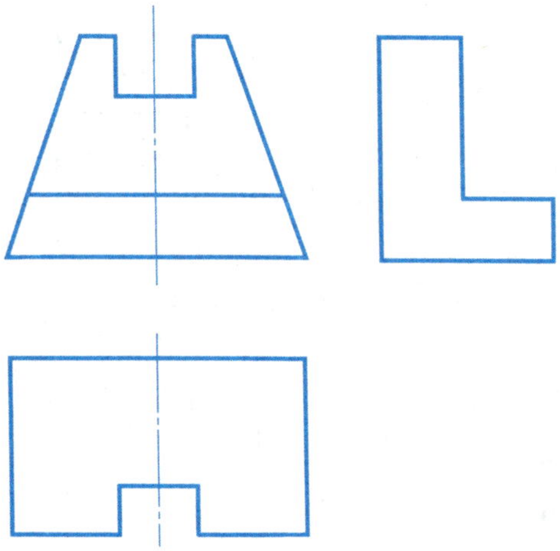

3.

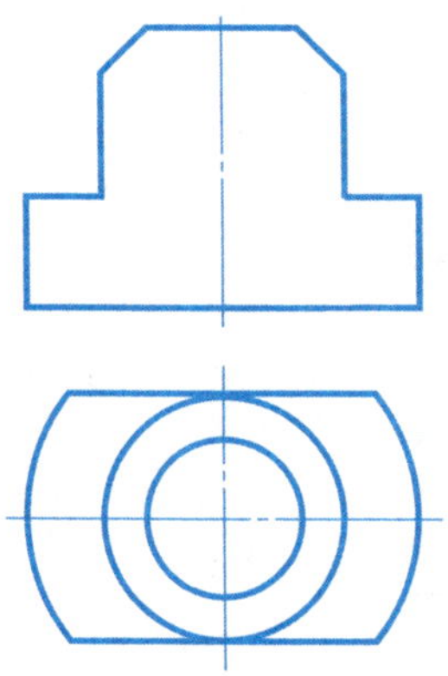

4.

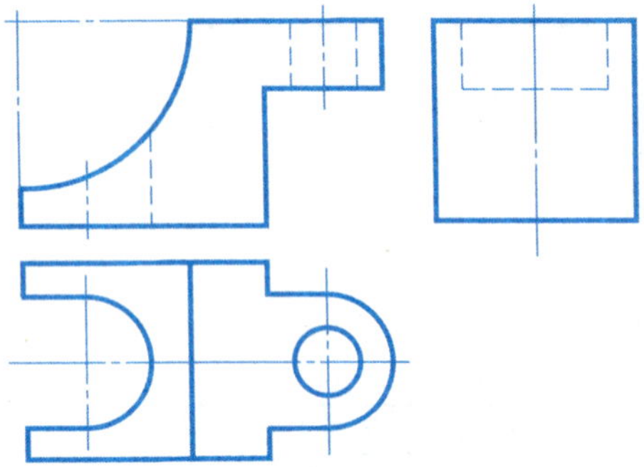

5.

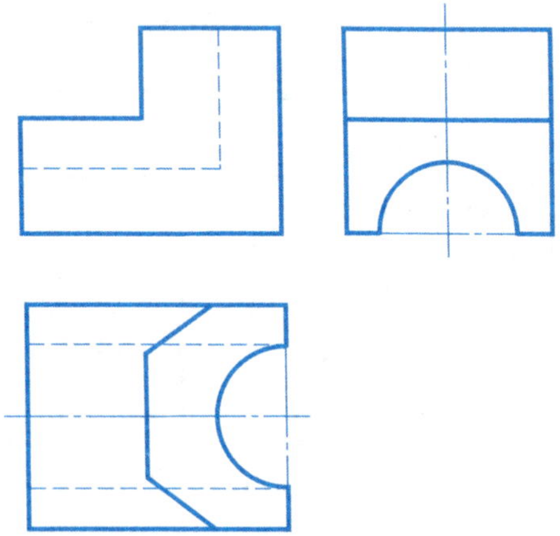

6.

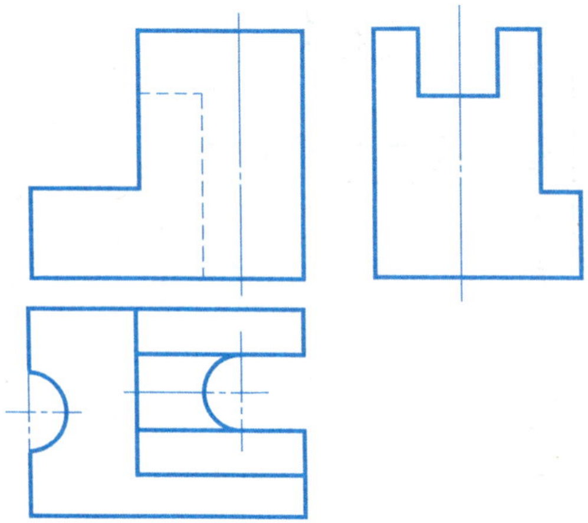

班级　　　　姓名　　　　学号

5-19 读主、俯视图，想象立体形状，补画左视图

1.

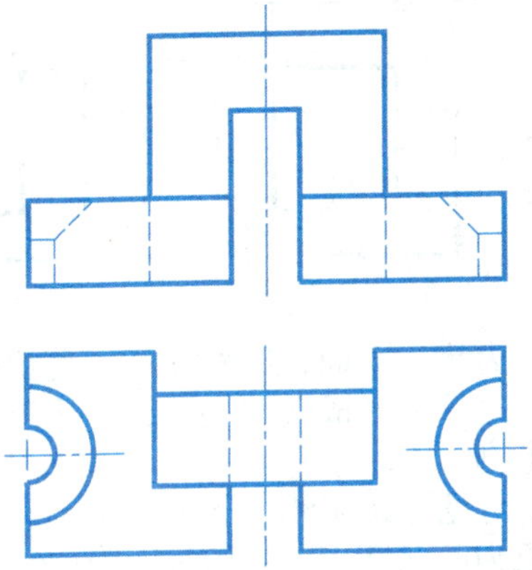

2.

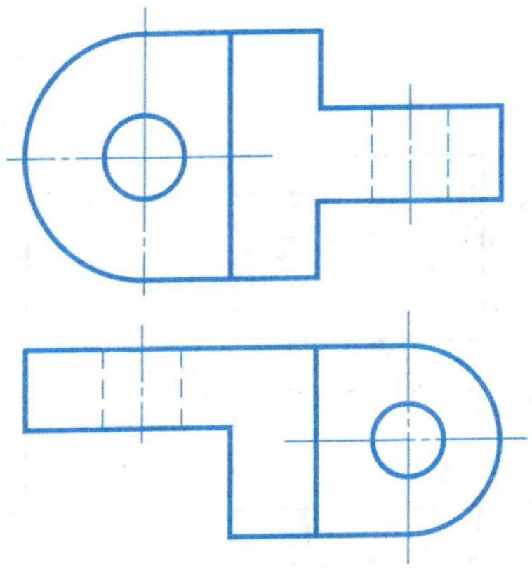

3.

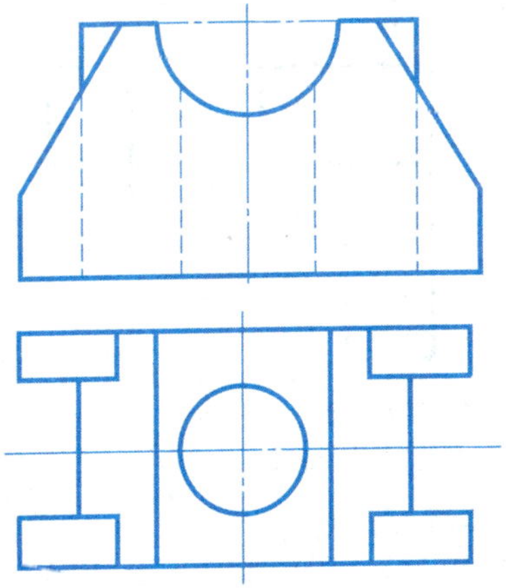

4.

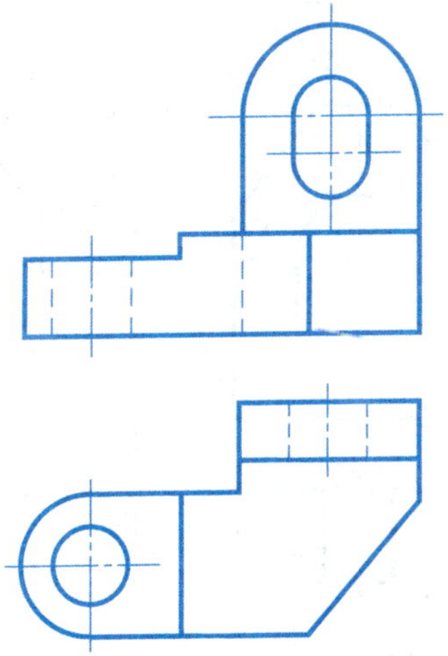

5-20 已知主、俯视图，想象立体形状，找出对应的左视图，在左视图上方括号中填上编号（读图时按右下角文字思路进行想象）

已知主、俯视图

1.

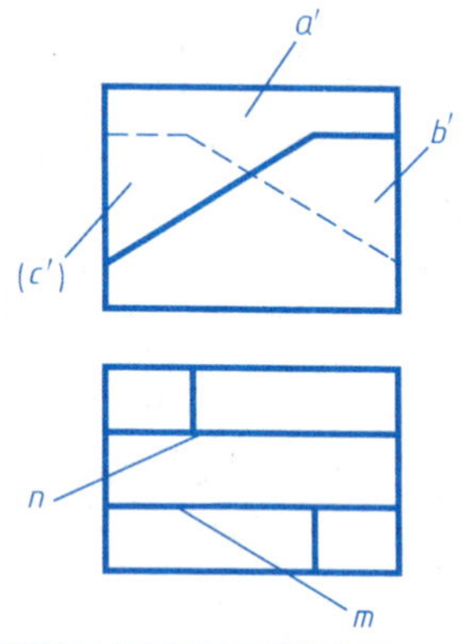

2.

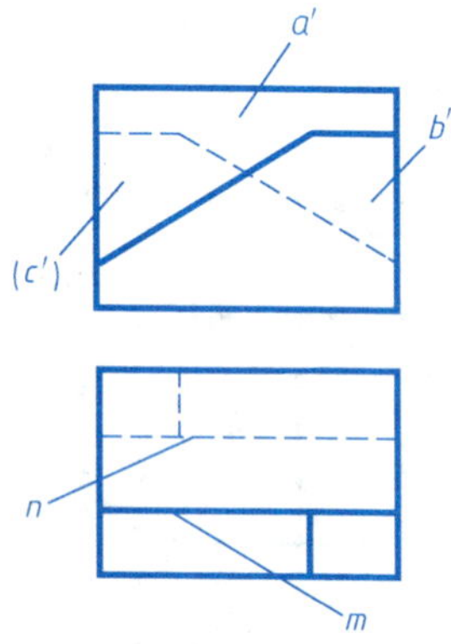

3.

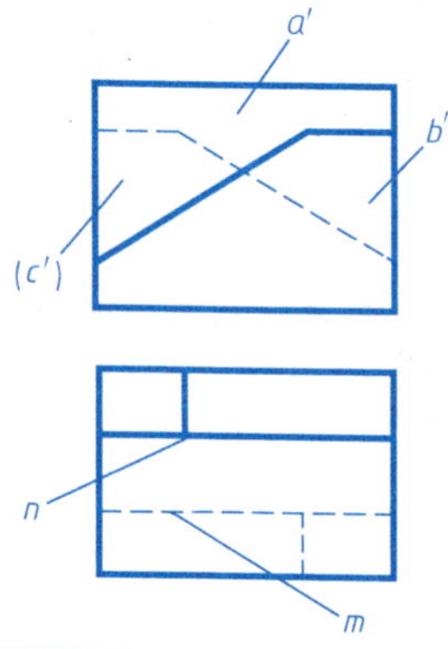

找对应的左视图

（ ）

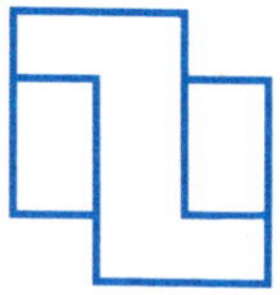

（ ）

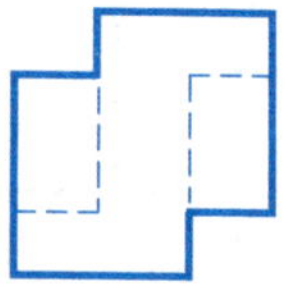

（ ）

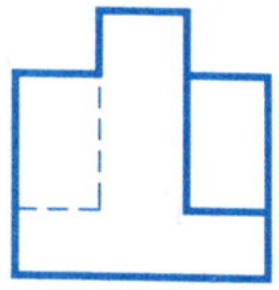

读图要点：

根据相邻线框表示不同面，线框 a'、b' 表示的平面相对位置有前后之分，形成凸凹关系，再从俯视图横向线 m 的可见性加以识别。

线框（c'）不可见，说明线框（c'）所表示面在形体后端面，想象为凸或凹入，从俯视图横向线 n 的可见性加以判断。

已知主、俯视图

1.

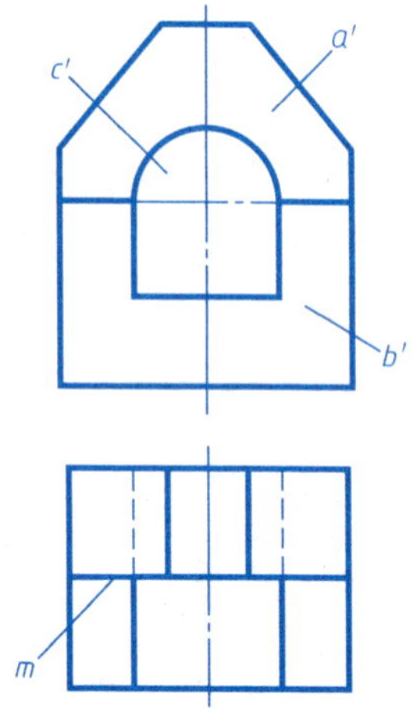

2.

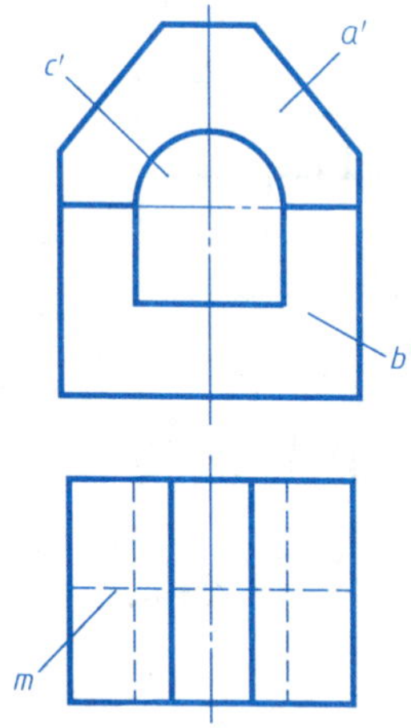

3.

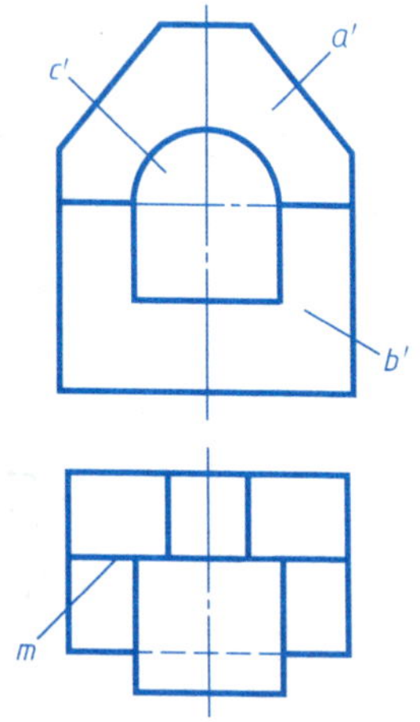

找对应的左视图

（ ）

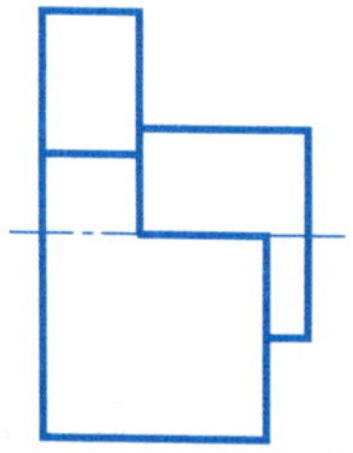

（ ）

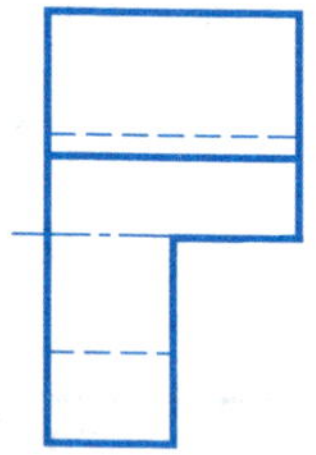

（ ）

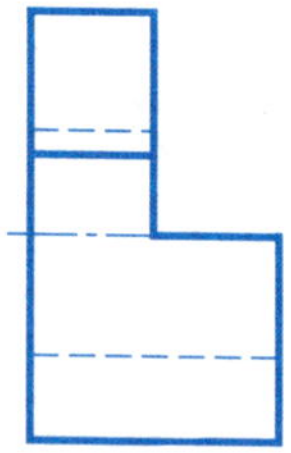

读图要求：

根据两相邻线框表示不同面，线框 a'、b' 表示平面相对位置有前、后之分，即成凸凹关系，应从俯视图横向线 m 的可见性加以识别。

处于线框包围中的线框的空间含义，不是表示形体的凸凹关系，就是表示通孔。线框 c' 表示哪种空间含义，只能通过俯视图竖向线的可见性和起止位置加以判断。

班级　　　　姓名　　　　学号

5-21 已知两面视图，想象立体形状，补画第三个视图，并对文字提出的问题进行解答

1.

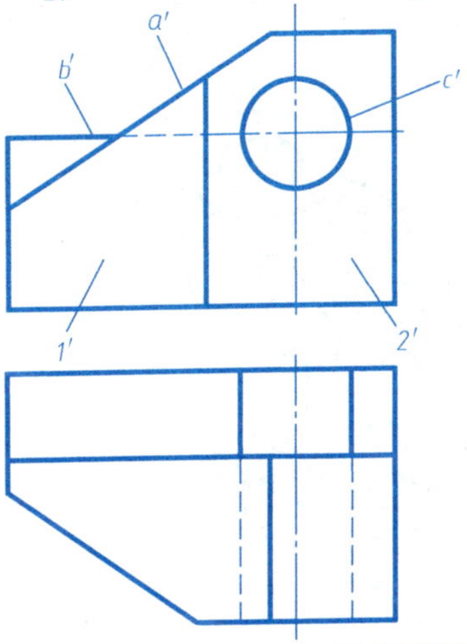

线框 1′与 2′所表示的面是前、后错位还是相交？找出对应的线段。

斜线 *a*′表示面是什么形状、什么位置的面？找出对应的线框。

横向线 *b*′表示什么形式、什么位置的面？

圆 *c*′表示什么？有什么特点？

2.

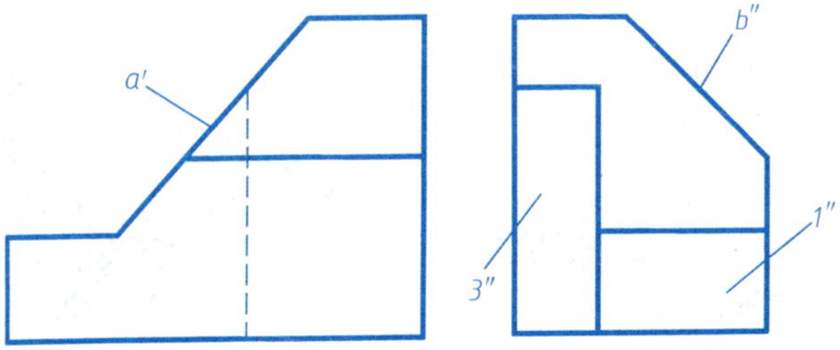

线框 1″与 3″所表示平面哪个在左，哪个在右，哪个凸，哪个凹？线 *a*′表示面是什么形状，什么位置？找出对应的线框。

斜线 *b*″表示面是什么形状，什么位置？找出对应的线框。

3.

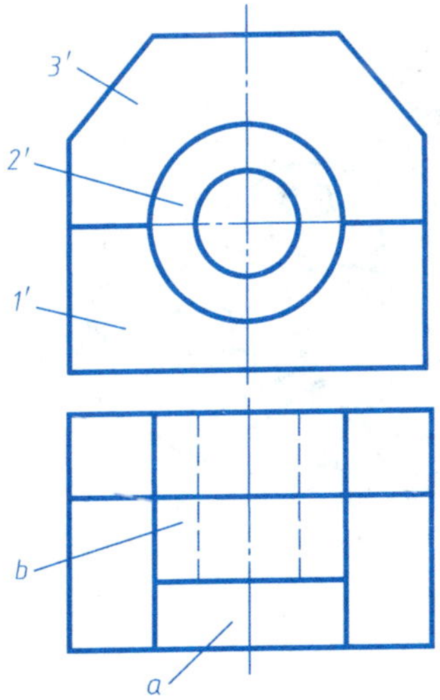

判断线框 1′、2′、3′所表示面的相对位置，哪个在前，哪个在后，哪个居中？找出对应的线段。

矩形线框 *a*、*b* 表示什么面？在主视图中找对应关系。

4.

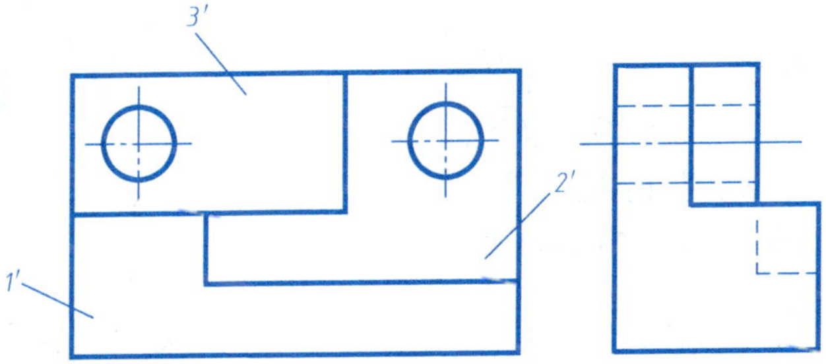

线框 1′、2′、3′所表示面的相对位置，哪个凸出，哪个凹进，哪个居中？找出对应的线段。

5-22 根据模型或轴测图画三视图

1. 目的

掌握由模型画组合体三视图和标注组合体尺寸的方法。

2. 内容

1）根据模型（或轴测图）画三视图、并标注尺寸

2）第1、3题用A4图纸，第2、4题用A3图纸，由教师选择两题。

3. 注意点

1）应用形体分析法观察、分析各组成的形体（特别是特征形）、相对位置及表面连接关系。

2）应以反映组合体各组成部分形状和相对位置较明显的方向作为主视图的投射方向。

3）应用形体分析法画图和标注尺寸。

4）度量尺寸要圆整为整数。

1.

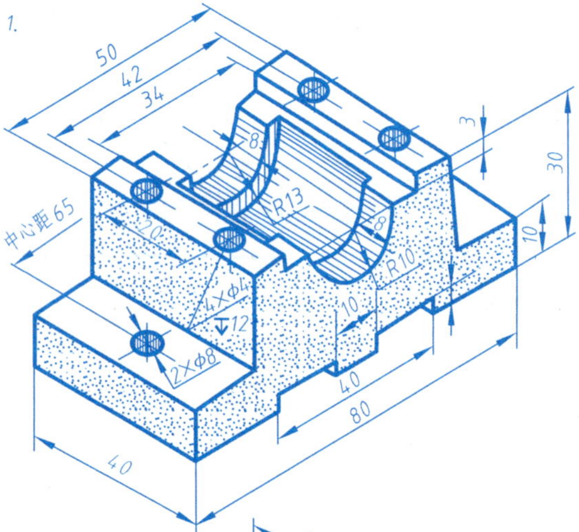

2.

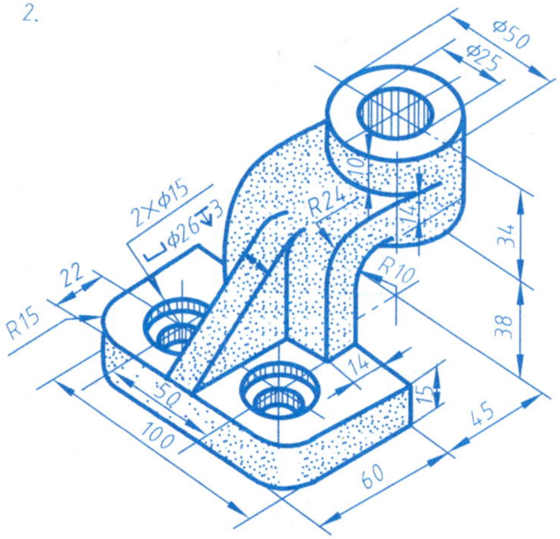

3.

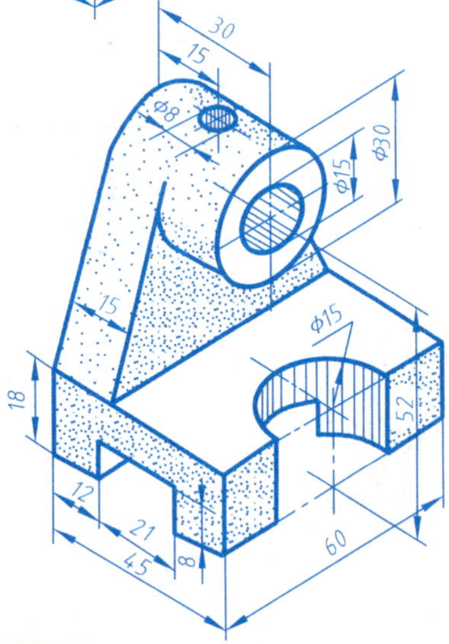

4.

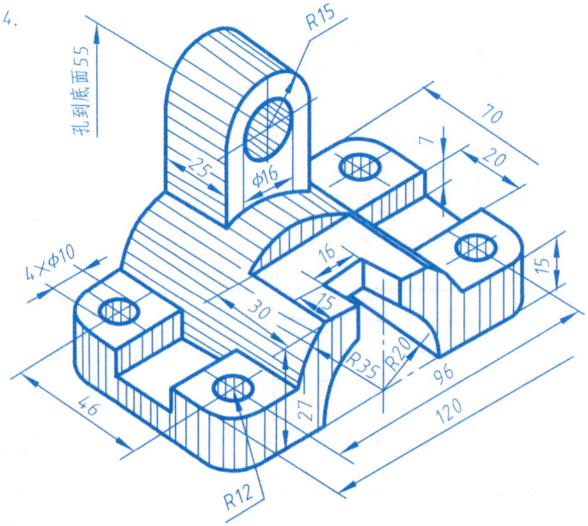

班级　　姓名　　学号

* 七、读组合体三视图（3）

5-23　已知两面视图，求作第三面视图

1.

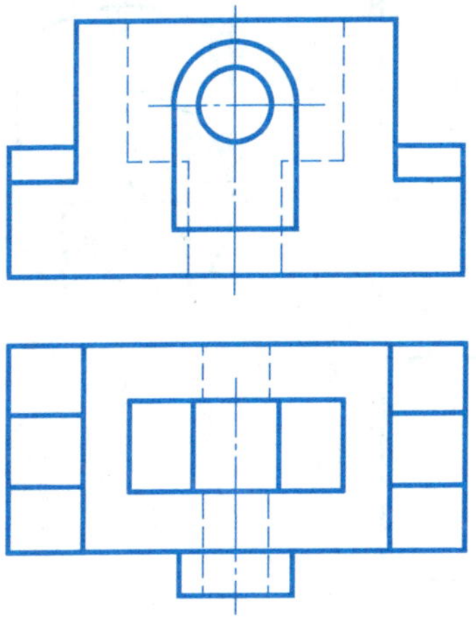

2.

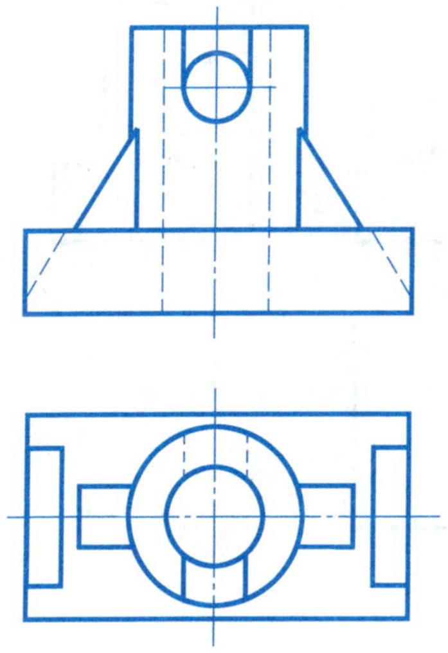

3.

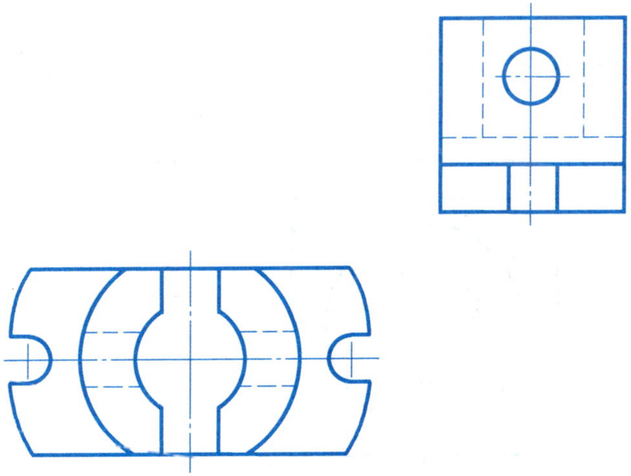

4.

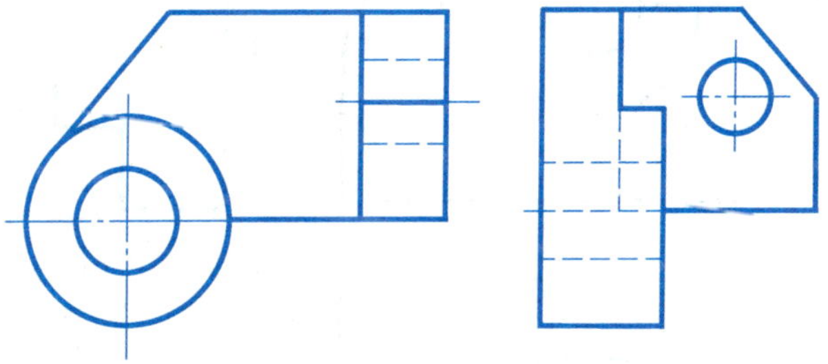

5-24　补画视图中的漏线

1.

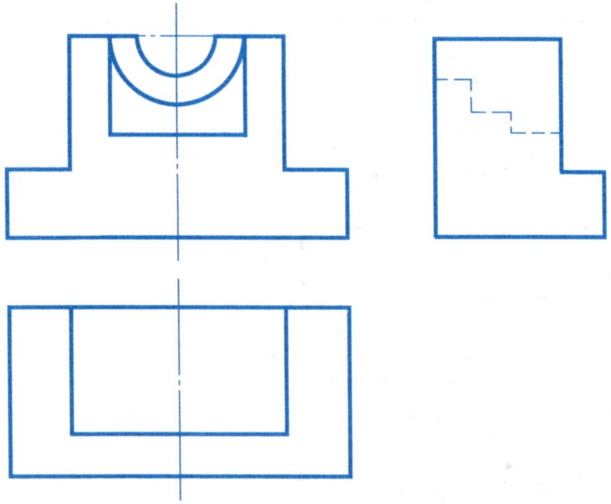

2.

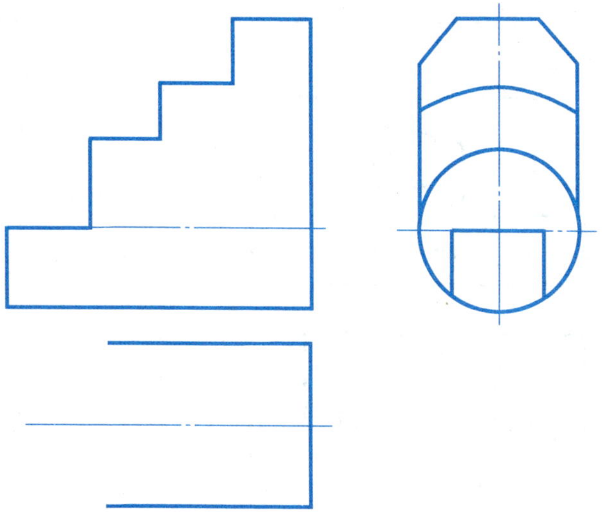

3.

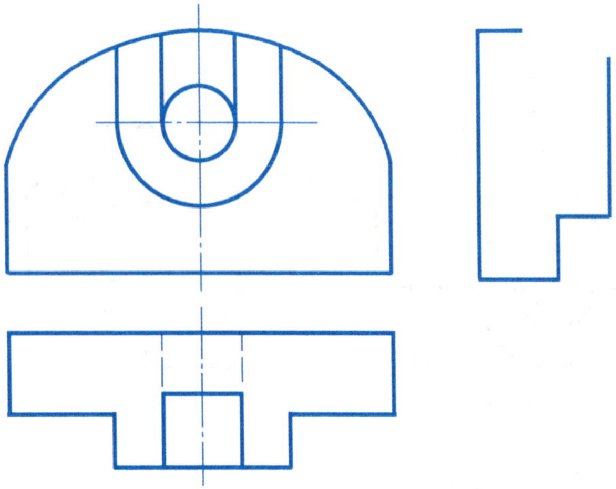

4.

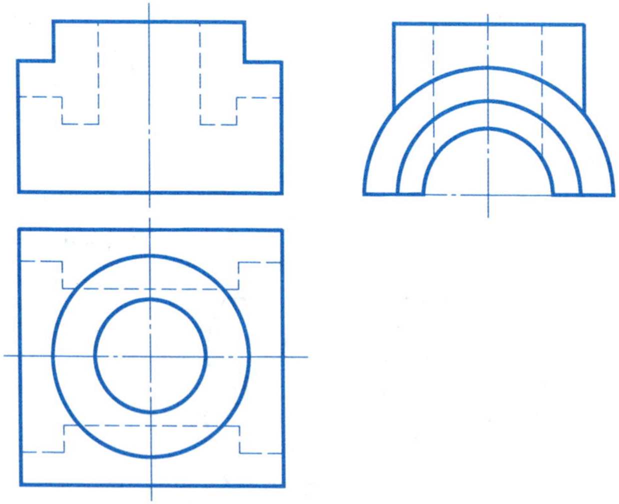

班级　　　　姓名　　　　学号

5-25　已知主、俯视图，想象立体形状，补画左视图

1.

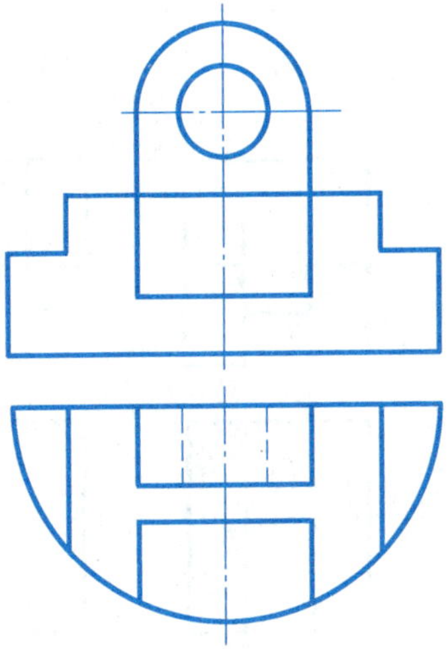

2.

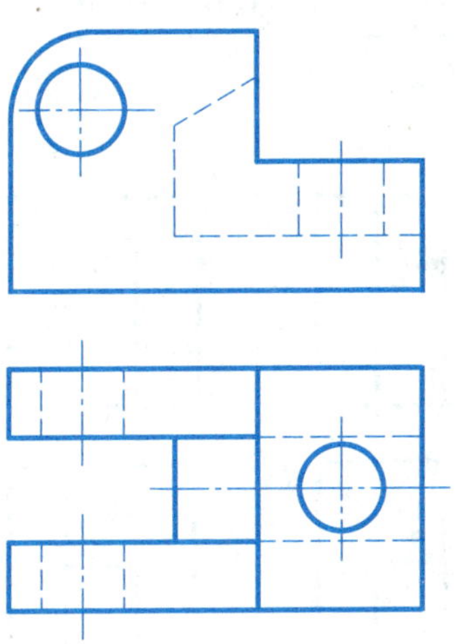

3.

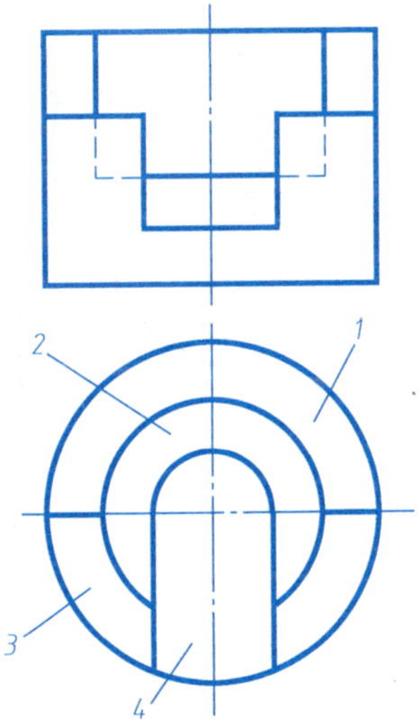

读图提示要点：

应用相邻线框不同面，在主视图找出与俯视图线框 1、2、3’4 对应关系的线段，想象面 Ⅰ、Ⅱ、Ⅲ、Ⅳ的形状和相对位置，综合物体形状。

4.

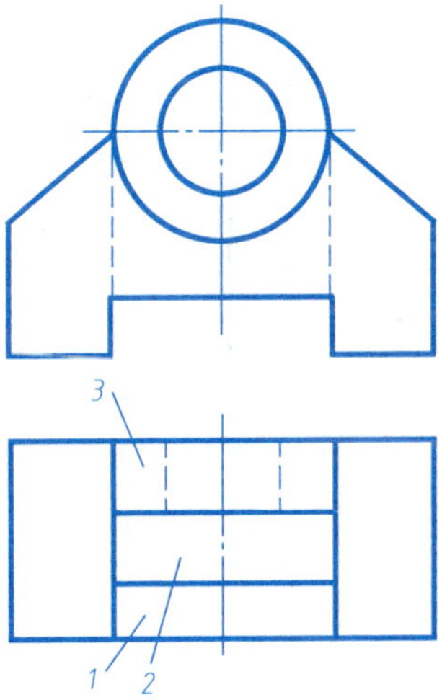

读图提示要点：

在主视图找出俯视图线框 1、2、3 对应关系的线段，想象面 Ⅰ、Ⅲ是什么形状，有什么特点，线框 2 表示什么结构？

八、读组合体视图与构形设计

5-26　已知六组俯视图形状相同（一组类似）、主视图形状不同，想象立体形状，找出对应的左视图，并把序号填入表中

序号	1	2	3	4	5	6	7
已知主、俯视图	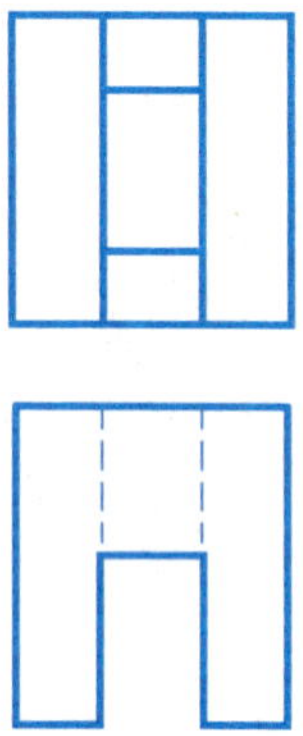	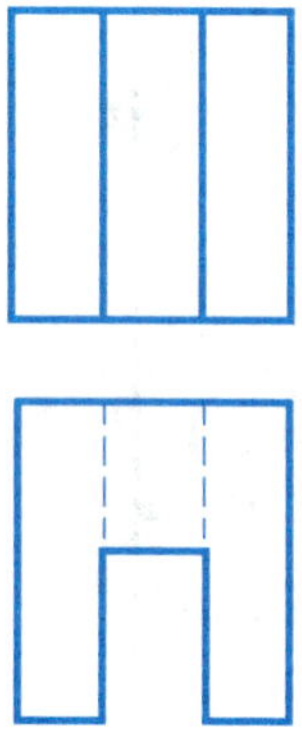	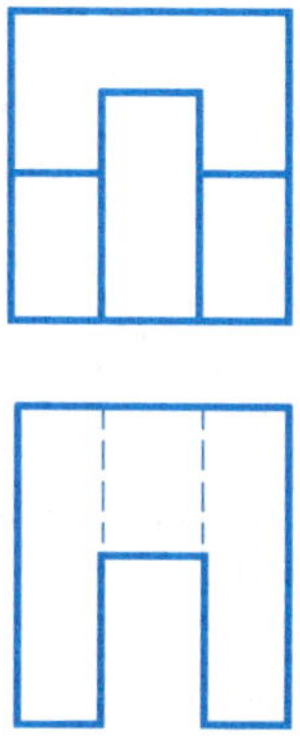	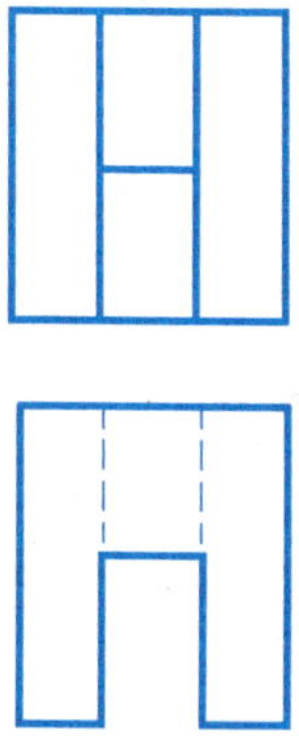	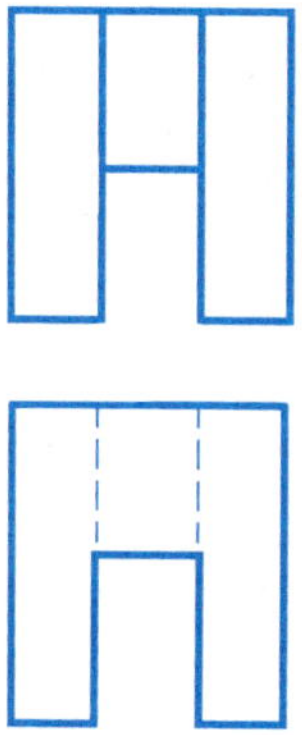	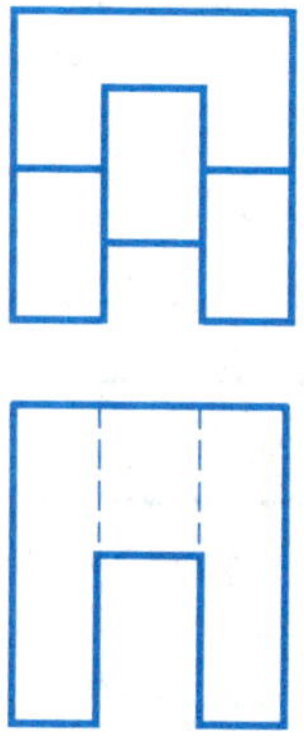	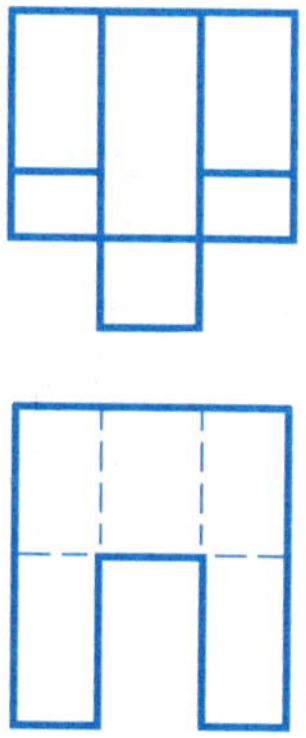
序号	A	B	C	D	E	F	G
对应的左视图	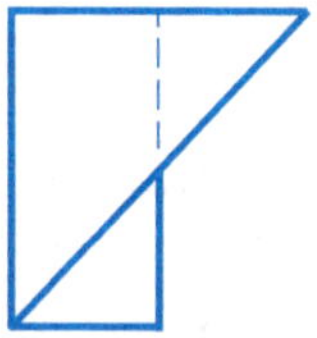	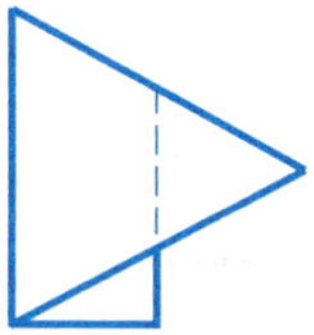	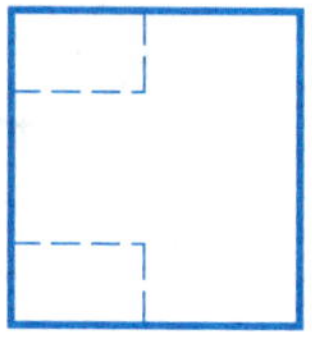	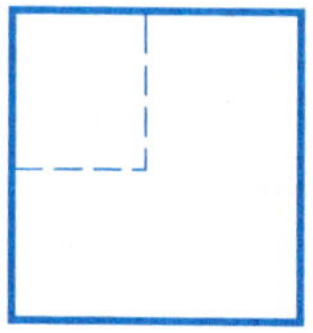	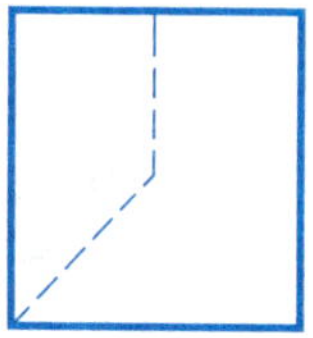	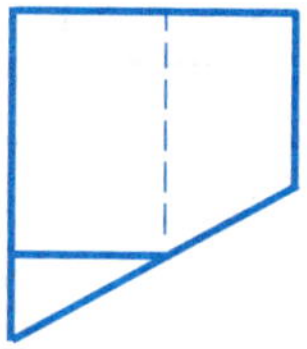	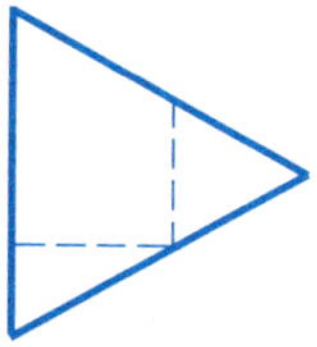

把对应的左视图序号填入表中

已知主、俯视图序号	1	2	3	4	5	6	7
对应的左视图序号							

班级　　　　姓名　　　　学号

5-27 由一面视图设计各种物体形状

1. 已知图 b）所示的左视图，模仿图 a）所示的思维方法，设计 3 种以上物体形状，分别画出其主视图（长方向尺寸自定）

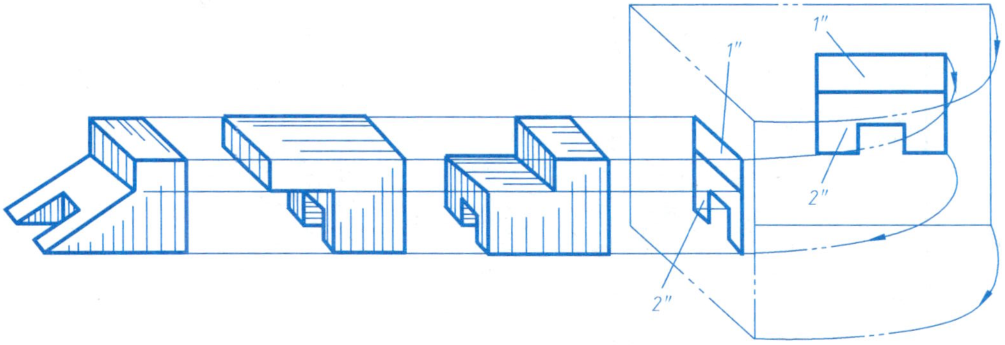

a)

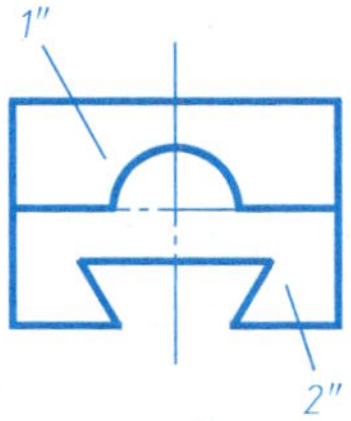

(左视图)

b)

2. 已知图 d）所示的俯视图，模仿图 c）所示的思维方法，设计出 4 种以上不同物体形状，分别画出主视图（高方向尺寸自定）

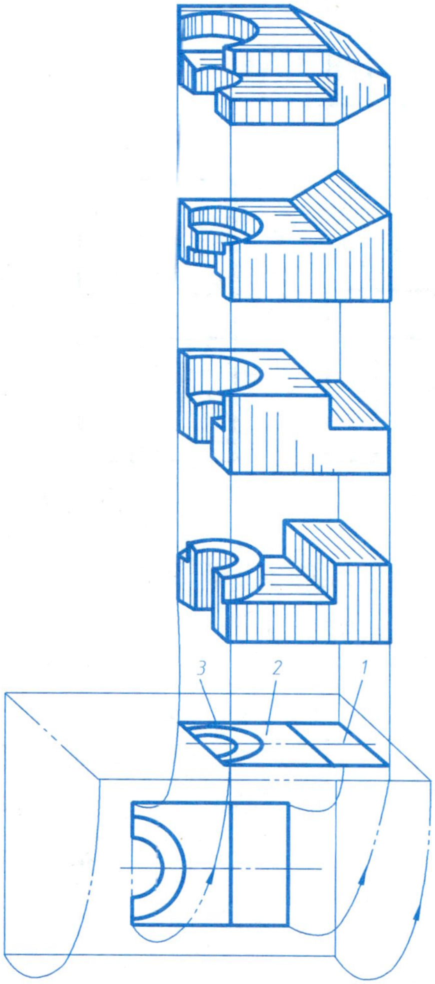

c)

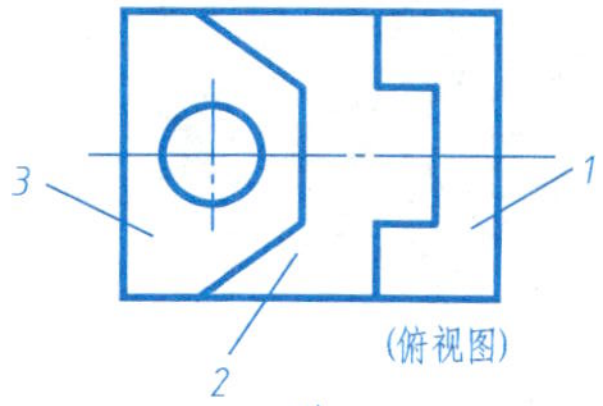

(俯视图)

d)

一、视图

6-1 根据主、俯、左视图，补画右、仰、后视图

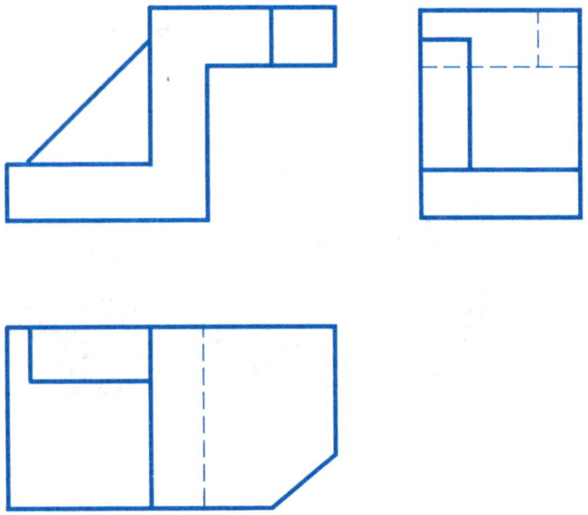

班级 姓名 学号

1. 根据三视图和轴测图，在指定位置画出 *D*、*F* 向视图

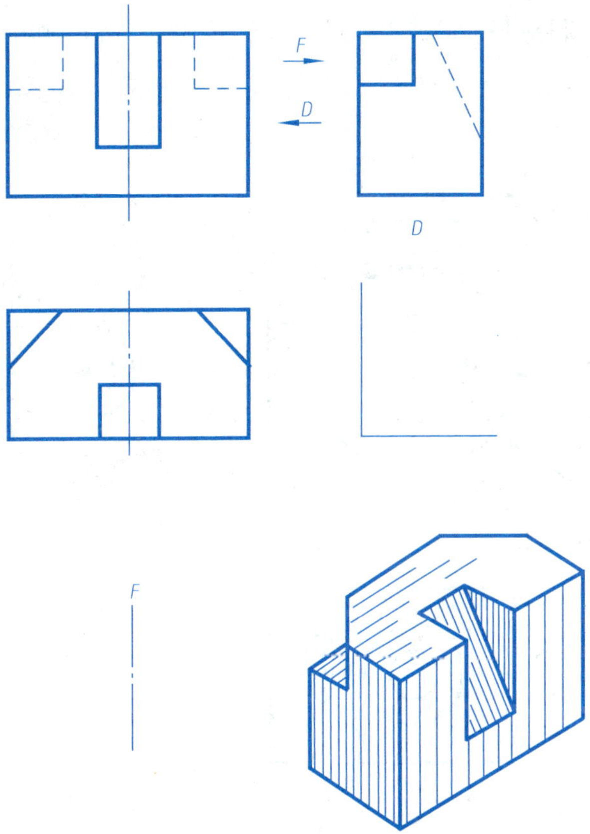

2. 根据主视图和轴测图，画出 *A*、*B* 局剖视图

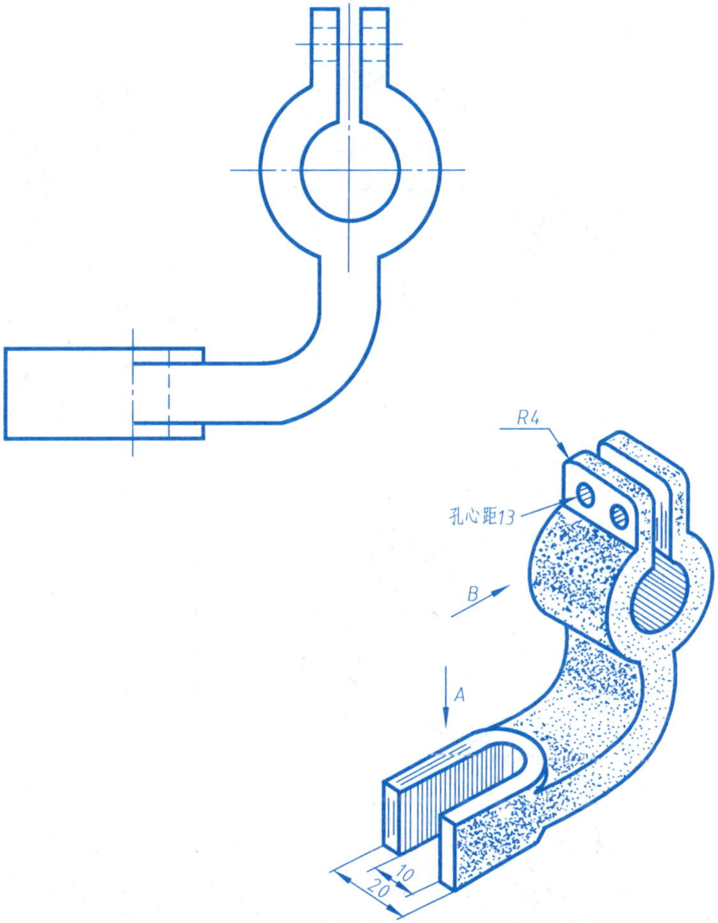

6-3 斜视图和局部视图画法

根据主视图对照轴测图，补画斜视图（按投影关系和旋转配置两种图）和局部视图

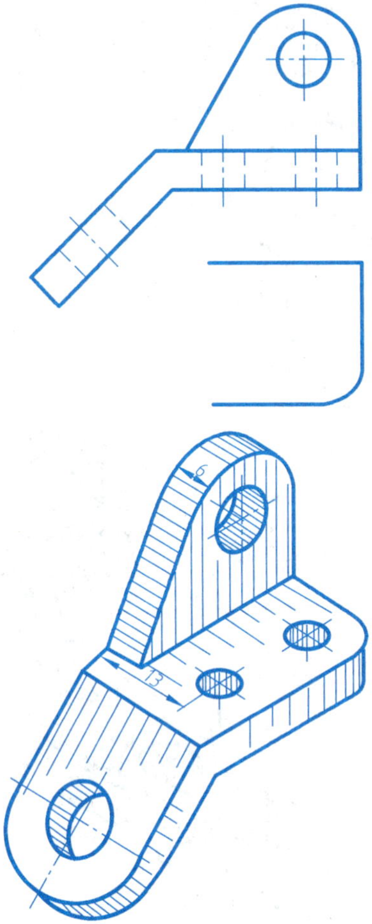

6-4 视图综合练习

读视图画法，想象机件由几个基本形体所组成、它们的形状和相对位置如何，并指出图中的错误画法。

A 向斜视图的槽口①位置画对吗？②、③处斜视图标注对吗？波浪线④范围画得对吗？*B* 向局部视图⑤需要标注吗？*C* 向局部视图的线框⑥方向画得对吗？波浪线⑦的粗细和范围画得对吗？该波浪线可否省略不画？空白处画出正确的 *C* 向局部视图。

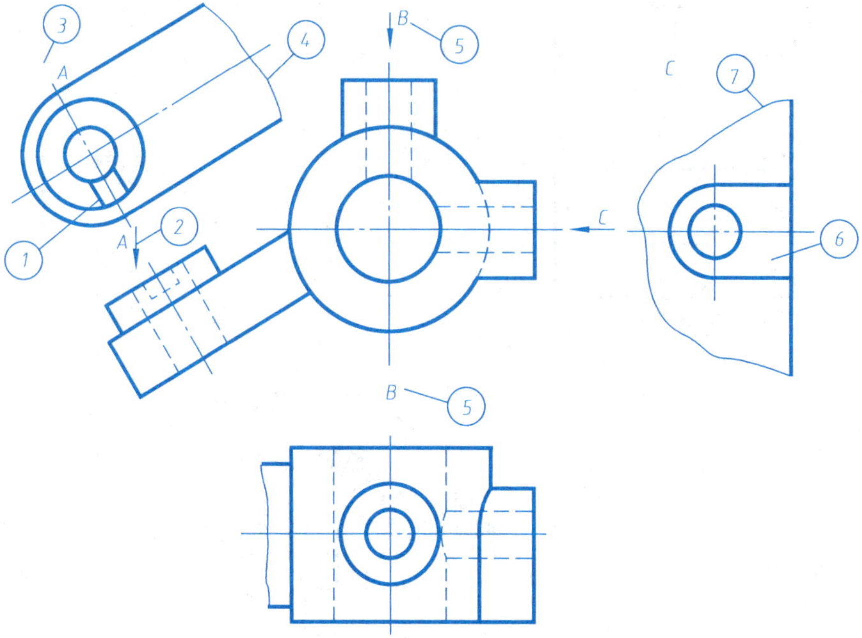

班级　　　　姓名　　　　学号

二、剖视图

6-5　分析剖视图的形成，补画主视图所缺的图线

1. 补画剖视的主视图所缺的图线

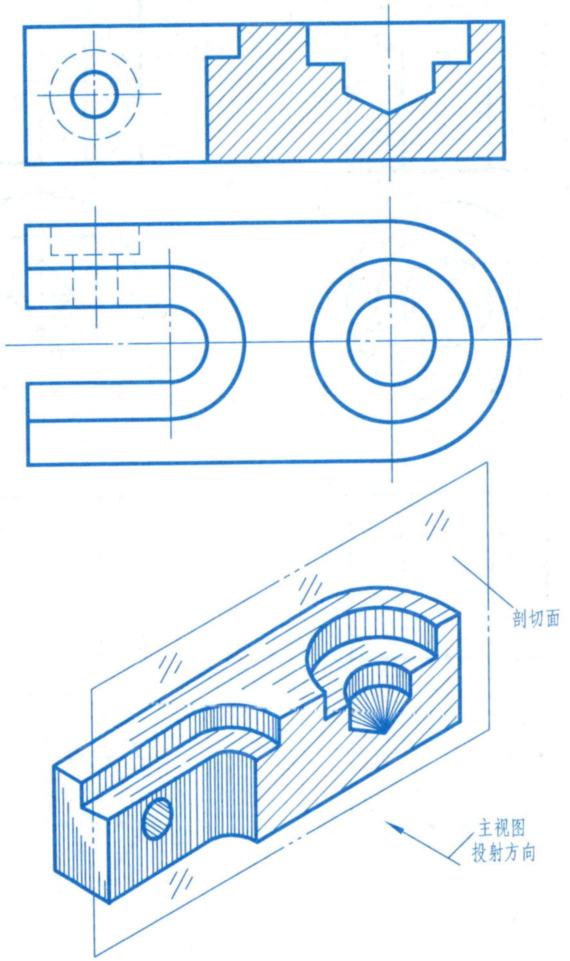

2. 补画剖视的主视图漏线及剖面线

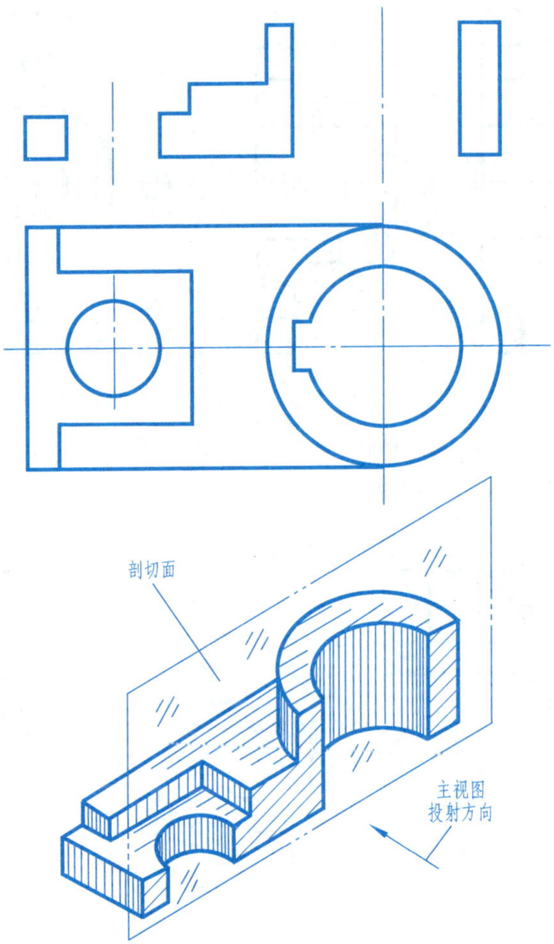

班级　　　　姓名　　　　学号

1. 两个全剖主视图哪个正确，为什么？正确的在括号打“√”

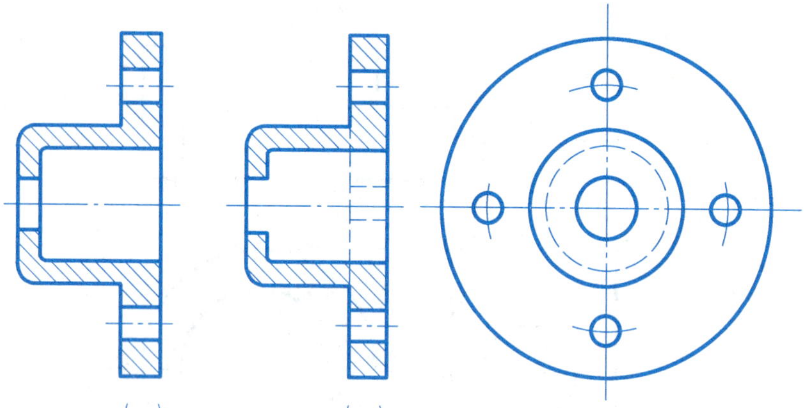

（　）　　（　）

2. 根据图 b 轴测图判别图 a、图 c 全剖主视图及俯视图中的细虚线是否应该画出？哪个图正确？

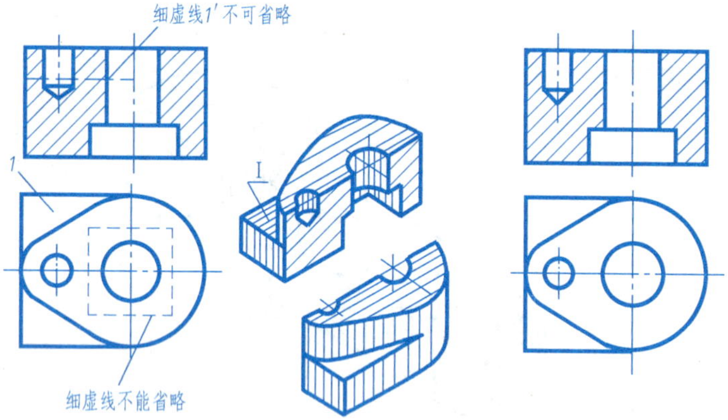

a)　　b)　　c)

3. 补画全剖主视图所缺的图线

(1)

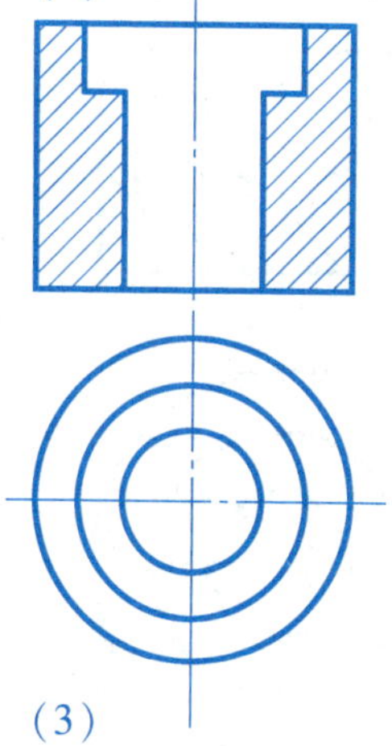

(2)

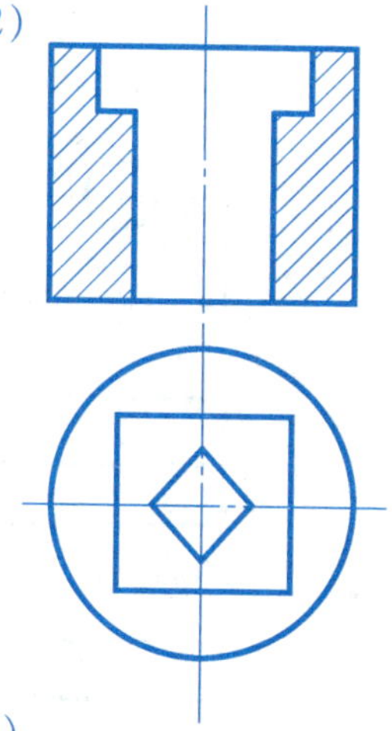

(3)

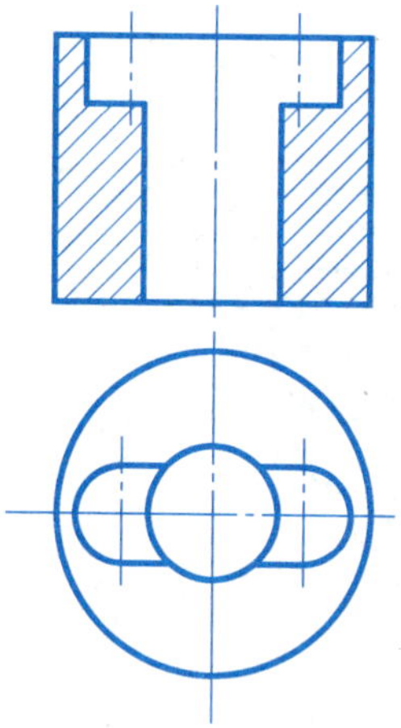

(4)

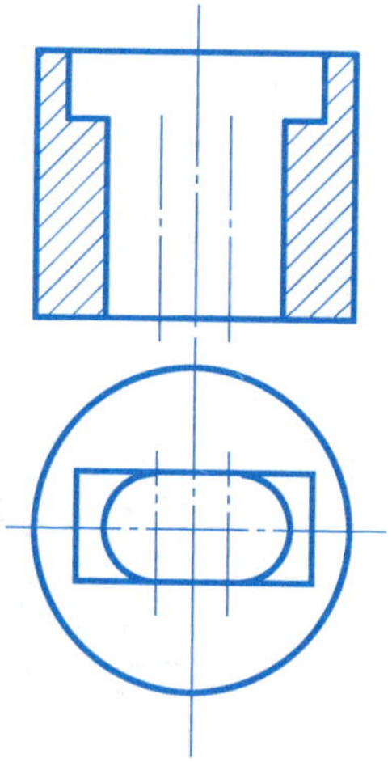

班级　　姓名　　学号

6-7 补画全剖主视图所缺的图线

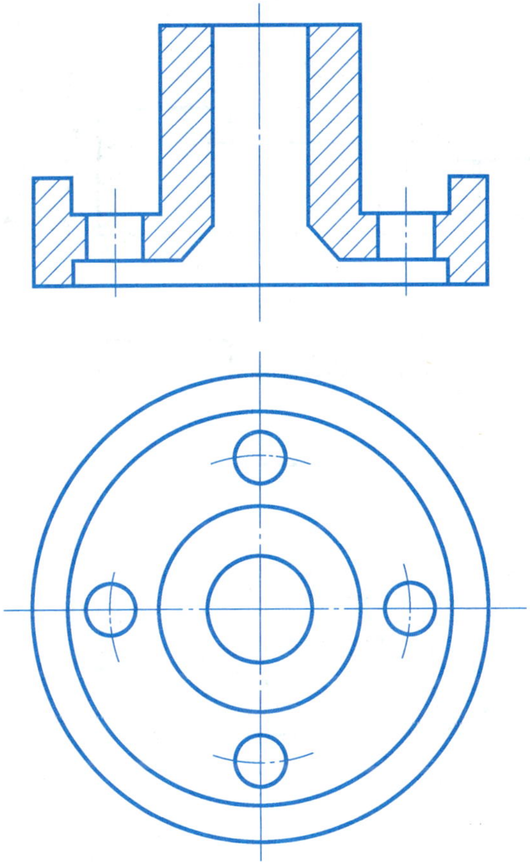

6-8 将视图改画成剖视图（1）

1. 将左视图改成 *A*—*A* 剖视

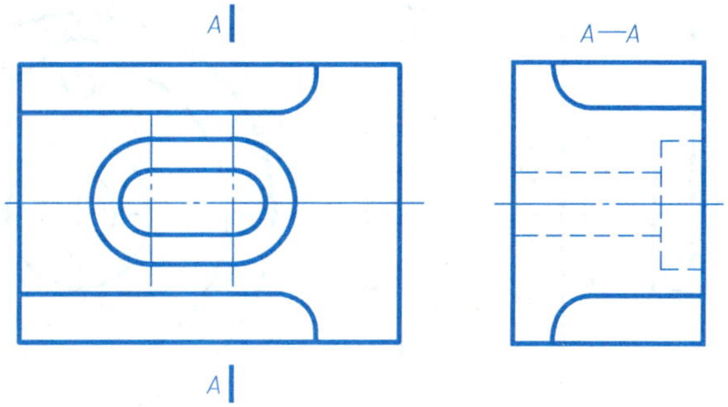

2. 将俯视图改成剖视图

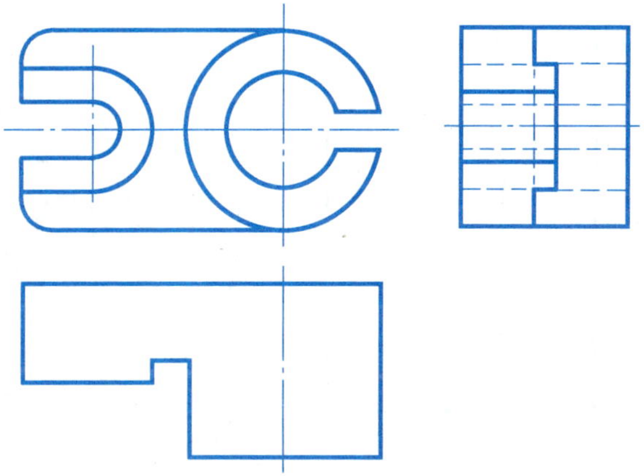

6-9 在指定位置将主视图改画成剖视图（2）

1.

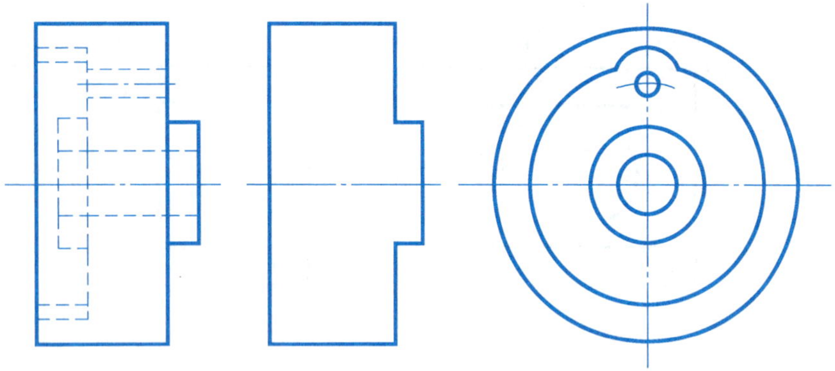

2.

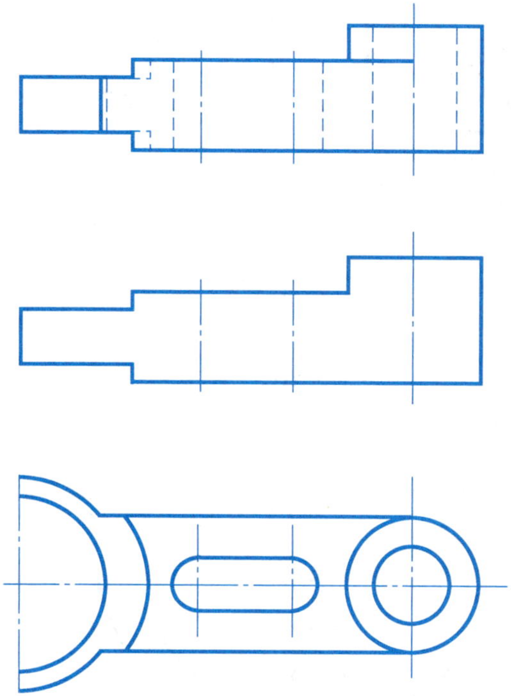

3.

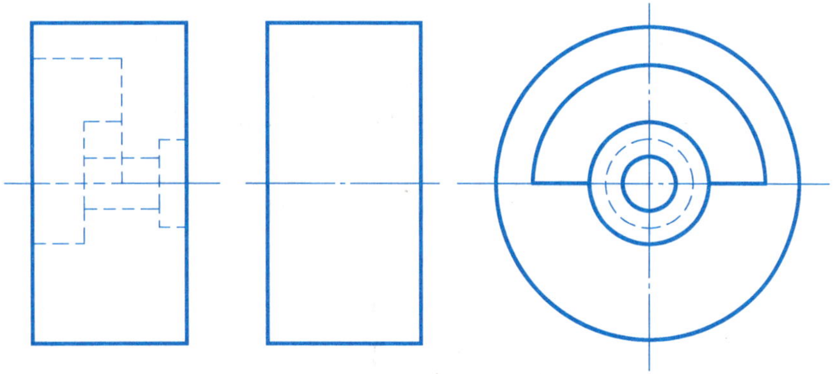

班级　　　　姓名　　　　学号

1.

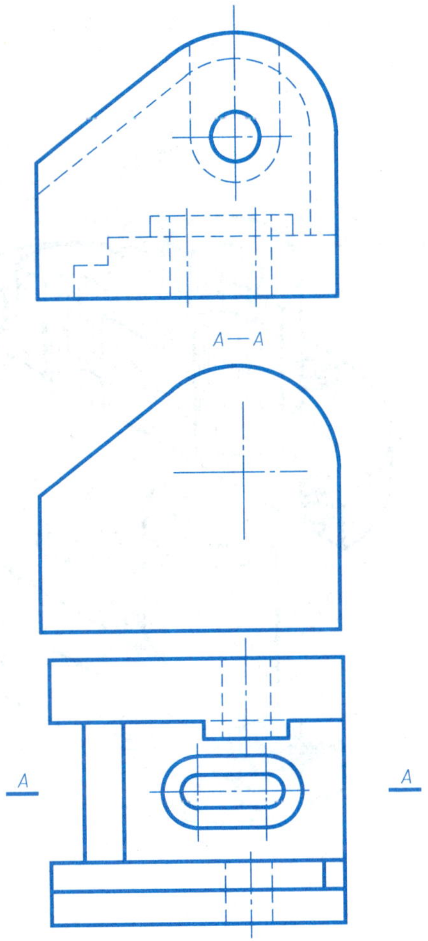

2.

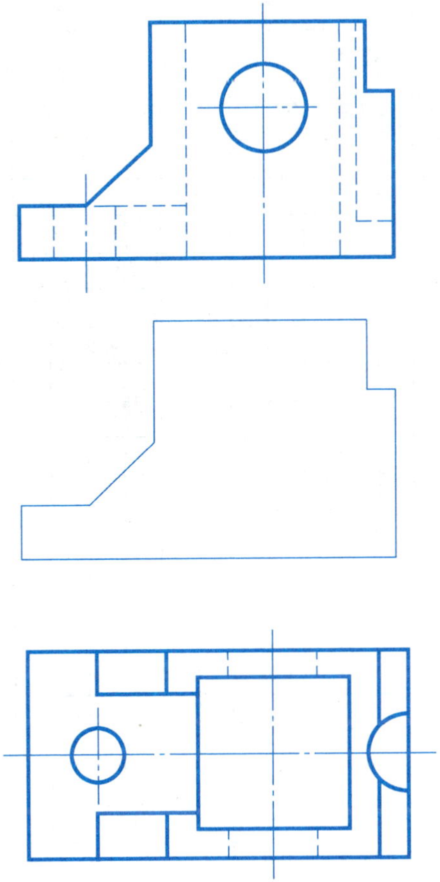

＊6-11　根据轴测图、徒手画出全剖主视图和俯视图（大小用目测自定，不注尺寸）

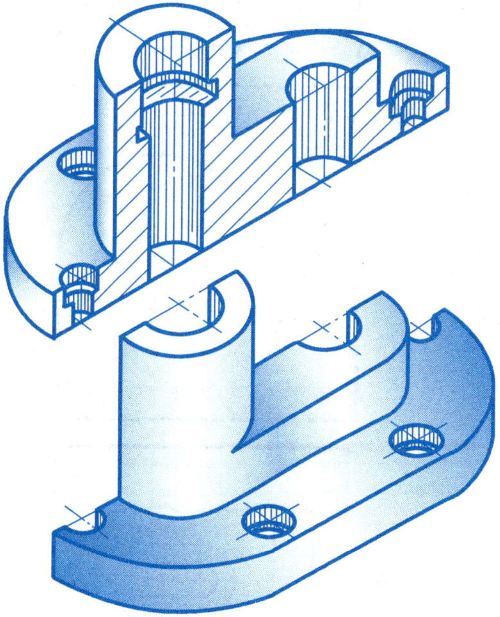

班级　　　　姓名　　　　学号

6-12 已知 *A*—*A* 全剖视图、俯视图，画 *B*—*B* 斜剖视图

对照轴测图看懂 *A*—*A* 视图为全剖主视图。当画出 *B*—*B* 斜剖视图后，*A*—*A* 剖视图的虚线是否可省略？为什么？

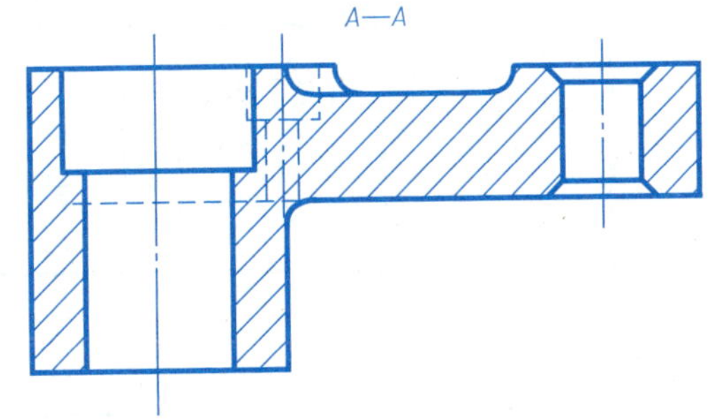

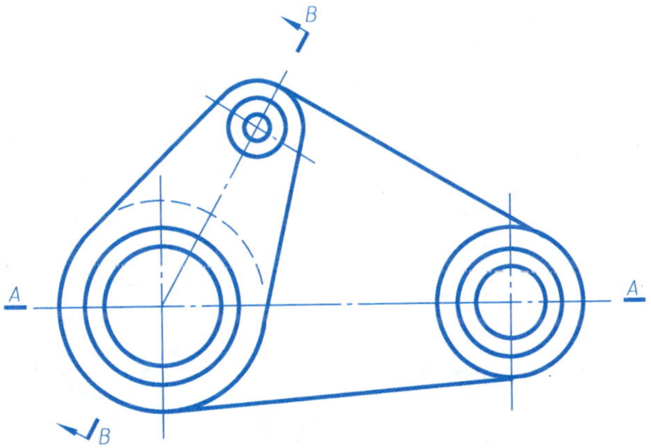

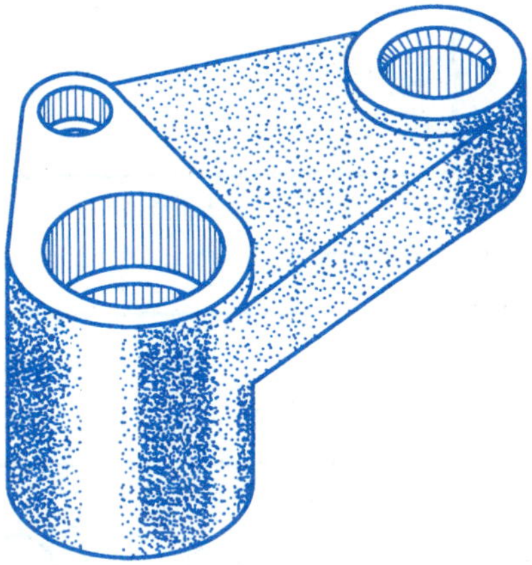

6-13　用几个平行剖切平面将主视图改画成全剖视图

1.

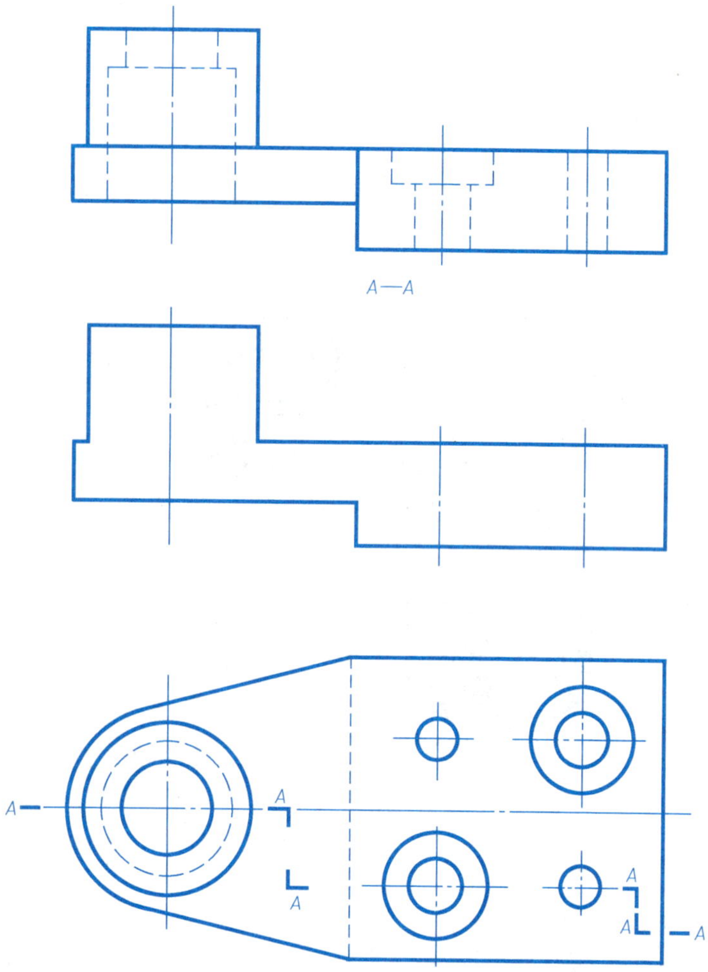

2.

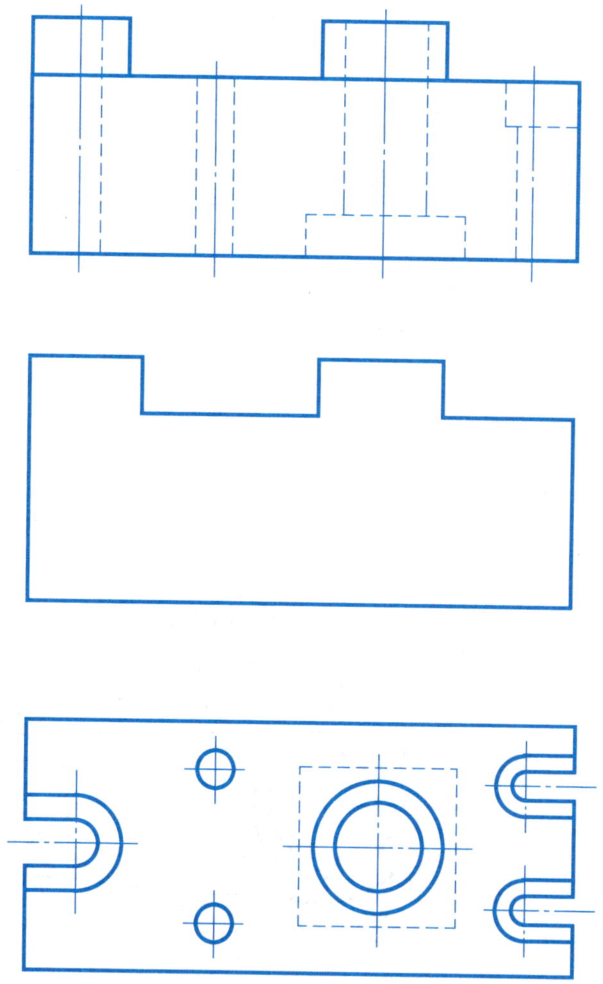

班级　　　　姓名　　　　学号

1.

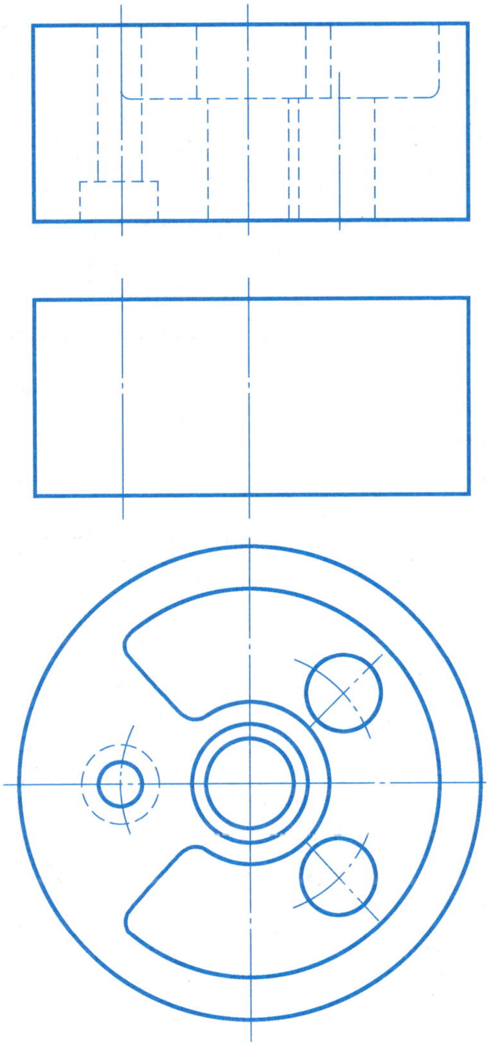

2.

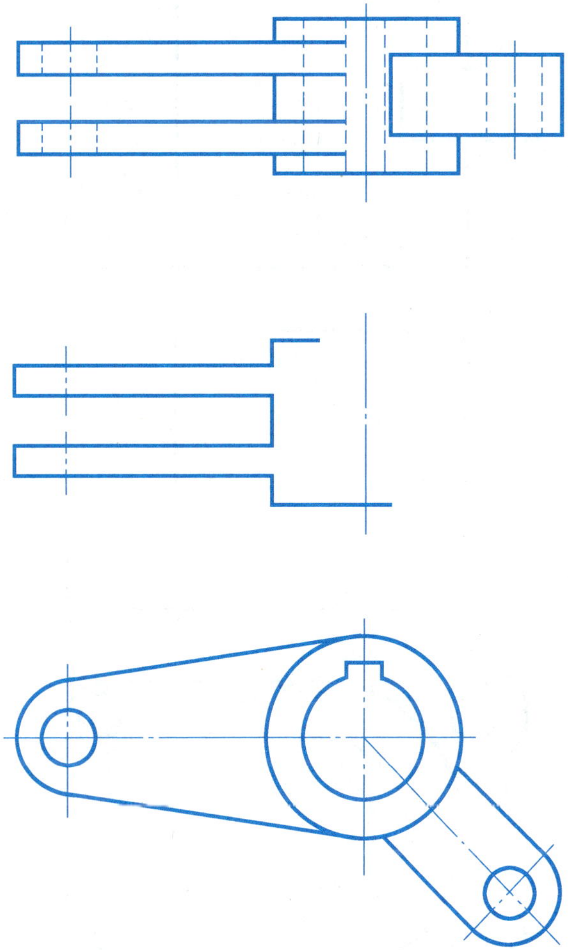

1.

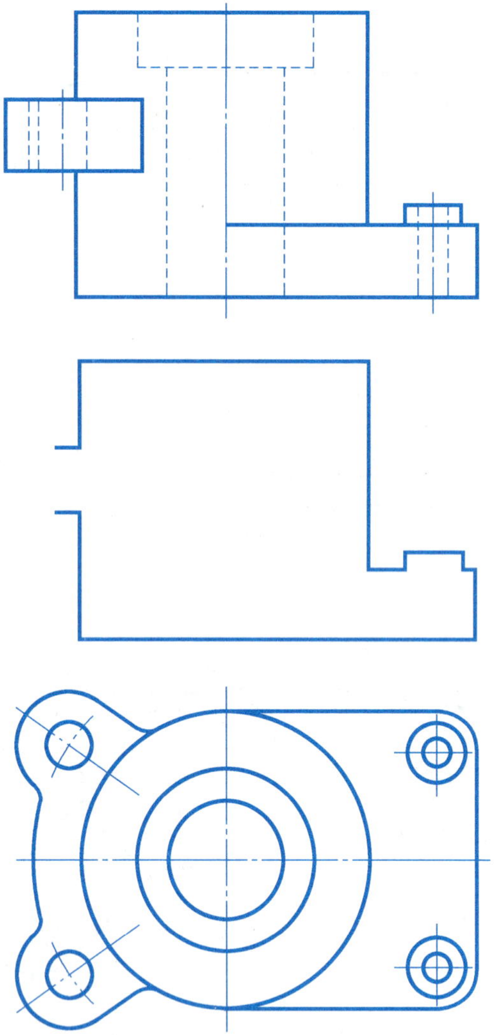

2.

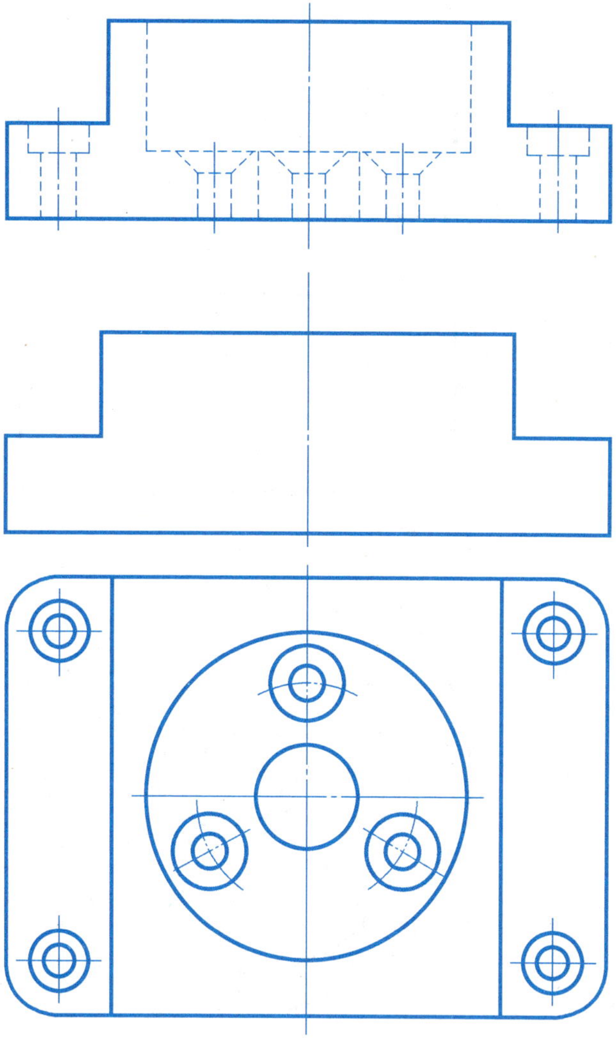

班级　　　　姓名　　　　学号

6-16　在指定位置将主视图改画成半剖视图

1.

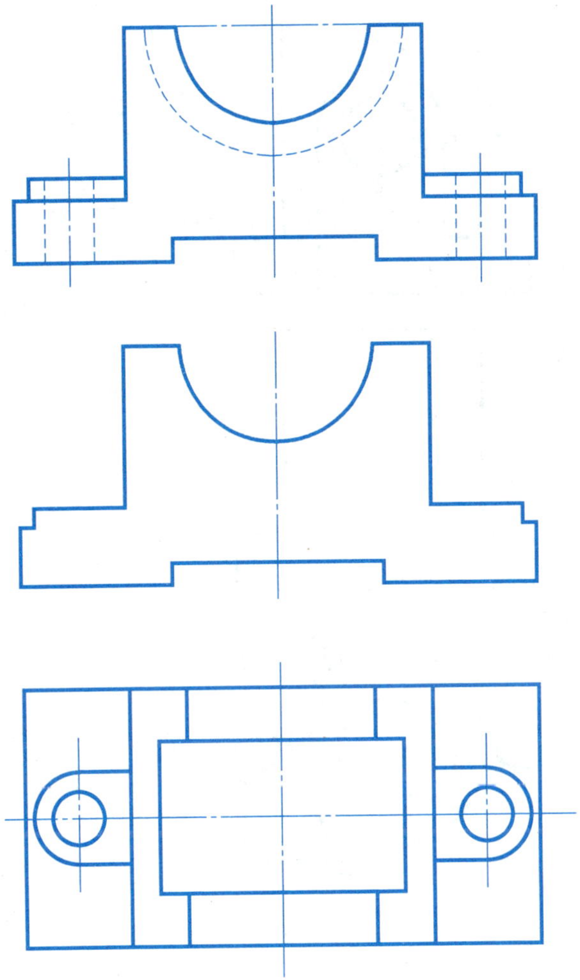

2.

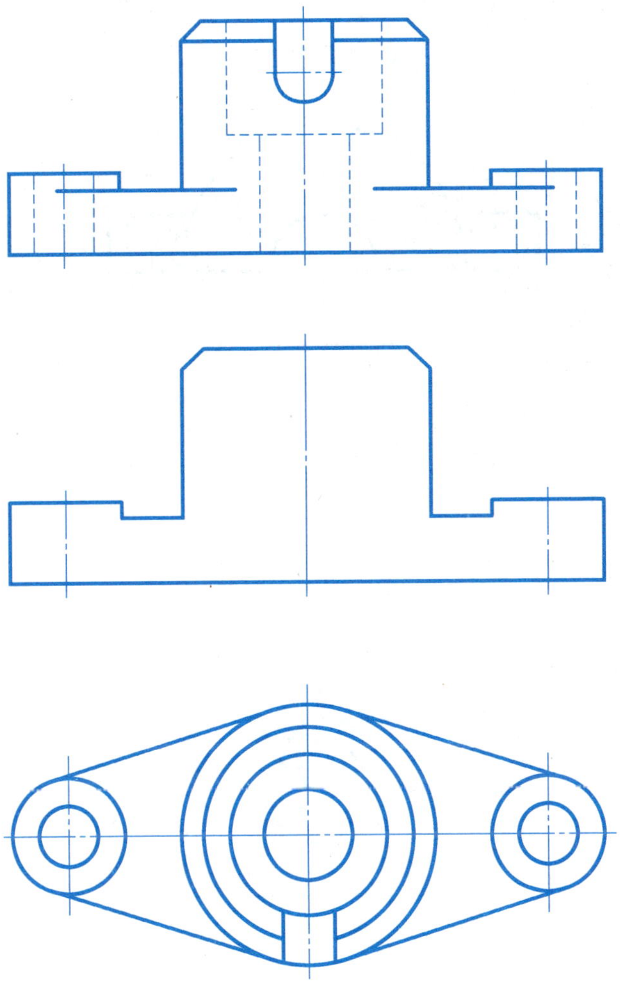

1. 将主视图改画成半剖视图

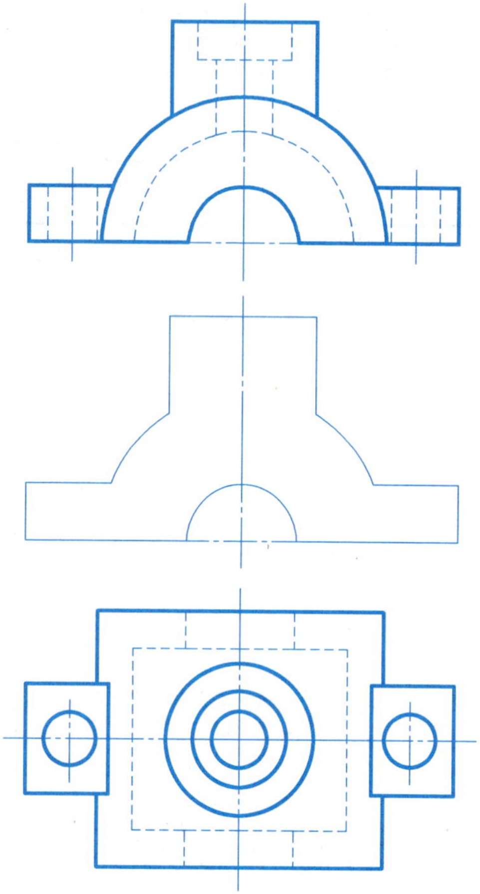

*2. 将主、俯视图改画成半剖视图，并补画半剖的左视图

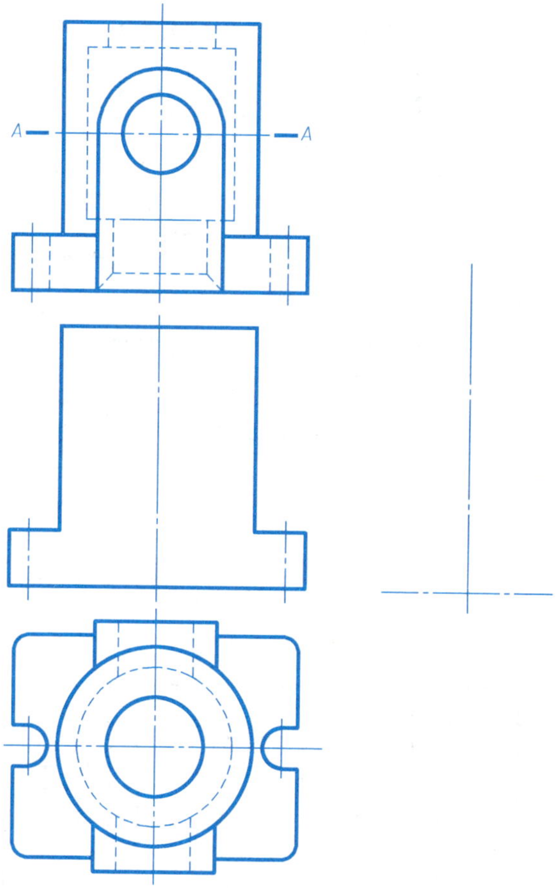

半剖俯视图多余的打“×”

班级　　　　姓名　　　　学号

6-18 将视图改画成局部剖视图

1. 将主、俯视图改局部剖视图

(1)

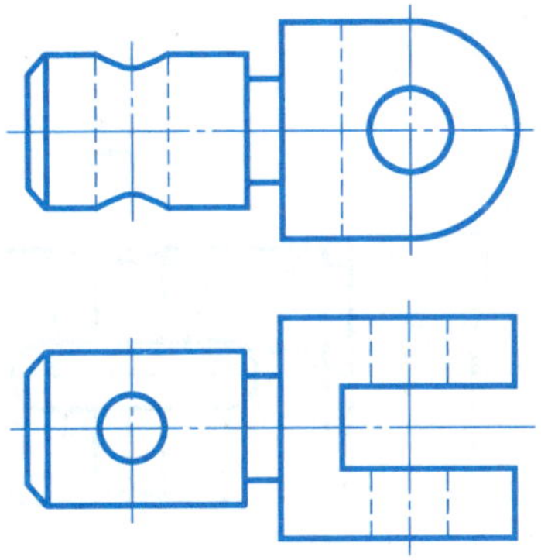

(2)

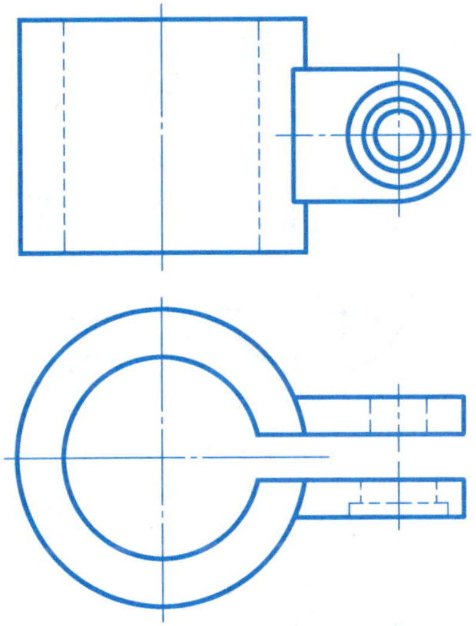

2. 看懂左视图的局部剖，在指定位置画出主视图的局部剖

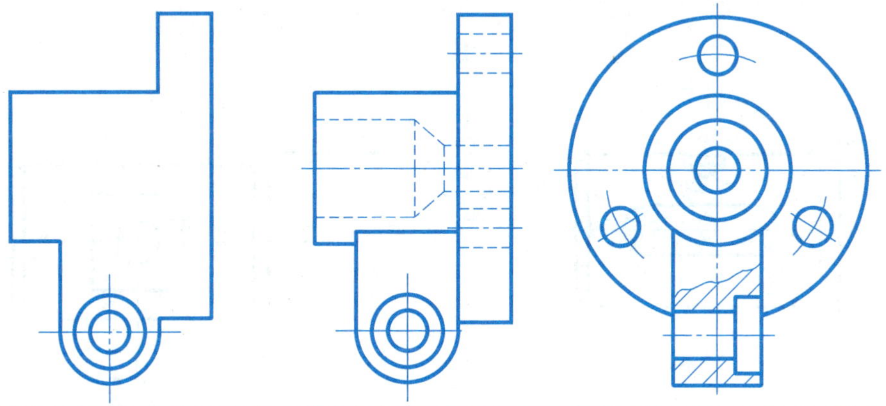

3. 看懂俯视图的局部剖，在指定位置画出主视图的局部剖。

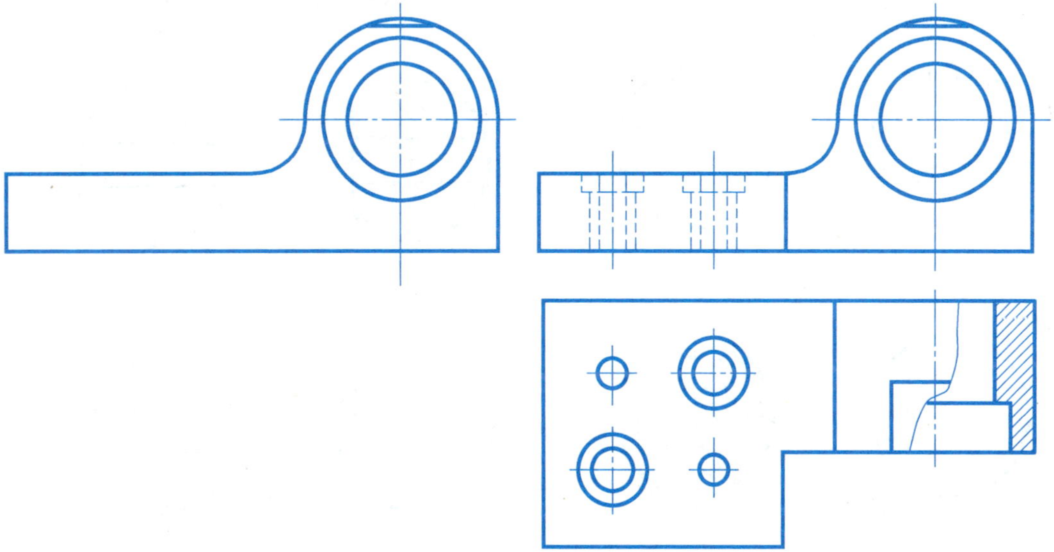

班级　　　姓名　　　学号

三、断面图

6-19　找出正确的断面图（在正确断面图处打“√”）

1.

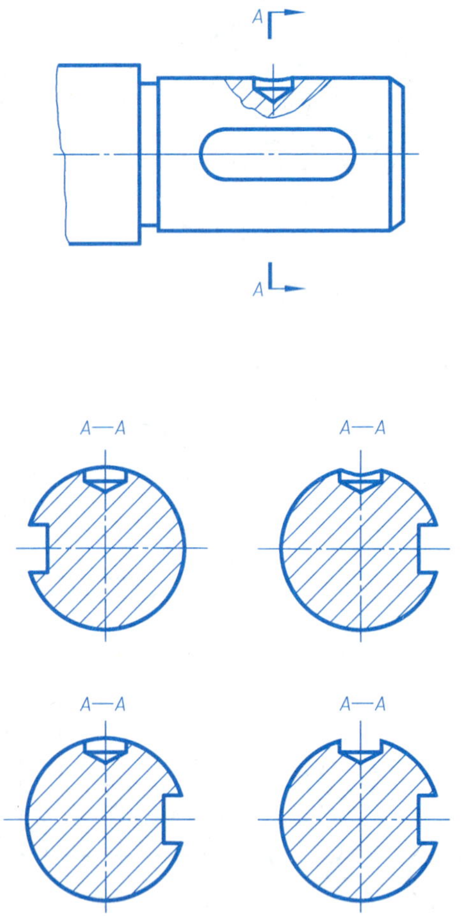

2.

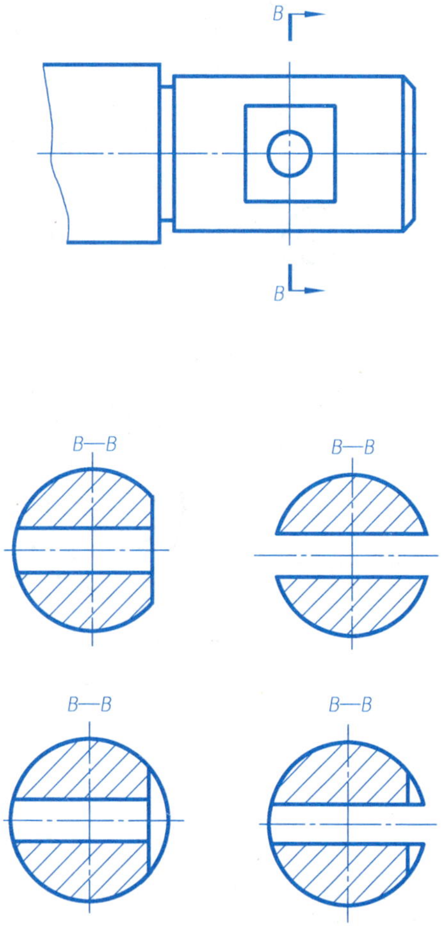

3.

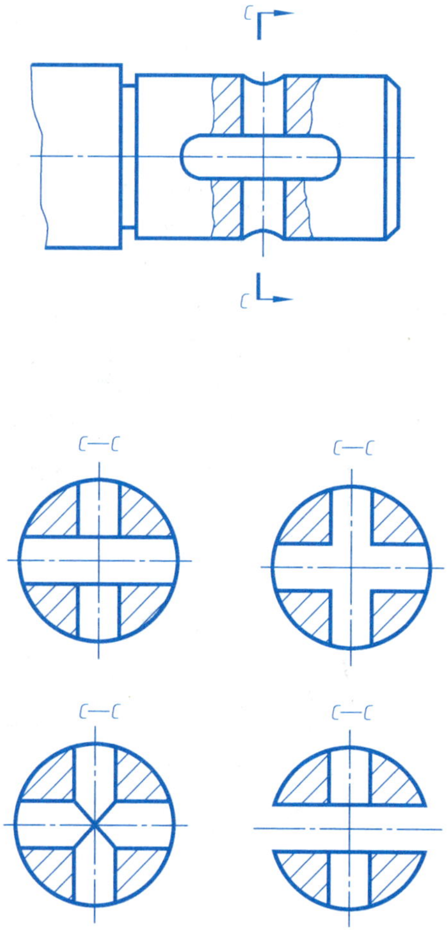

班级　　　　姓名　　　　学号

6-20 在四个指定的位置上画出移出断面：①、②画在任意位置上；③画在剖切线延长线上；④按投影关系配置在左视图位置上

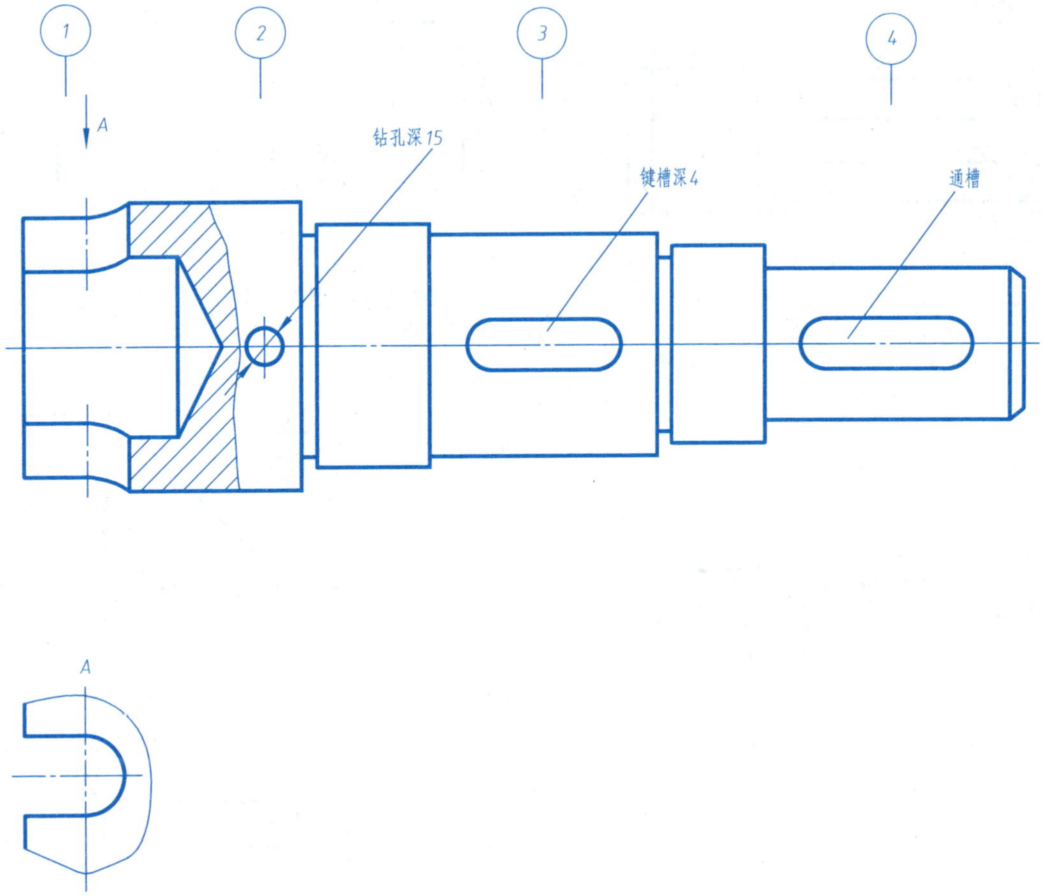

6-21　按要求画出移出断面图和重合断面图

1. 画两个相交剖切平面的移出断面图（画在剖切线的延长线上）

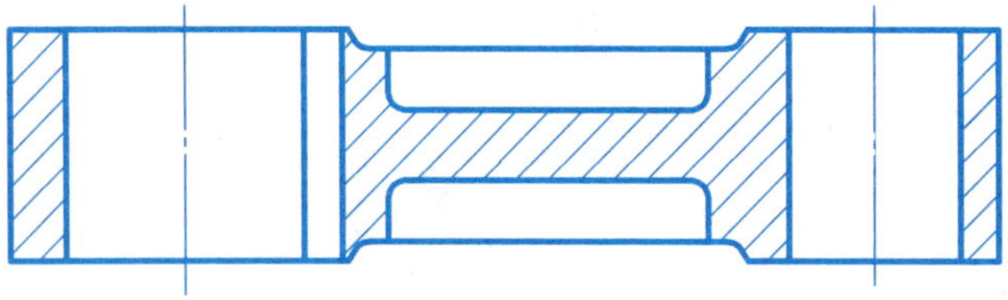

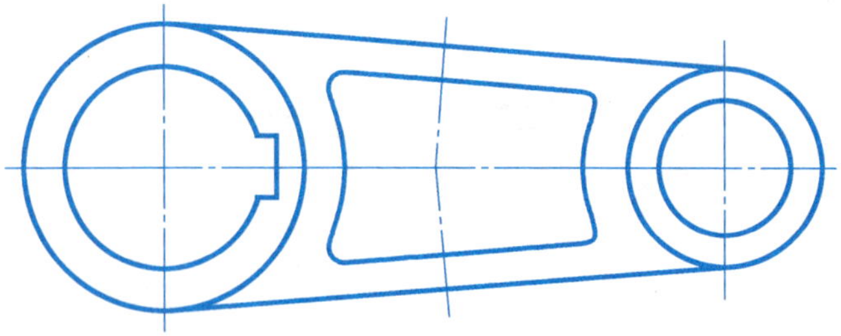

2. 把 L 形角钢改画成重合断面图

3. 指出下图剖画线画法的错误，把移出断面图改画成重合断面图

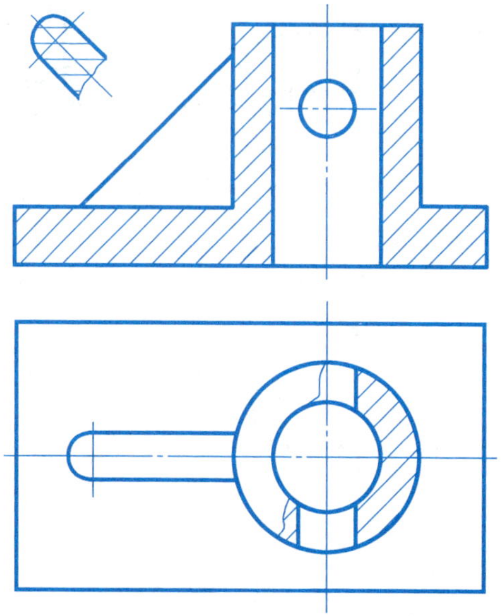

班级　　　　姓名　　　　学号

四、规定画法

6-22　按规定画法改正全剖主视图的错误（将正确图形画在指定位置）

1.

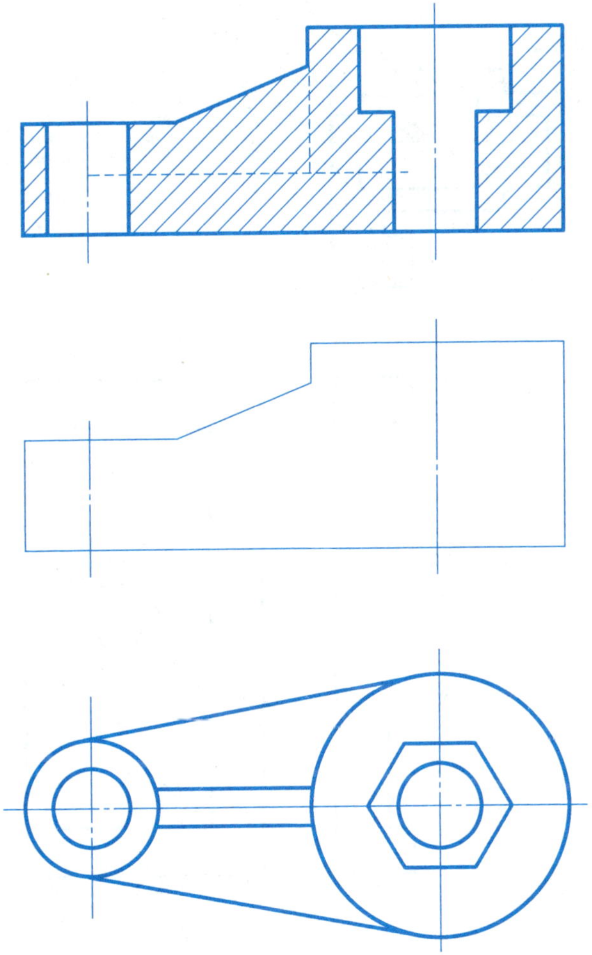

2.

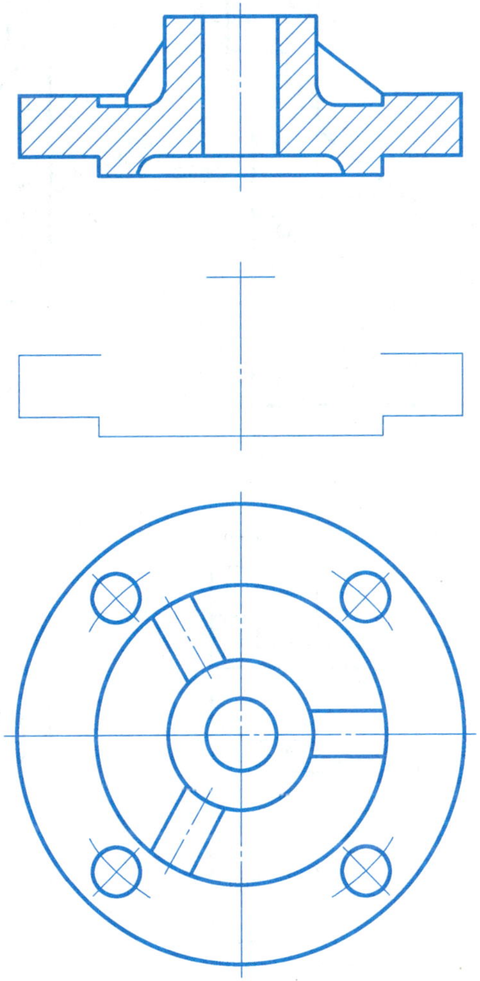

班级　　　　姓名　　　　学号

五、读视图、剖视图和断面图（1）

6-23　读下列剖视图和视图，想象立体形状，补画剖视图的漏线（1）

1.

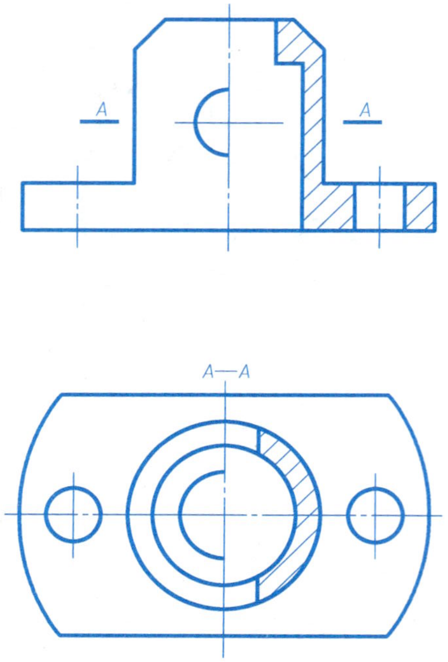

2.

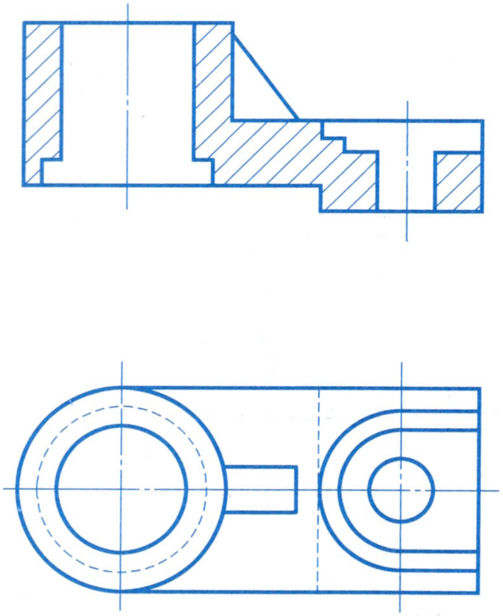

3.

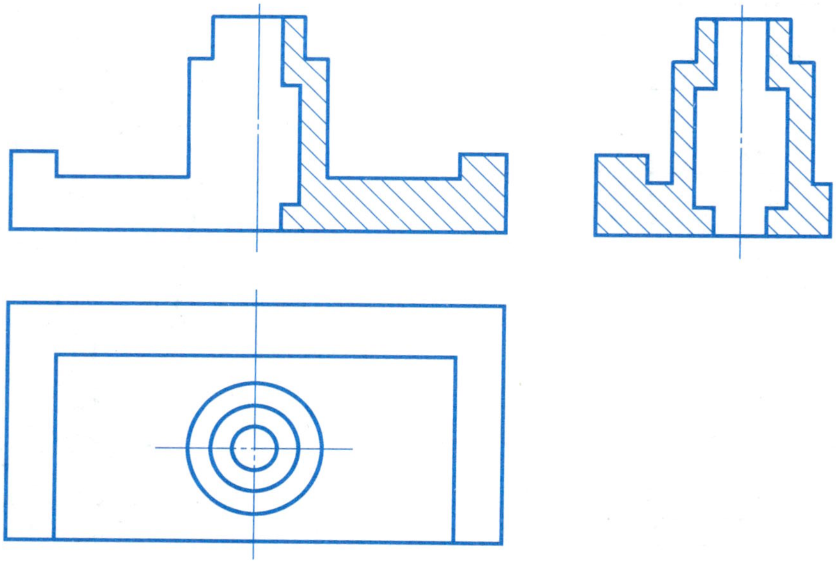

班级　　姓名　　学号

6-24 读剖视图、视图，想象立体形状，并按读图要点回答问题（2）

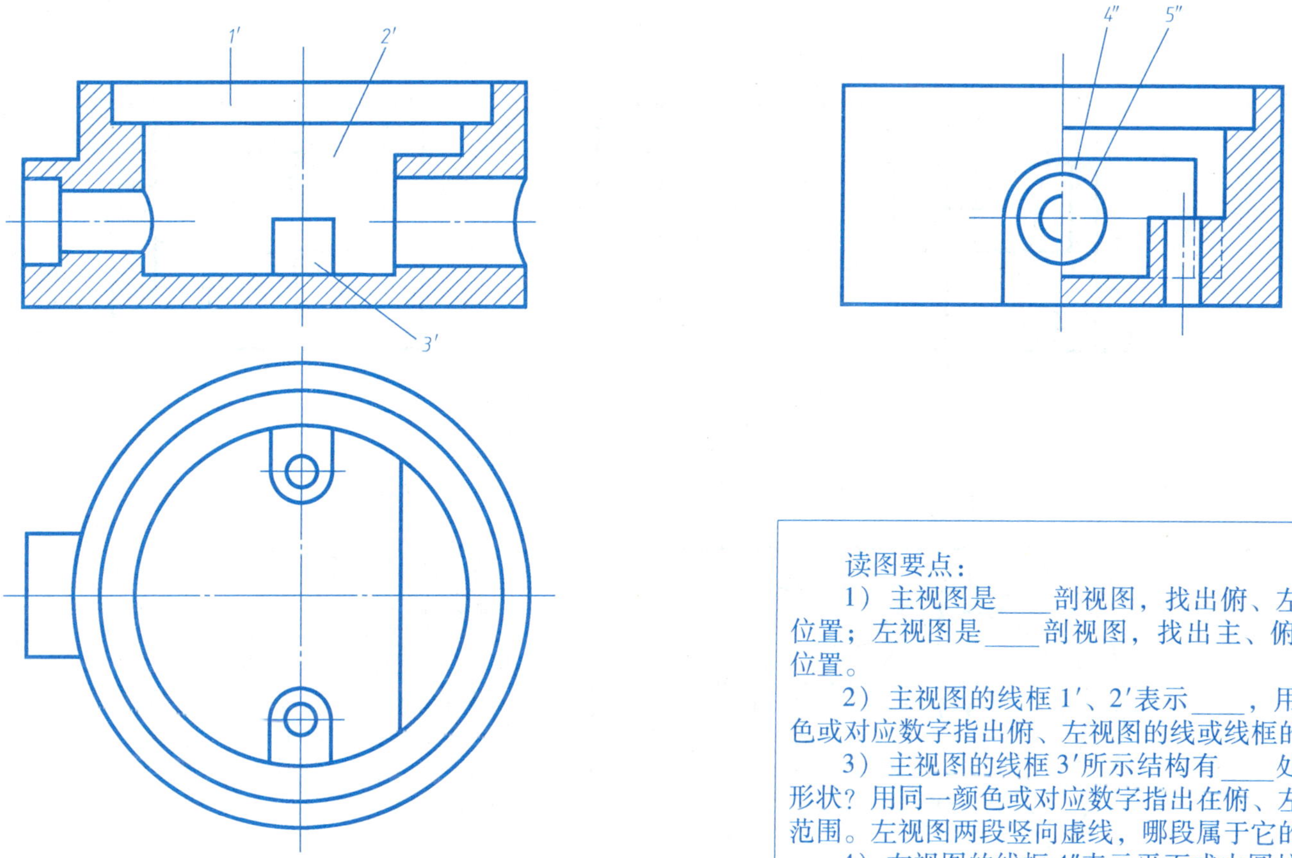

读图要点：

1）主视图是____剖视图，找出俯、左视图的剖切位置；左视图是____剖视图，找出主、俯视图的剖切位置。

2）主视图的线框 1′、2′表示____，用两种不同颜色或对应数字指出俯、左视图的线或线框的位置。

3）主视图的线框 3′所示结构有____处，表示什么形状？用同一颜色或对应数字指出在俯、左视图的投影范围。左视图两段竖向虚线，哪段属于它的投影？

4）左视图的线框 4″表示平面或内圆柱面，用同一颜色或对应数字指出主、俯视图投影位置。

5）左视图的圆 5″表示同一圆柱面吗？若不是，它们各表示什么？

6）想象整体的内、外形。

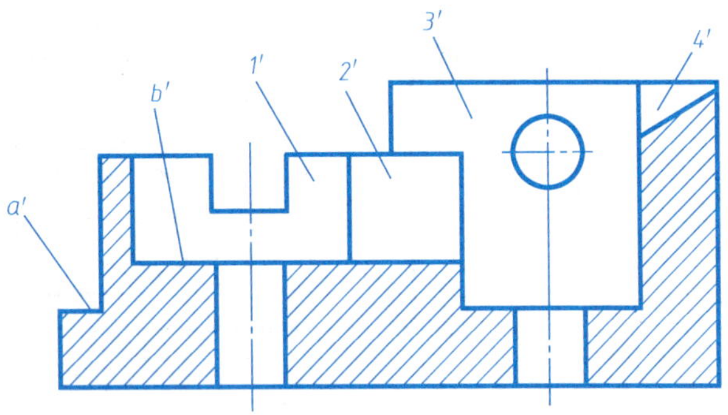

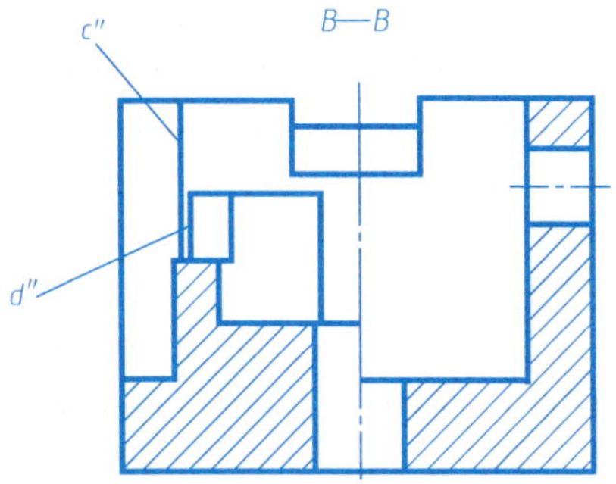

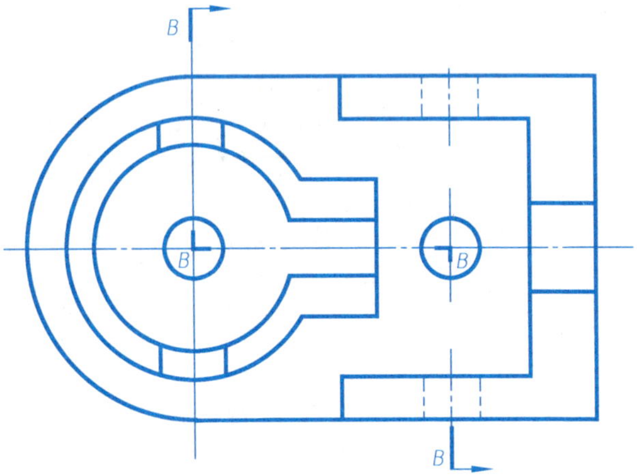

读图要点：

1）主视图是____剖视图，指出俯视图的剖切位置，剖切平面通过物体的____面，并对主、俯视图的投影关系。

左视图是____剖视图，找出俯视图的剖切位置，用____剖切面，并对俯、左视图的投影关系（确定切去哪部分形体，进行投影的是哪部分形体）。

2）主视图的线框 1′、2′3′表示什么面形？指出前后相对位置，在俯、左视图找出对应的线或线框；线框 4′表示什么形状？为什么左视图相对应的线框会出现开口？

3）主视图的线 a'、b'表示什么形状？在俯视图指出它的范围，并判断其上下相对位置。左视图的线 c''、d''的空间含义相同吗？从哪个视图投影得到的？

4）该物体外形主体分几块？各是什么形状？有几个槽？有几个内圈孔？

班级　　　　姓名　　　　学号

6-26　读机架零件的一组视图及尺寸，想象机座由几部分形状组成的，确定每部分的定形尺寸和定位尺寸，补标所缺尺寸（不填具体尺寸数字）

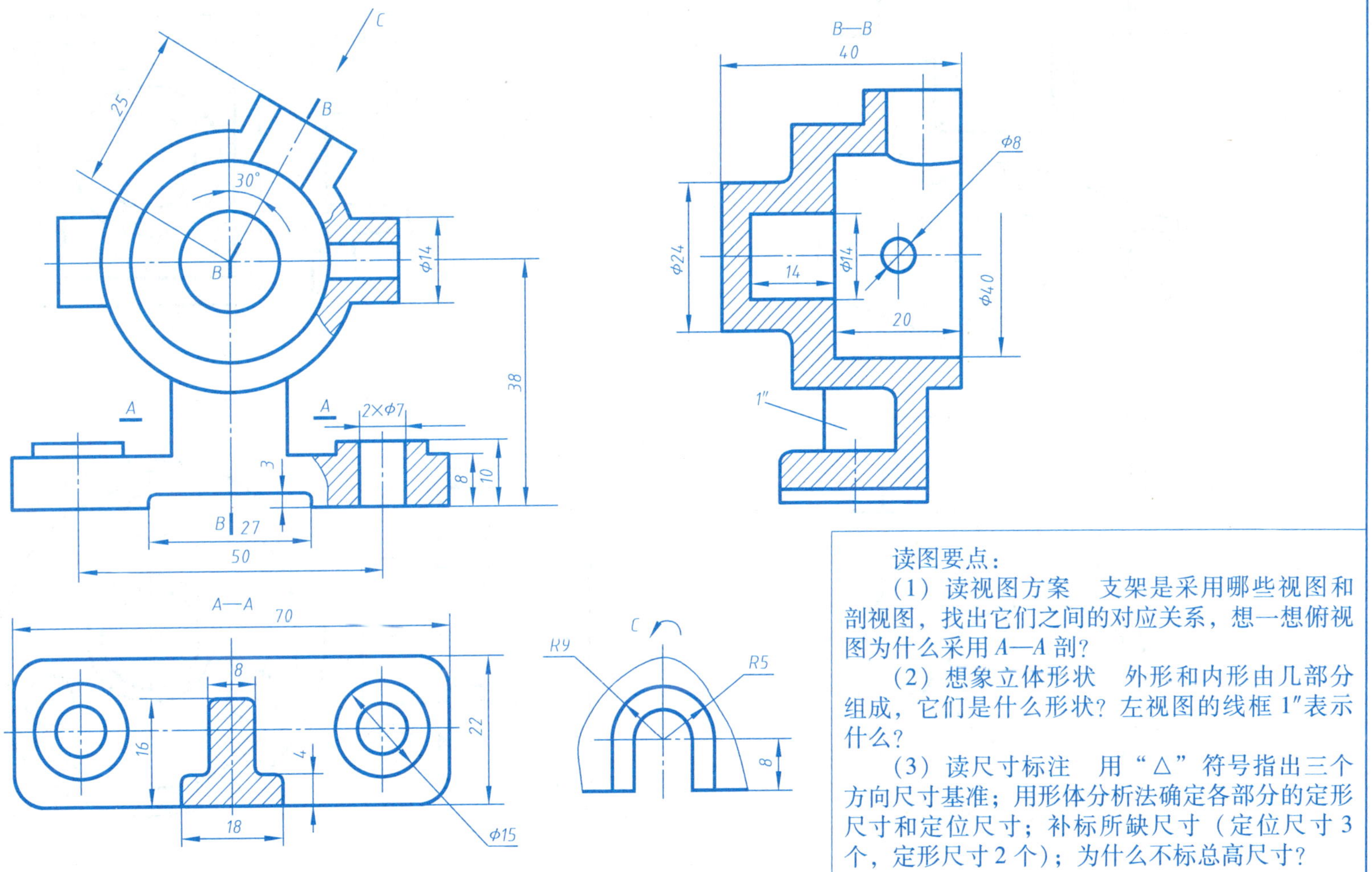

读图要点：

（1）读视图方案　支架是采用哪些视图和剖视图，找出它们之间的对应关系，想一想俯视图为什么采用 A—A 剖？

（2）想象立体形状　外形和内形由几部分组成，它们是什么形状？左视图的线框 1″表示什么？

（3）读尺寸标注　用“△”符号指出三个方向尺寸基准；用形体分析法确定各部分的定形尺寸和定位尺寸；补标所缺尺寸（定位尺寸 3 个，定形尺寸 2 个）；为什么不标总高尺寸？

＊六、读视图、剖视图和断面图（2）（选学题）

6-27 读下列已知剖视图、视图，想象内、外形状，补画遗漏的图线

1.

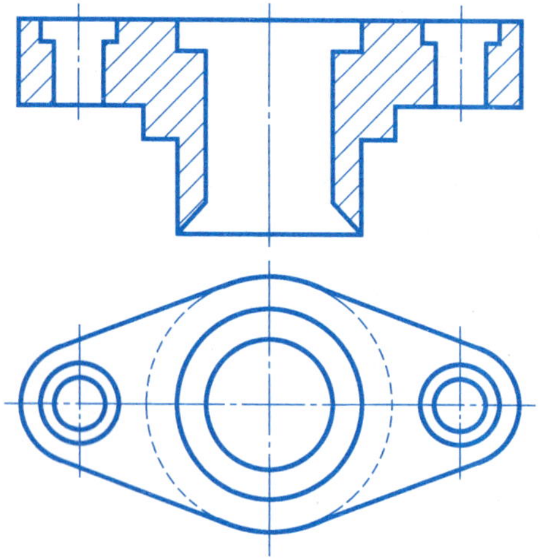

2.

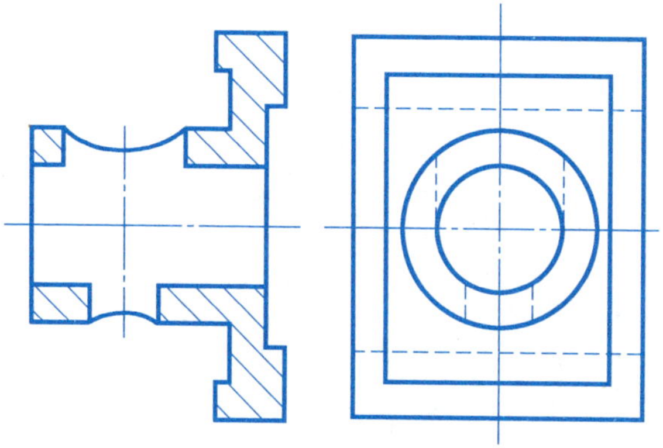

3.

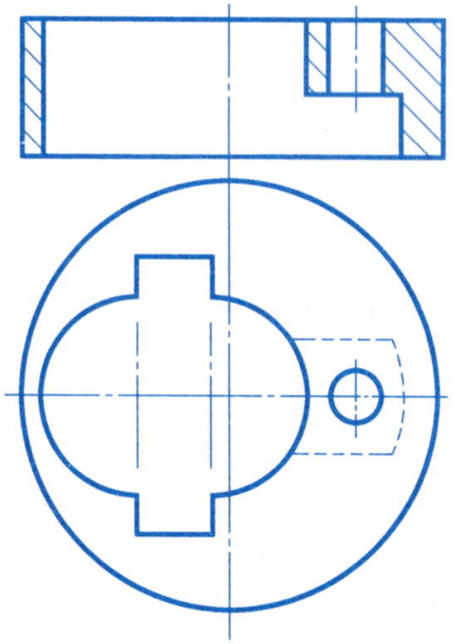

4.

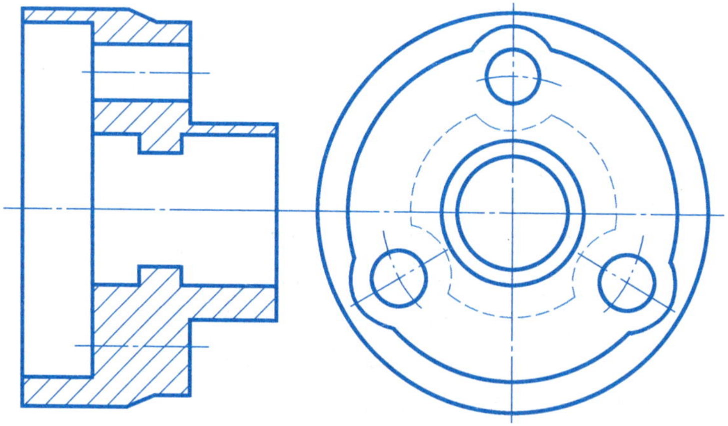

班级　　　　姓名　　　　学号

6-28 根据下列三组主、左视图，想象立体形状，想象主视图指定剖切位置的断面形状，找出其相对应的断面图（在断面图上注断面名称）

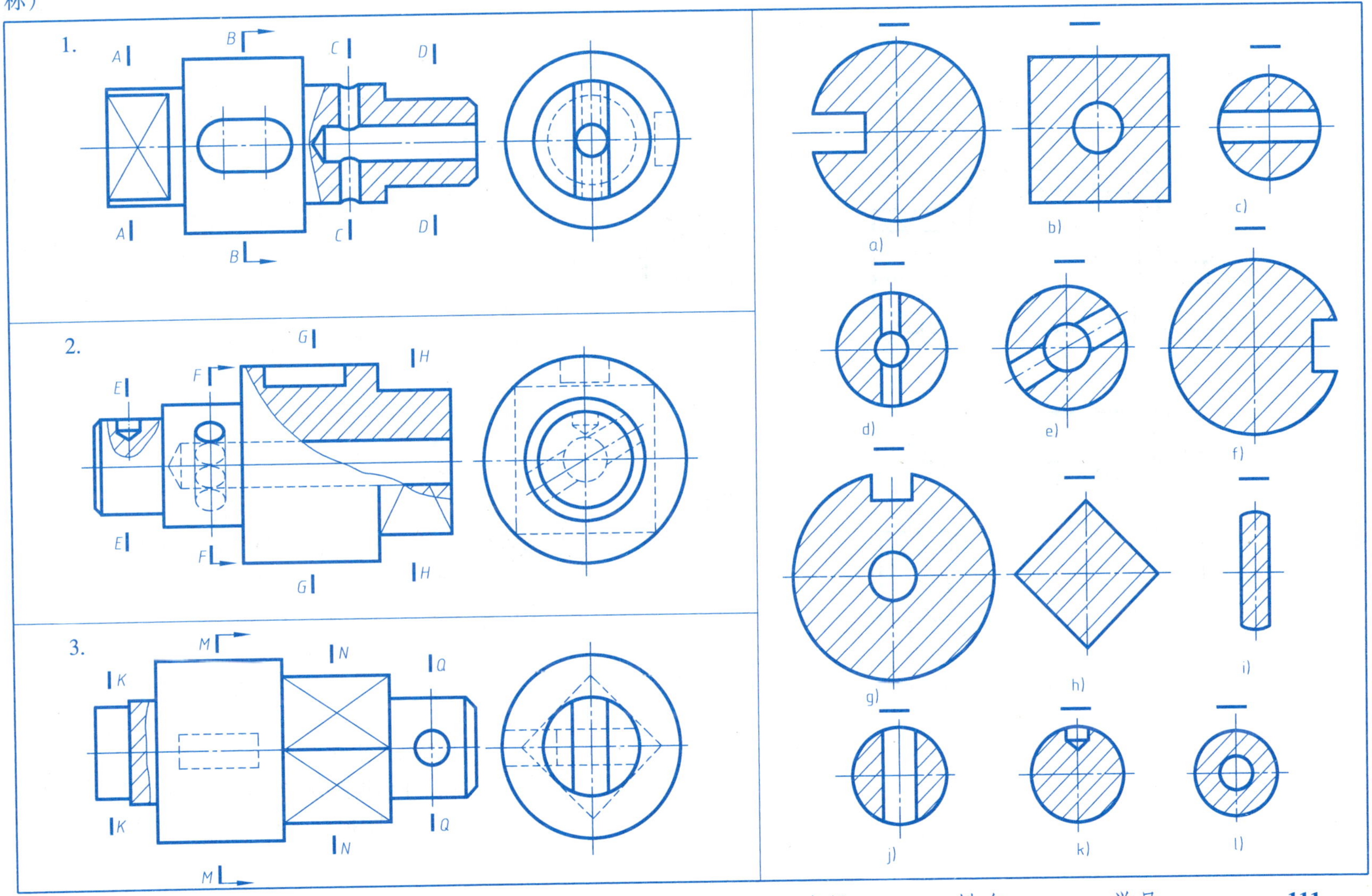

6-29 读剖视图、视图，想象立体形状，按读图要点回答问题，画指定的仰视图、*D—D* 全剖左视图（画一半）

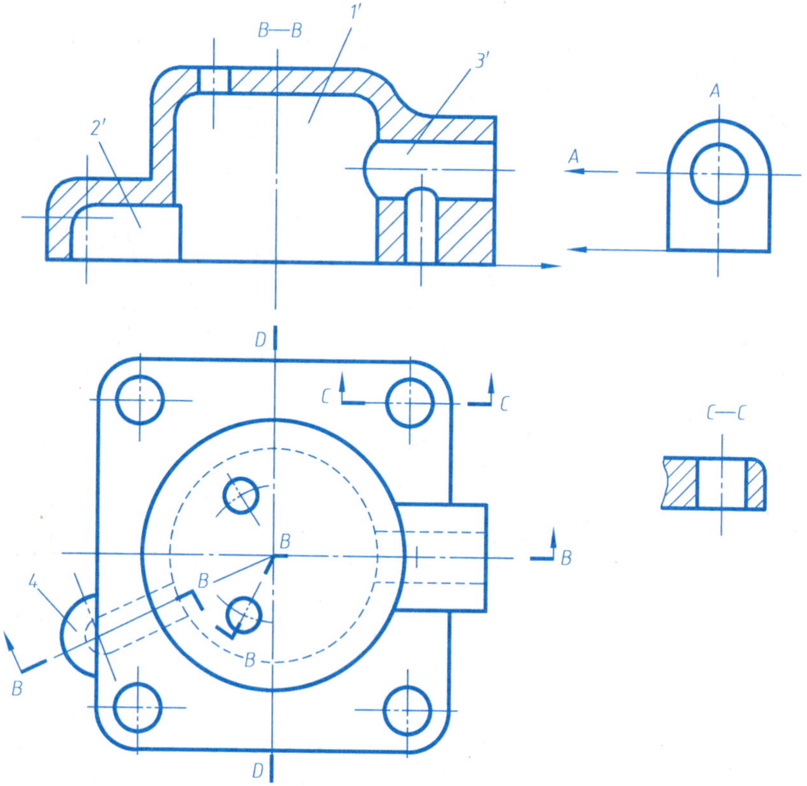

读图要点：

1）主视图是________剖视图，它采用________剖切面，找出俯视图剖切位置，并对照主、俯的投影关系；*A* 向视图为什么不画波浪线？*C—C* 剖视图的剖切线两端为什么要画箭头？

2）该物体的外形由几部分形状所组成？分析线框 1′、2′、3′表示什么形状的内形？指出半圆线框 4 表示________面。

3）画仰视图及 *D—D* 全剖左视图。

4）判断 *A* 向视图画法对吗？假如主视图是正确的，*A* 向视图应怎样改？假如 *A* 向视图是对的，主、俯视图应如何改？

班级　　　　姓名　　　　学号

6-30 读两面视图，想象立体形状，画指定的视图

1. 画表示外形的左视图（不画虚线）及点 a'、b' 在其他视图的位置

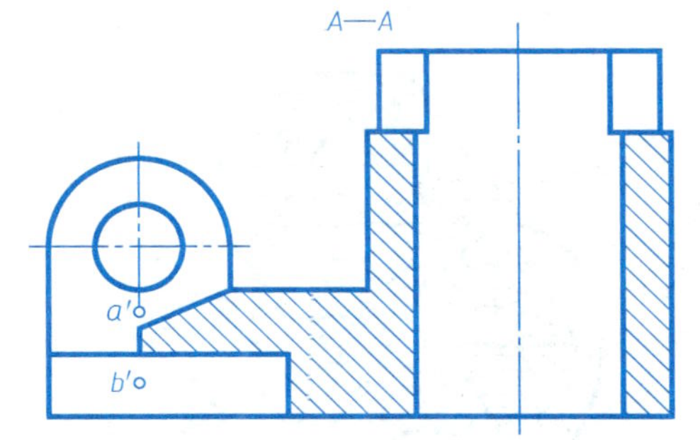

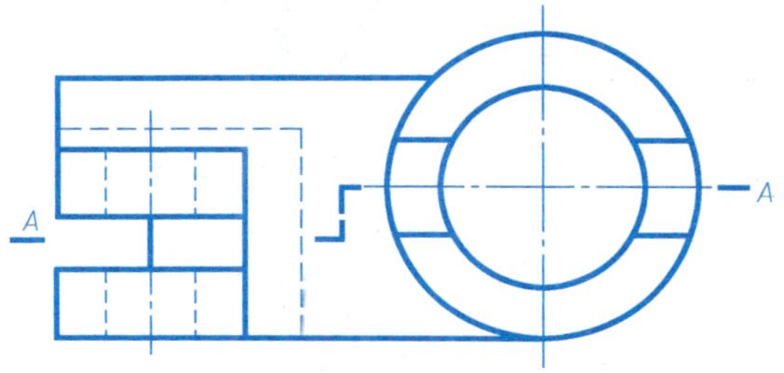

2. 画局部剖的左视图及点 a、b、c 在其他视图的位置

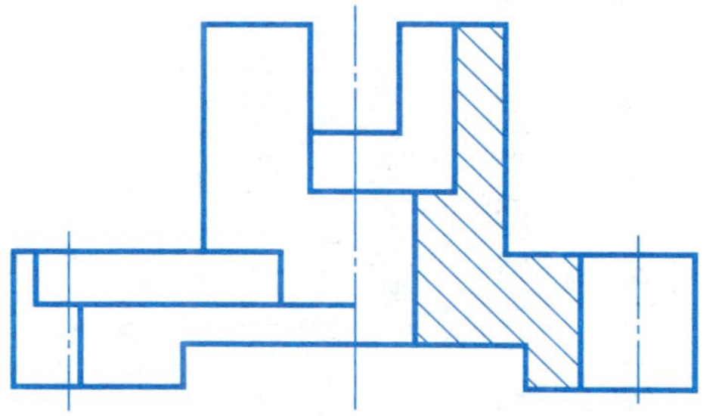

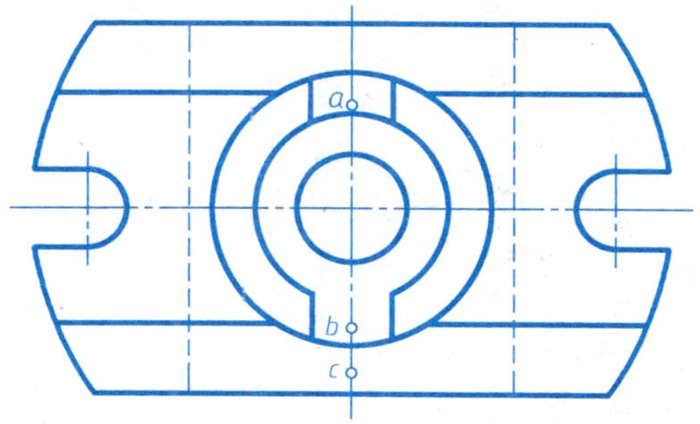

七、机件表达的综合应用

6-31　根据模型或轴测图，选取机件表示方法

机件表示方法的综合应用作业

1. 目的

1）进一步掌握视图、剖视图、断面图及其他表示方法的画法。

2）训练机件表示方法的综合应用，培养表示机件形状的初步能力。

2. 内容和要求

1）根据模型或轴测图选择合适的表达方法，并标注尺寸。

2）由教师指定 1 个题目、用 A3 图幅，横放或竖放，绘图比例自己确定。

3）用铅笔画出图样。

3. 注意点

1）应用形体分析法在想象出机件的内、外形状的基础上，选择合适表示方法。

2）剖视图和断面图应直接画出，不能先画成视图后再改画成剖视图和断面图。

3）画剖面线不应先画底稿线，应在描深图线时，一次性画出，要使各剖视图、断面图的剖面线的方向和间隔一致。

4）注意区分剖视图标记，确定应标注、不标注及省略标注。

5）要选好三个方向的尺寸基准，应用形体分析法标注尺寸，确保所注的尺寸不遗漏、不重复，尺寸布局应清晰，如尺寸标注在反映形状特征和位置特征的视图上。有的尺寸不照抄轴测图的尺寸，若从模型量得尺寸应取整数。

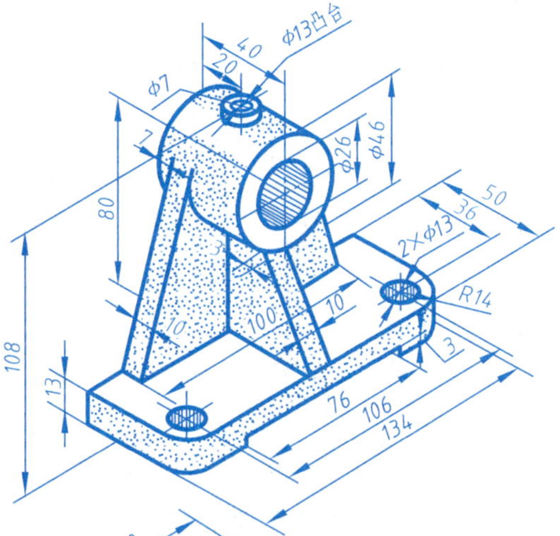

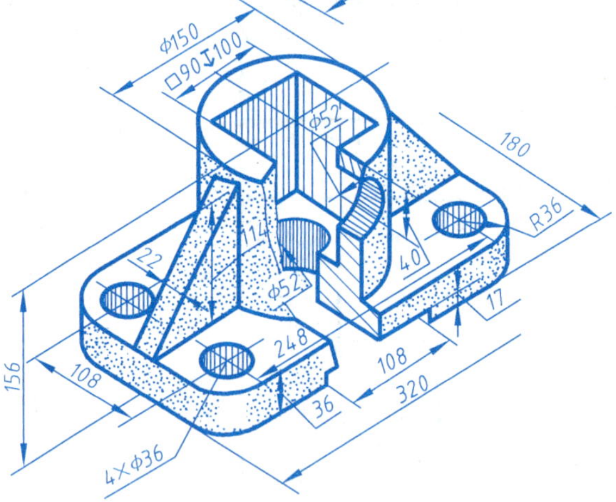

班级　　姓名　　学号

6-32 根据主、俯视图选取合适表达方法，用草图重新表示机件结构形状，并标注尺寸（按 1:1 比例量取）

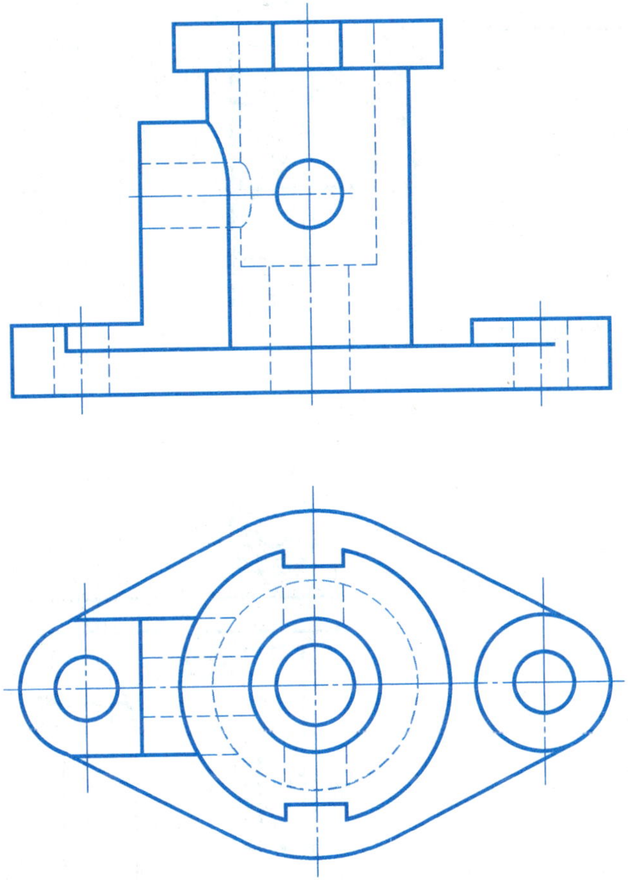

第七章　标准件和通用件

一、螺纹

7-1　螺纹的画法

1. 判断下列螺纹画法的正误，正确的在括号画“√”，错误的画“×”

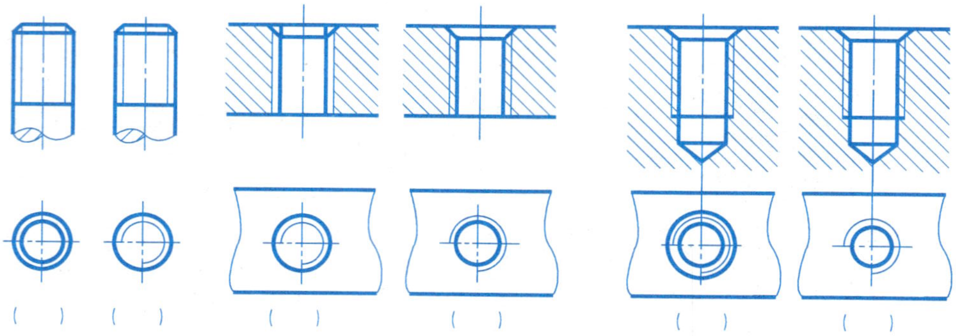

2. 找出下列螺纹和螺纹连接画法的错误，并在下方画出正确的图形

(1)

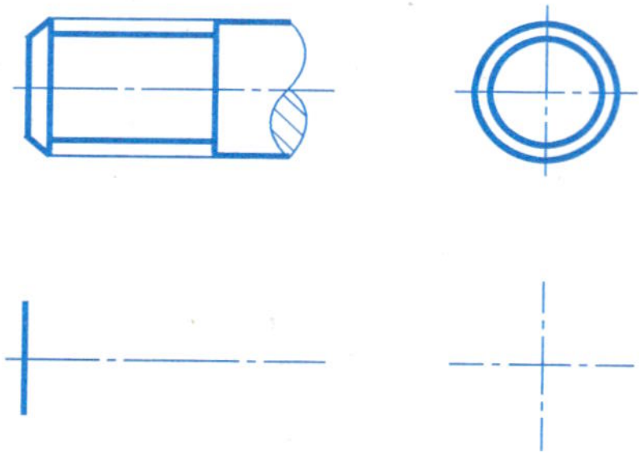

(2)

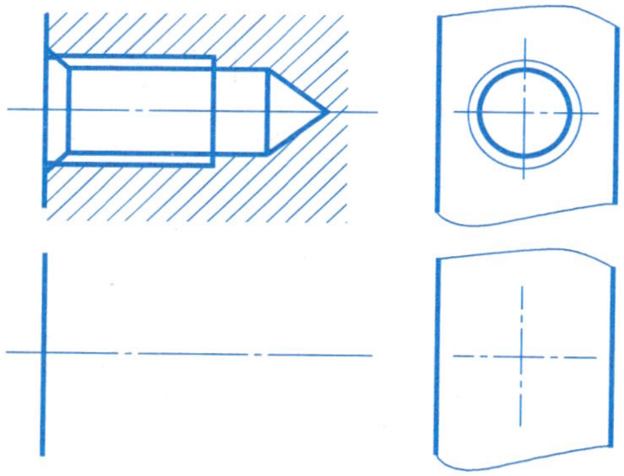

(3)

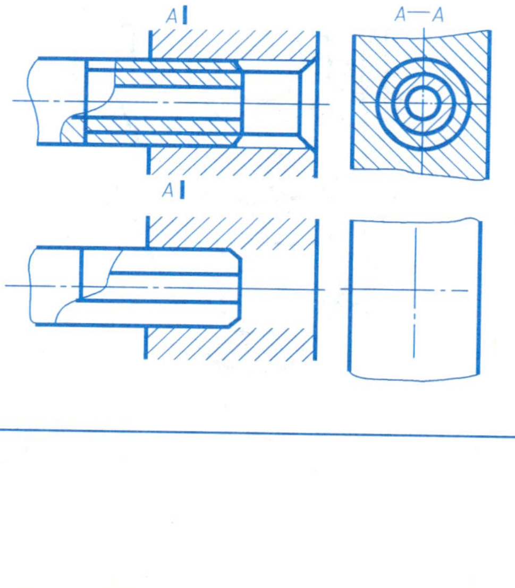

(4)

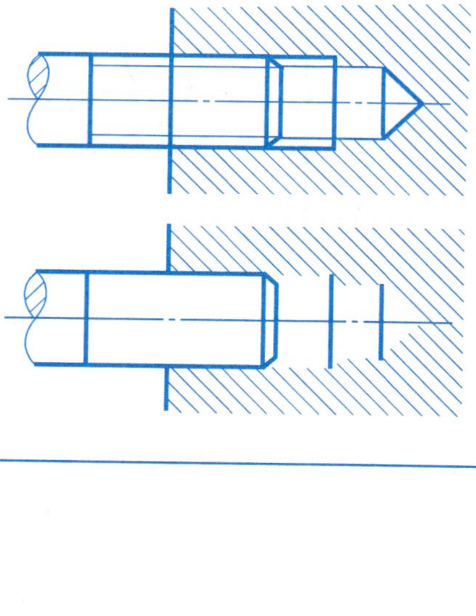

班级　　姓名　　学号

7-2 螺纹标记的识读和标注

1. 解释螺纹标记的含义，按要求的内容填空

螺纹标记	螺纹种类	公称直径	导程	螺距	旋向	公差带代号（中径、顶径）	旋合长度代号
M20-6h-LH							
M20×2-7H-L							
M10×1-S							
Tr40×10（5）-7H							
B32×6LH-7H							
G½A							
RC¾							

2. 在图上标注出螺纹的尺寸

（1）普通螺纹，公称直径16mm，螺距2mm，（右旋，中径、顶径公差带代号5g、6g，长度20mm，倒角$C1.6$

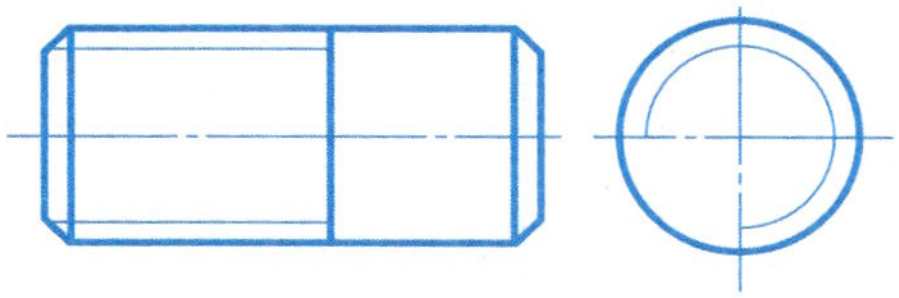

（2）普通螺纹，公称直径12mm，螺距1mm，左旋、中径、顶径公差带代号7H，长度25mm，倒角$C1.6$

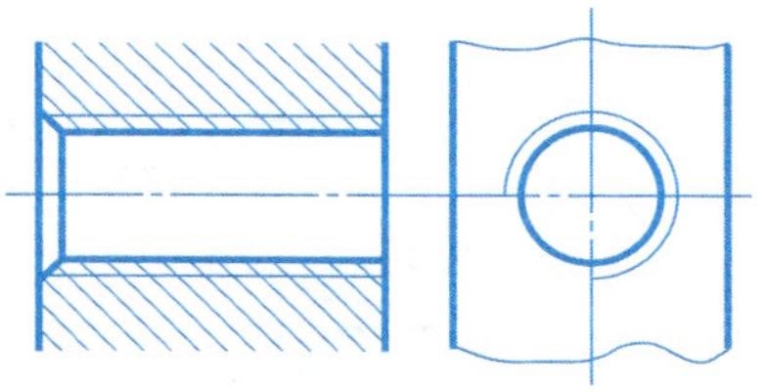

（3）梯形螺纹，公称直径16mm，导程4mm，线数2，公差带代号7e，长度20mm，倒角$C1.6$

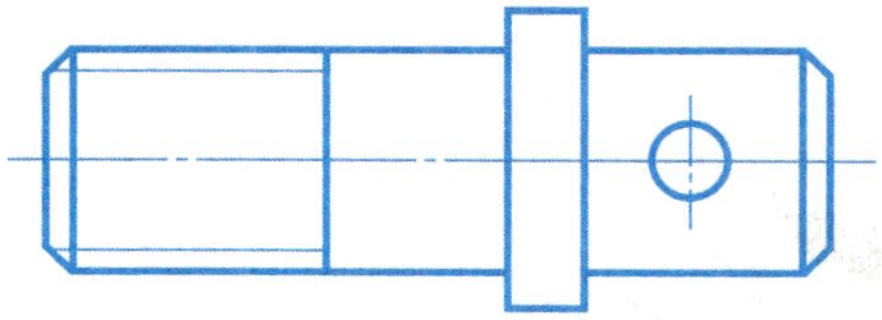

（4）锯齿形螺纹，公称直径12mm，公差带代号6H，长度40mm，倒角$C1.6$

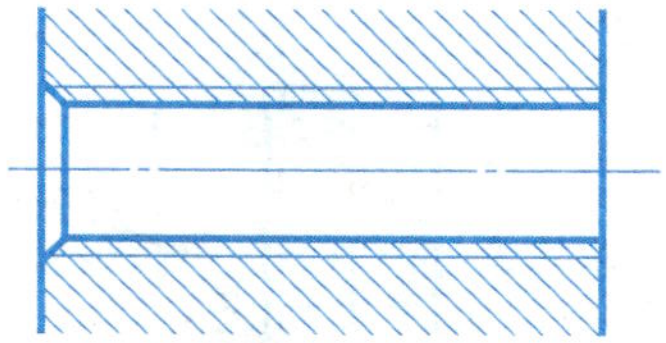

（5）55°非密封管螺纹，尺寸代号1/2，公差等级A，长度35mm

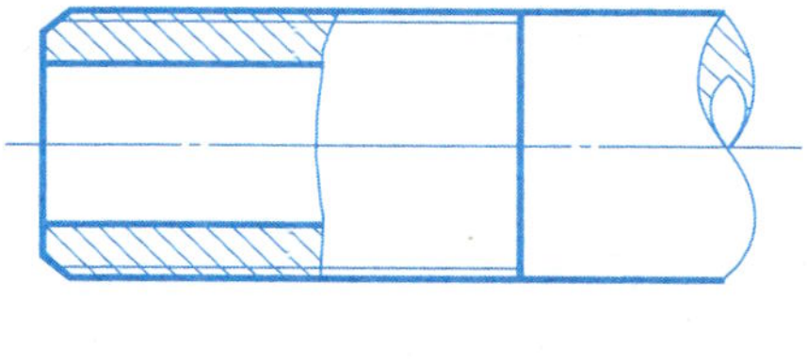

（6）55°密封管螺纹，尺寸代号1/2

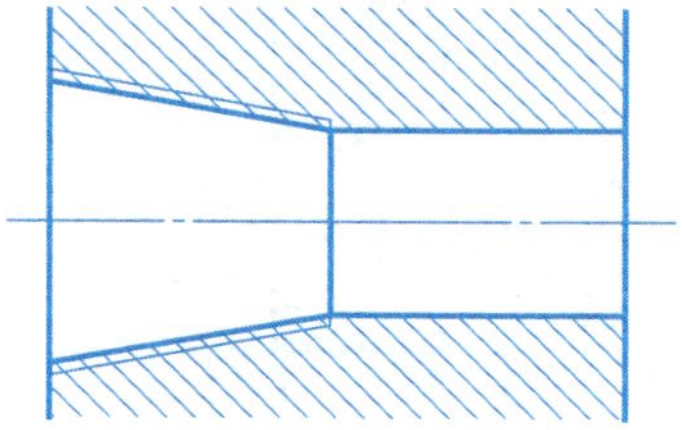

班级　　姓名　　学号

二、螺纹紧固件

7-3　查表确定下列螺纹紧固件的尺寸，标注销的尺寸，填写规定标记

1. 六角头螺栓—C 级

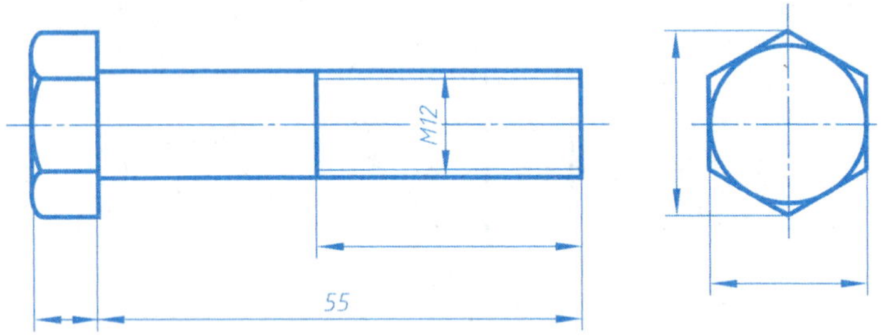

规定标记______________________

2. 六角螺母—C 级

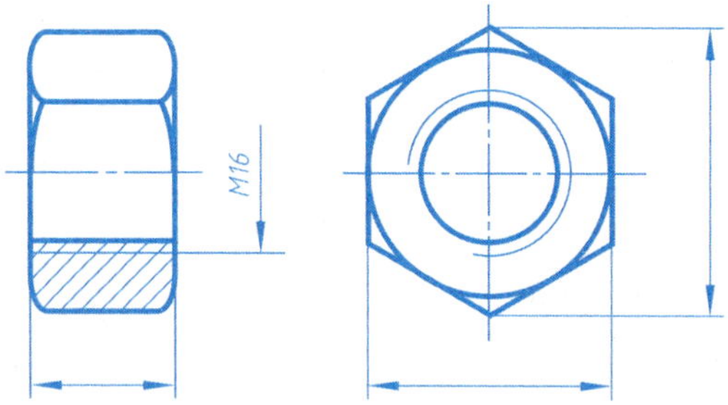

规定标记______________________

3. 平垫圈　C 级

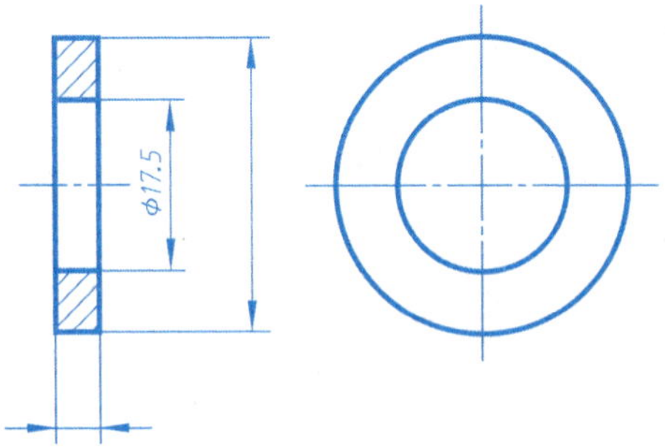

规定标记______________________

4. 圆柱销（公称直径为 10mm，长度为 50mm，$d_{公差}$为 m6）

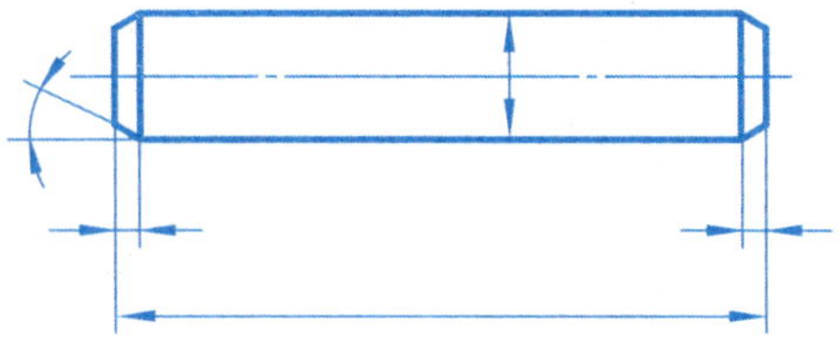

规定标记______________________

5. 圆柱销（A 型，公称直径为 10mm，长度为 50mm）

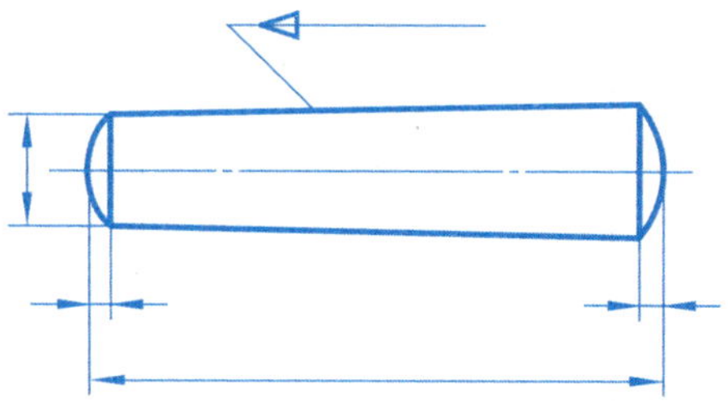

规定标记______________________

班级　　　　姓名　　　　学号

1. 分析螺栓连接三视图的错误，指出错误的原因

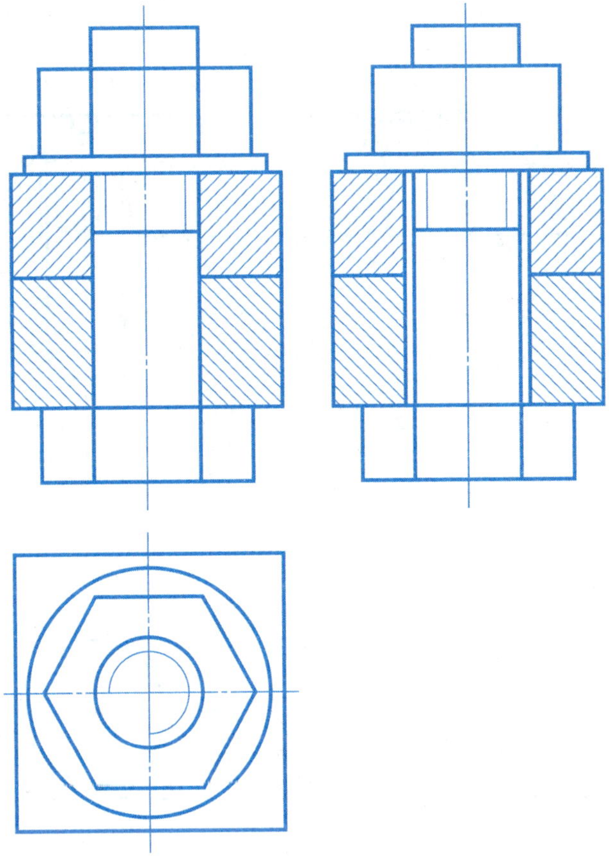

2. 用简化比例画法补全螺栓连接三视图

螺栓 GB/T 5782 M10×50

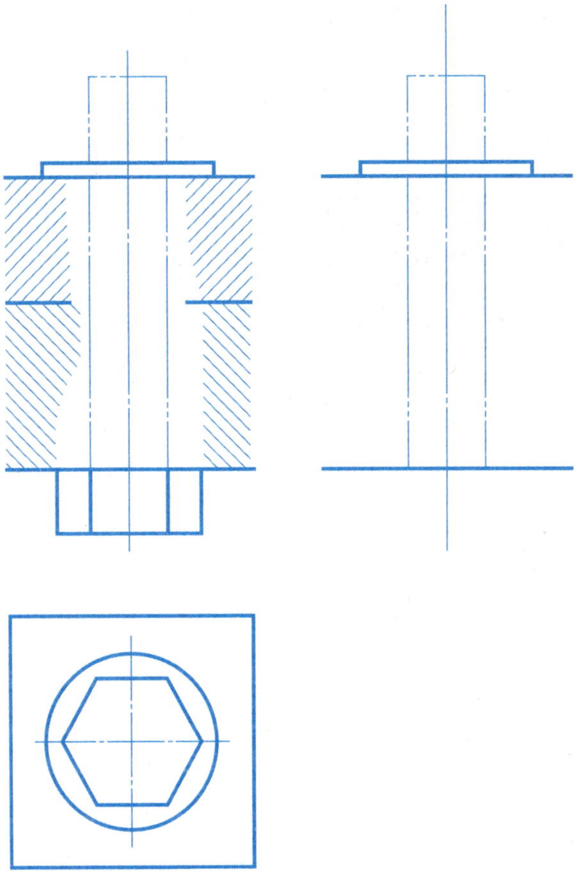

3. 分析左下图螺柱连接图的错误，按螺柱公称直径 $d=12\text{mm}$，旋入端螺孔材料为铸铁，在右边用比例画螺柱连接图

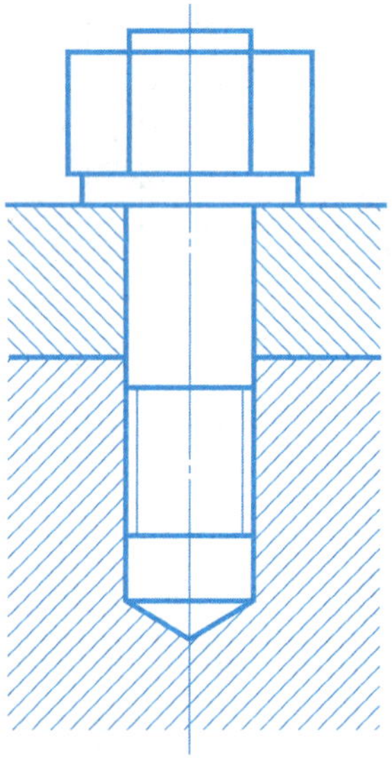

4. 分析左边螺钉连接两视图中的错误，将正确图形画在右边

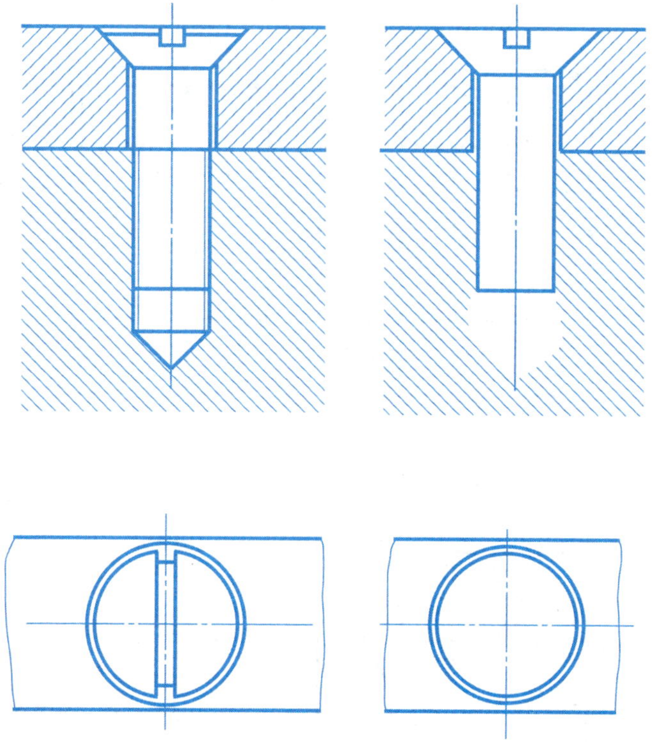

班级　　　　姓名　　　　学号

三、键

7-6 键连接

已知齿轮和轴，用圆头 A 型普通平键连接，轴、孔直径为 20mm，键的长度为 20mm。(1) 写出键的规定标记；(2) 查表确定键和键槽的尺寸，用 1:1 比例画全下列各视图和断面图，并标注键槽的尺寸

键的规定标记______________

（1）轴

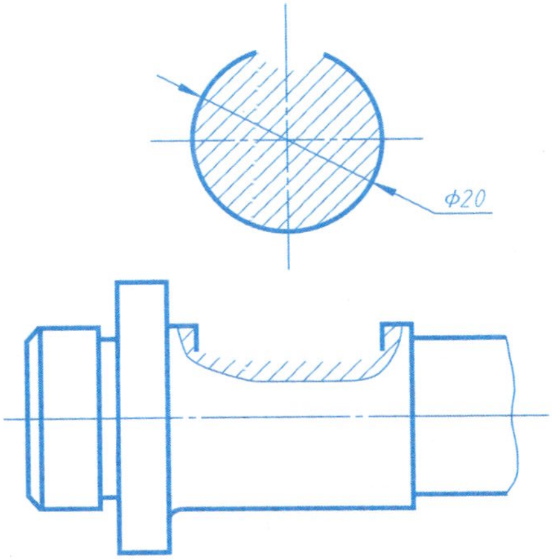

（2）齿轮

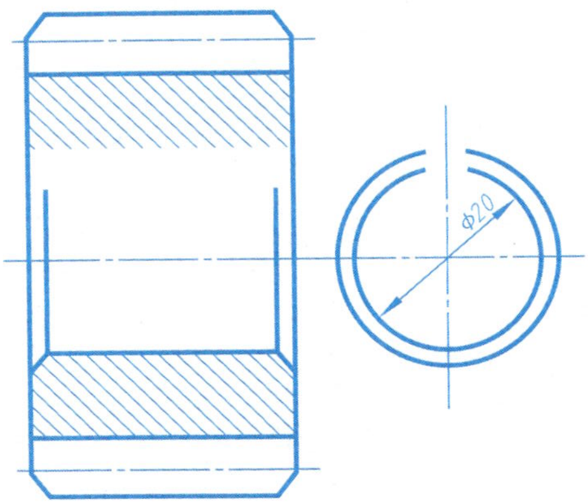

（3）齿轮和轴间的键连接图

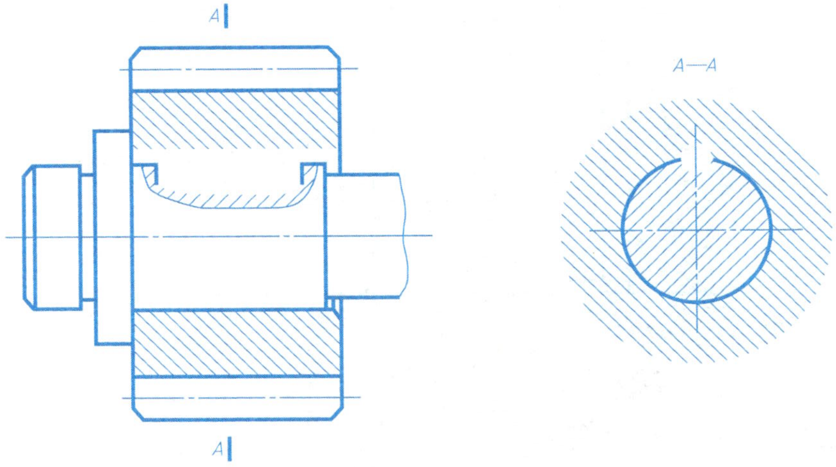

四、齿轮

7-7 标准直齿圆柱齿轮图

已知标准直齿圆柱齿轮的模数 $m=3\text{mm}$，$z=30$。计算齿轮三个圆直径，用 1:1 比例补全两面视图并标注尺寸。

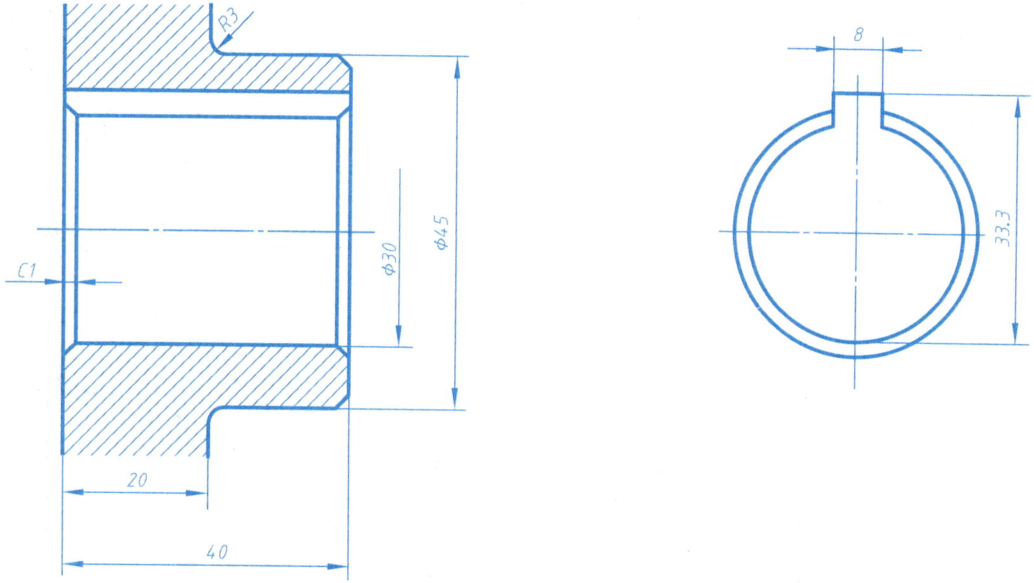

倒角 C1

班级　　姓名　　学号

已知大齿轮 $m=4\text{mm}$，$z=40$，两轮中心距 $a=120\text{mm}$，试计算大小齿轮的 d、d_a、d_f。用 1:2 的比例绘制啮合图。

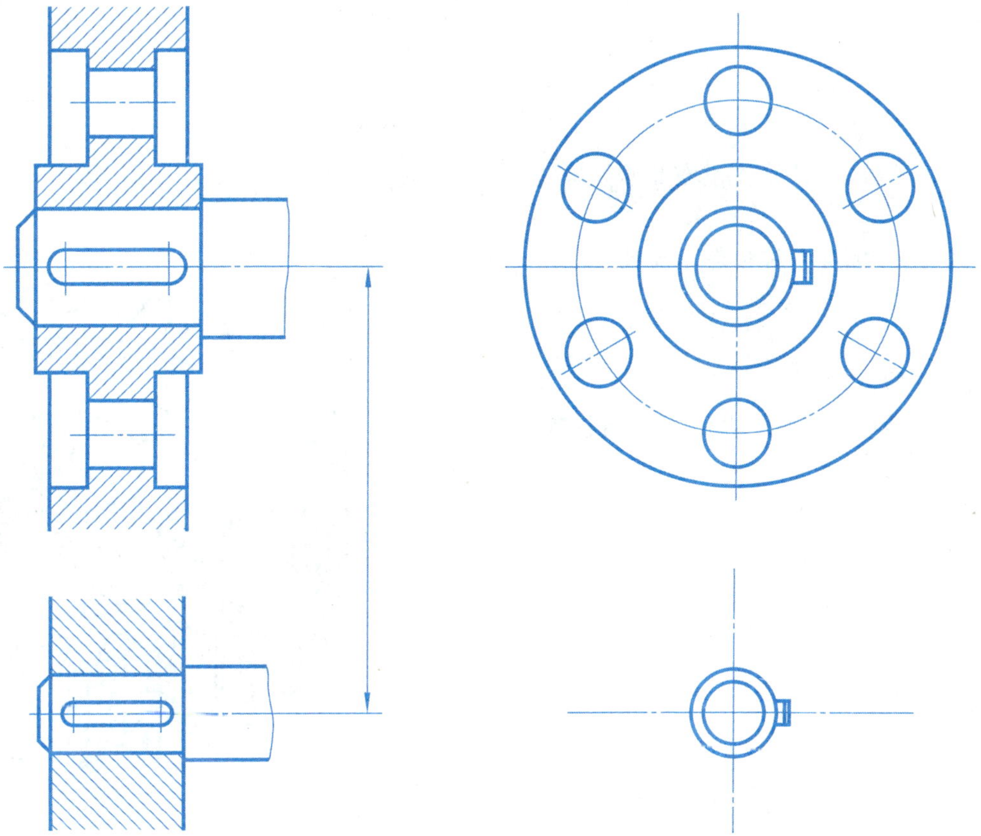

齿轮齿数	z	
模数	m	
压力角	α	
尺寸公差等级		

1. 目的

了解齿轮测绘的一般方法和步骤，掌握圆柱齿轮的规定画法。

2. 内容与要求

根据实物（或轴测图）测绘一标准圆柱齿轮，先画草图，再用A4图纸画出正式图。

3. 测绘步骤

1）对齿轮的结构形状进行观察分析。

2）数出齿数、测量齿顶圆、计算齿轮模数后，取标准模数。

3）计算齿轮各部分尺寸。

4）画出齿轮草图。

5）测量齿形以外的结构尺寸，把测得尺寸数字记入图中。

6）认真检查确定无误后，画正式图。

4. 注意点

1）测绘时，要注意排除齿轮结构缺陷和磨损。

2）齿轮参数放在右上角。

3）把齿轮孔和键槽测得数字查表，然后取标准值。

4）若按右边轴测图画图，齿顶圆直径 ϕ132mm，齿长 42mm，轴孔 ϕ30mm，轮辐板厚 14mm，轮毂外径 ϕ50mm，轮毂长度 50mm，轴板上的小圆孔 ϕ30mm，（圆心分布在 ϕ90mm 圆上）。

5. 齿轮材料为 HT150

班级　　　姓名　　　学号

1. 齿轮与轴用直径为 5mm 的圆柱销连接，写出圆柱销的规定标记，并完成销连接的剖视图

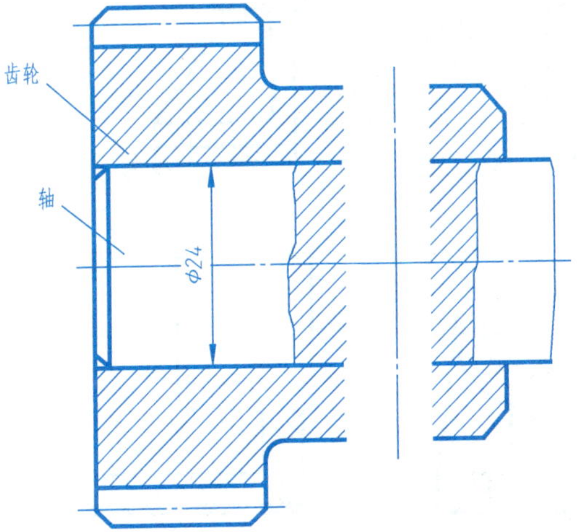

规定标记：________________

2. 解释下列滚动轴承代号含义及查表

滚动轴承 6205 GB/T 276—2013				
名称及代号	尺寸系列代号	外形尺寸		
		内径 d	外径 D	宽度 B
滚动轴承 30307 GB/T 97—1994				
滚动轴承 51211 GB/T 28697—2012				

3. 用规定画法在下图轴端画出滚动轴承 6205 与轴的装配图

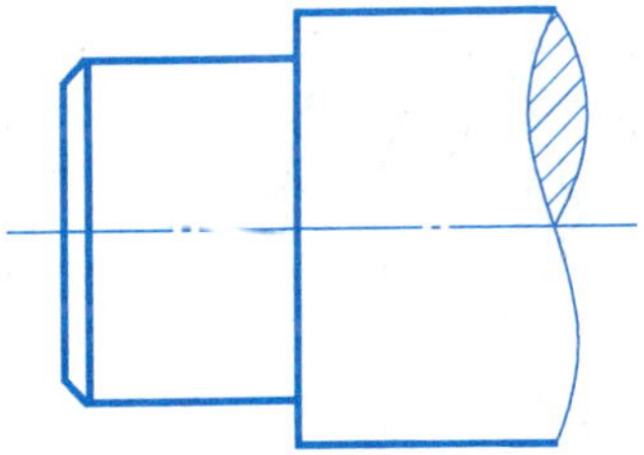

4. 已知圆柱螺旋压缩弹簧的簧丝直径为 5mm，弹簧中径为 45mm，节距为 10mm，弹簧自由高度为 70mm，支承圈数为 2.5 圈，右旋。试画出弹簧全剖主视图

第八章 零 件 图

一、零件图视图选择

8-1 指出下列零件图主视图的不合理之处，说明违反什么原则及纠正方法

1.

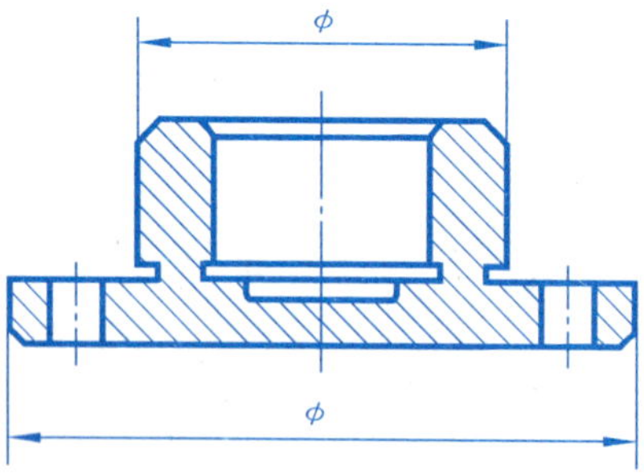

2.

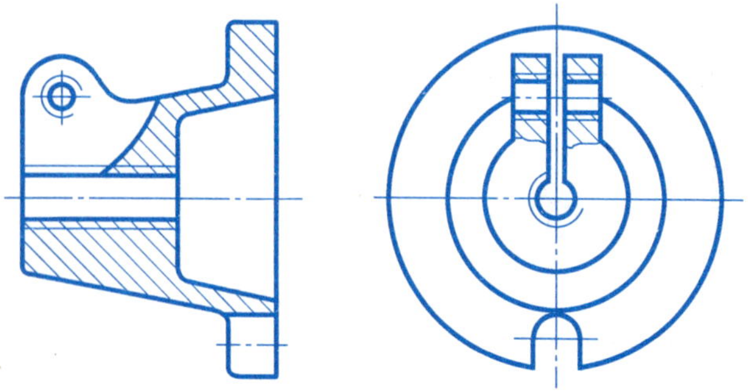

3.

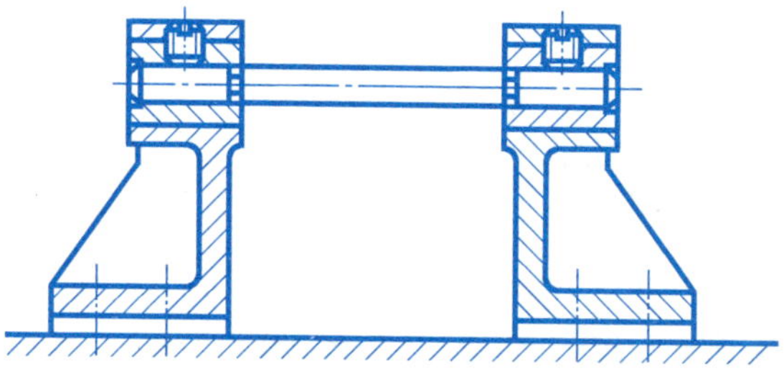

a)支架工作示意图

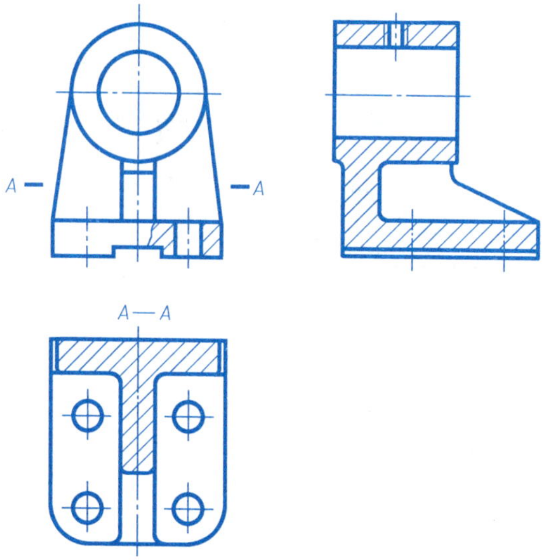

b)支架表示法

班级 姓名 学号

二、零件图尺寸标注

8-2　补标轴、支架零件遗漏的尺寸

1. 用 *M*、*N* 指出轴向尺寸的主要基准和辅助基准，补标遗漏尺寸（按 1:1 比例量取整数，若标准结构尺寸查阅相应附表）

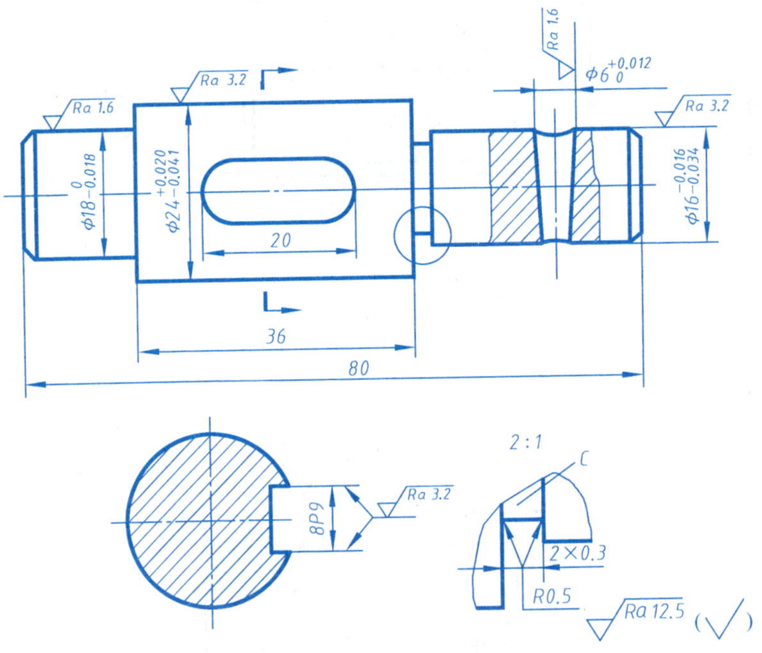

轴		材料	45	比例	
		数量		图号	
制图			（校名）		
审核					

2. 用 *M* 指出高方向的尺寸基准，标出被遗漏的尺寸（从图中按 1:1 比例量得数值）

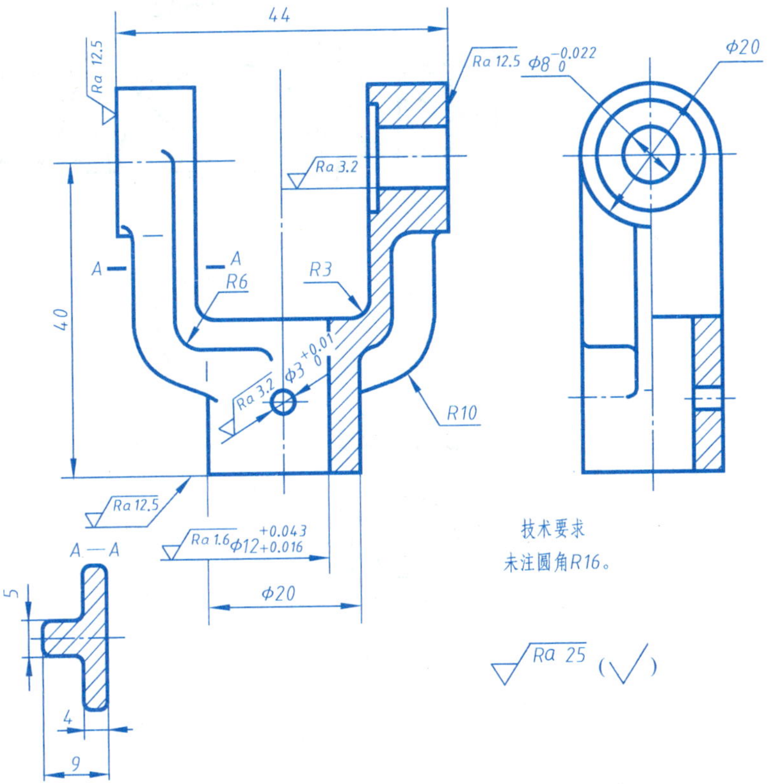

支架		材料	HT150	比例	
		数量		图号	
制图			（校名）		
审核					

班级　　　　姓名　　　　学号

3. 零件图尺寸标注与极限配合的综合练习：标注轴承盖尺寸，选择三个方向尺寸基准，注全尺寸（数值从图中 1:1 比例量取），标注有极限配合（见下图轴承盖与轴承座相配的结构示意图）

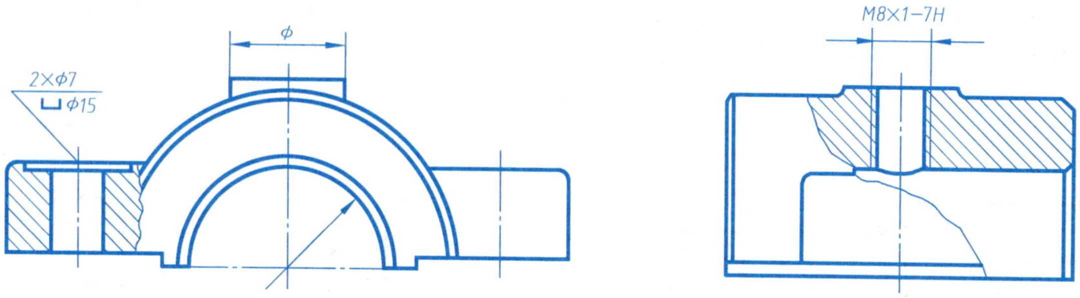

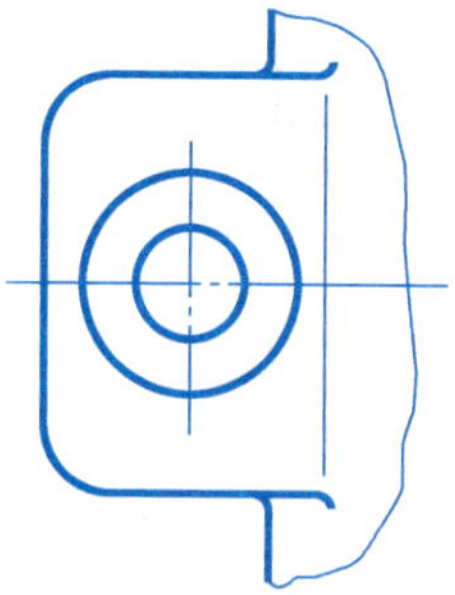

轴承盖

1:1

HT200

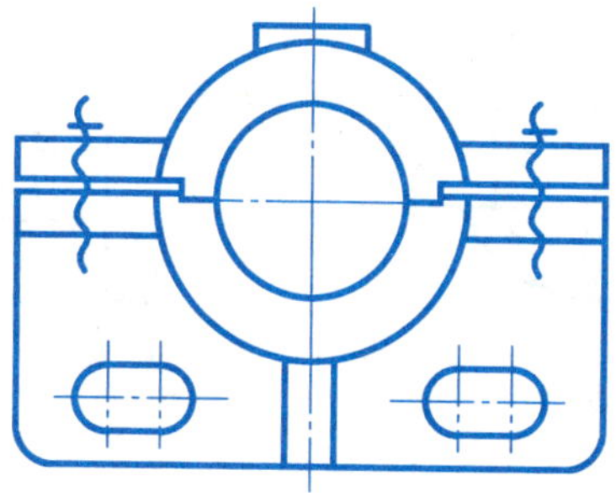

此图为轴承盖与轴承座相配合示意图，尺寸公差的半圆孔为 H8，止口为 f8

班级　　　　姓名　　　　学号

三、极限与配合

8-3 解释极限与偏差和孔、轴公差带代号的含义

1. 根据下方两图的尺寸注写，在右边表中填写规定的要求

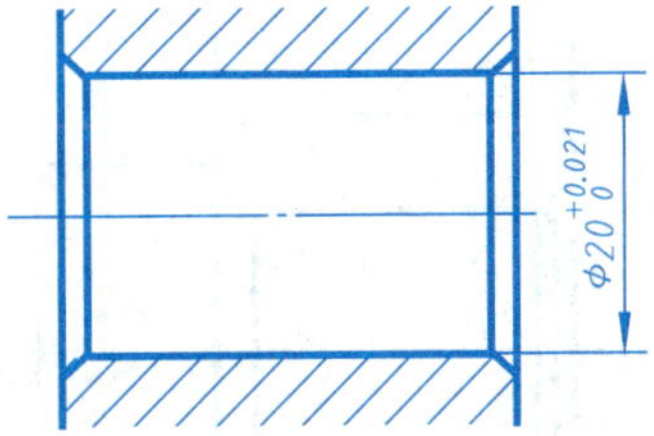

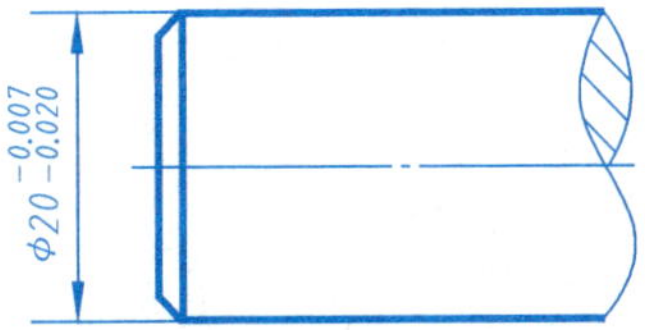

名称 \ 孔与轴	孔	轴
公称尺寸		
上极限尺寸		
下极限尺寸		
上极限偏差		
下极限偏差		
公差		

2. 解释孔、轴公差带代号的含义，查附表25、26的偏差值，分别填入表中，并解答表中和文字说明提出的问题

名称	代号	公称尺寸	标准公差等级	基本偏差代号	偏差值/μm		计算极限尺寸/mm		注写为尺寸偏差值
					上极限偏差	下极限偏差	上极限尺寸	下极限尺寸	
孔	ϕ40H8								
轴	ϕ40f7								

当轴与孔相配合时，是基________制；间隙（过盈）配合，最大间隙过盈是________，最小间隙（过盈）是________。

名称	代号	公称尺寸	标准公差等级	基本偏差代号	偏差值/μm		计算极限尺寸/mm		注写为尺寸偏差值
					上极限偏差	下极限偏差	上极限尺寸	下极限尺寸	
孔	ϕ70H7								
轴	ϕ70h6								

当轴与孔相配合时，是基________制；间隙（过盈）配合。

注：是间隙或过盈的在其下方打“√”。

1. 已知孔和轴的公称尺寸 $\phi28$mm，采用基轴制配合，轴的公差等级为 IT7，孔的基本偏差代号为 F，公差等级为 IT8

1）在相应的零件图标注公称尺寸，公差带代号和上、下极限偏差数值。

2）在装配图中注出公称尺寸和配合代号。

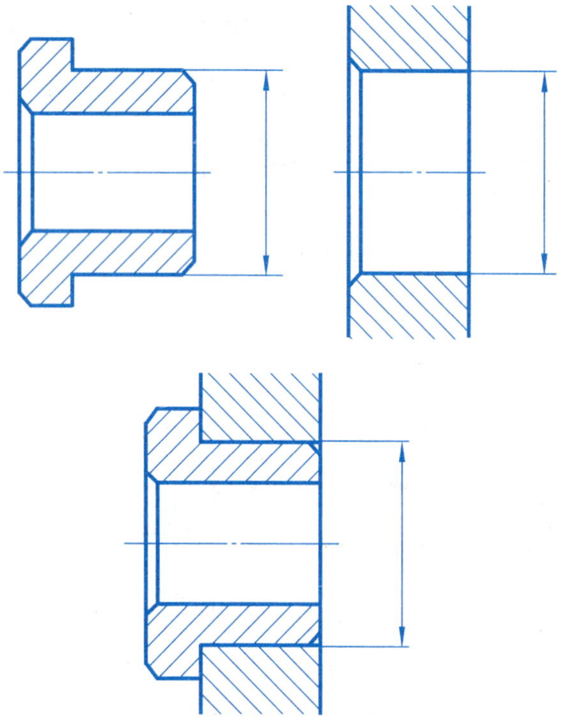

2. 根据配合代号，查附表确定上、下极限偏差值，并标注在零件图上

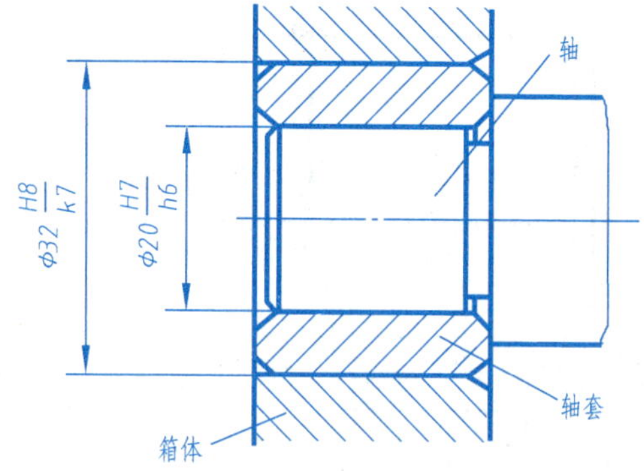

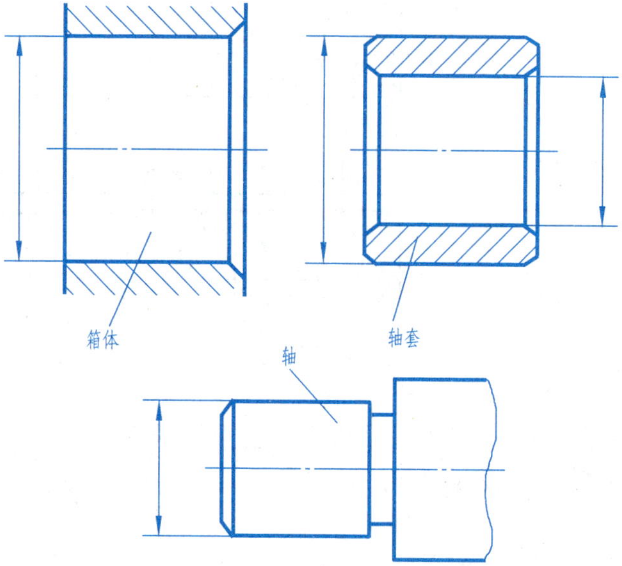

班级　　　姓名　　　学号

四、表面粗糙度

8-5 表面粗糙度练习

1. 判断表面粗糙度代号标注中的正误，正确的打“√”、错误的在下图重新标注

（1）

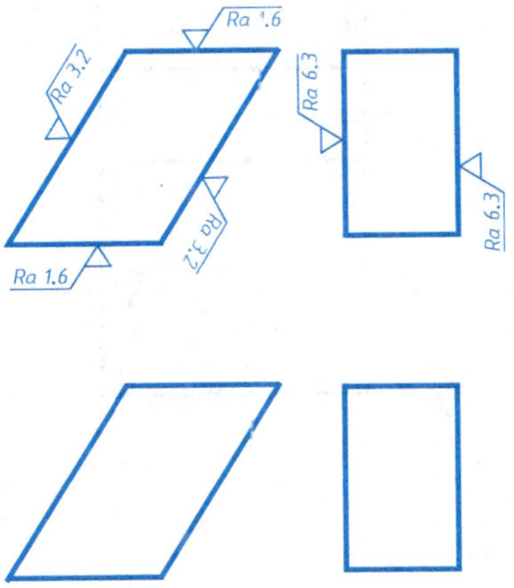

（2）

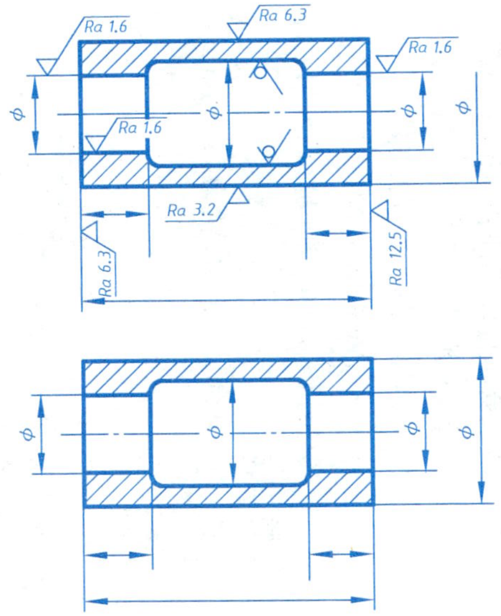

2. 将给出的表面粗糙代号标注在图形上

（1）各内圆柱面 $Ra=0.8\mu m$；外圆柱面 $Ra=1.6\mu m$，各平面 $Ra=3.2\mu m$，内锥 $Ra=6.3\mu m$，倒角 $Ra=12.5\mu m$

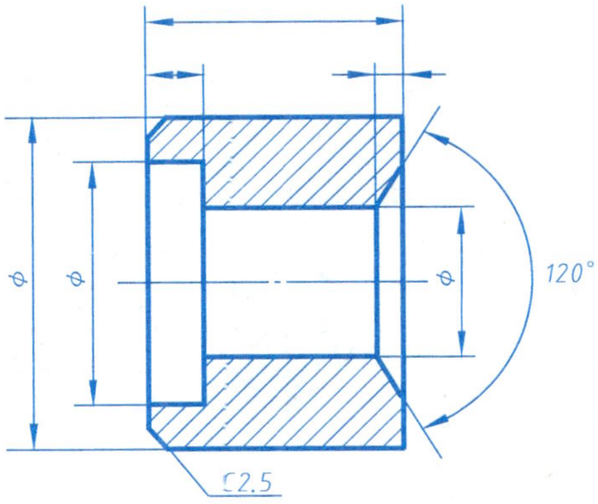

（2）轮齿齿侧（工作表面）$Ra=0.8\mu m$，键槽双侧 $Ra=3.2\mu m$，槽底 $Ra=6.3\mu m$，轴孔 $Ra=3.2\mu m$，其余 $Ra=12.5\mu m$

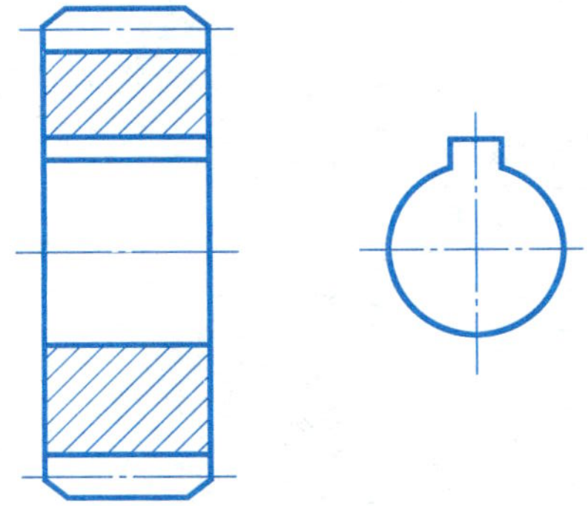

8-6 按文字说明的要求，在图上用表面粗糙度代号标注（两题选做 1 题）

1. 将给定的表面粗糙度 *Ra* 值，用代号标注在图形上

1）ϕ30mm、ϕ28mm 外圆柱面的 *Ra* 值为 1.6μm。

2）M20×1.5 螺纹工作表面的 *Ra* 值为 3.2μm。

3）键槽工作表面的 *Ra* 值为 3.2μm，底面的 *Ra* 值为 6.3μm。

4）锥销孔表面的 *Ra* 值为 3.2μm。

5）其余表面的 *Ra* 值为 12.5μm。

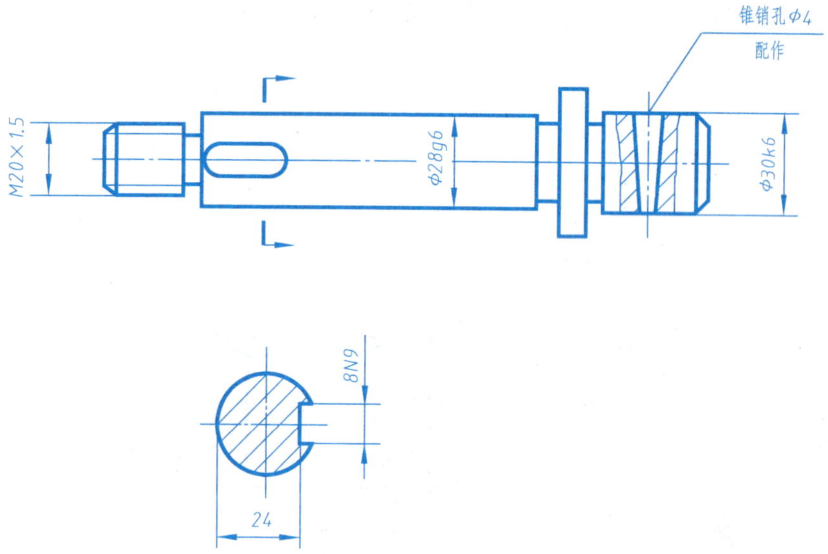

2. 按要求标注零件表面粗糙度代号

1）90°V 形槽两工作面的 *Ra* 值为 0.8μm。

2）底面 *K* 的 *Ra* 值为 3.2μm。

3）两个 ϕ6mm 销孔配作时，*Ra* 值为 1.6μm。

4）两组 ϕ9mm 圆柱头沉孔，各表面的 *Ra* 值为 25μm。

5）其余表面的 *Ra* 值为 12.5μm。

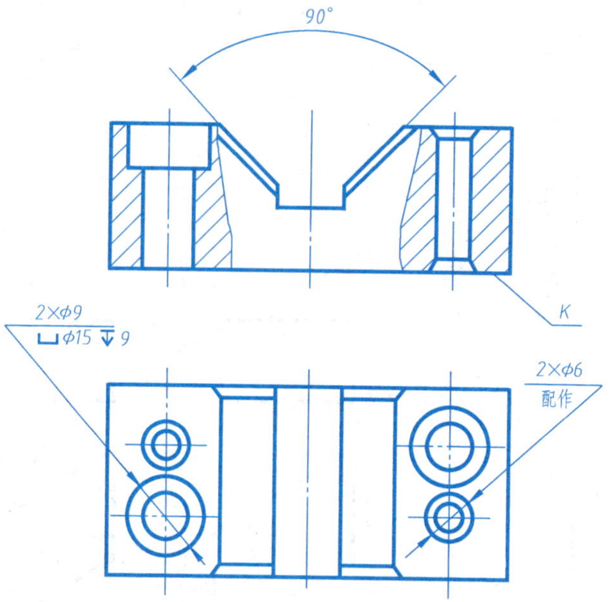

五、几何公差

8-7　识读下列图样上所注的几何公差（按举例的格式填空，题1与3、题2与4选择一组）

1.

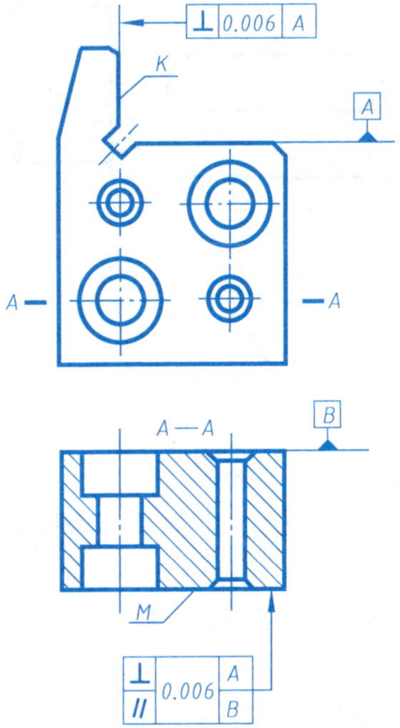

例：K 面对A 面的垂直度公差为0.006mm。

⊥ 0.006 A ：________面对__面的__公差为____ mm。

// 0.006 B ：________面对__面的__公差为____ mm。

2.

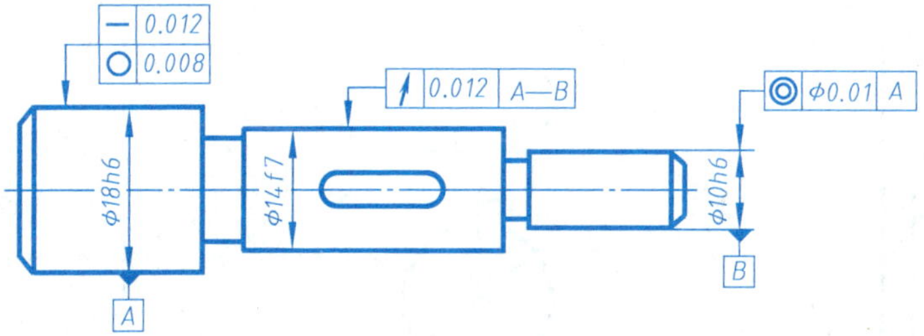

例： — 0.012 　ϕ18h6 圆柱面素线的直线度公差为0.012mm。

○ 0.008 　________圆柱面的____公差为____。

↗ 0.012 A—B 　________圆柱面对 ϕ ____ mm 和 ϕ ____ mm 共轴的____公差为________。

◎ ϕ0.01 A 　________圆柱轴线对____圆柱轴线的____公差为________。

3.

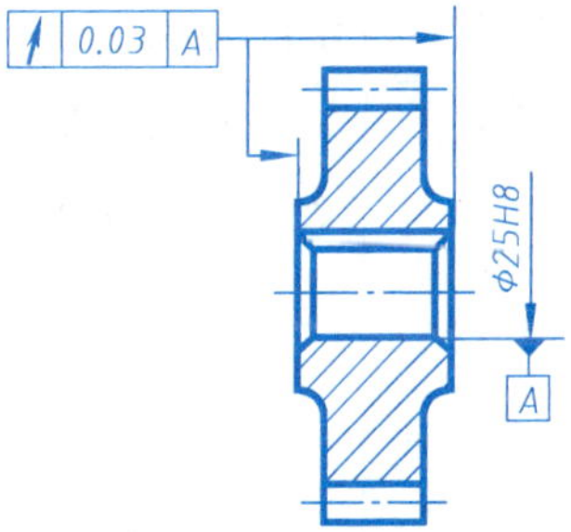

齿轮轮毂两____面对____基准轴线的____公差为________。

4.

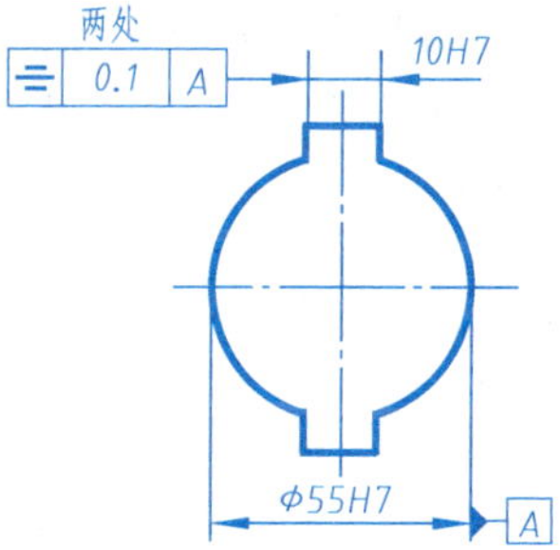

____键槽的____对____基准中心面____的____公差为____。

8-8 把文字说明的几何公差用代号标注在图上（两题任选一题）

1.

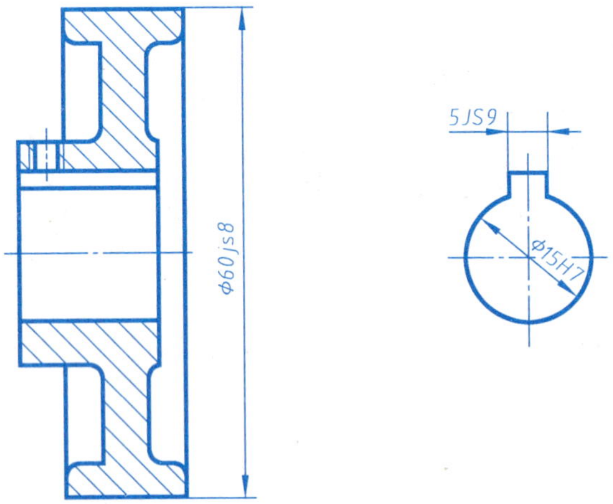

1）轮孔外径 ϕ60js8 的圆度为公差 0.01mm。

2）轮子外径 ϕ60js8 的轴线对圆孔的 ϕ15H7 的同轴度公差为 0.008mm。

3）轮孔左端面对圆孔 ϕ15H7 轴线的垂直度公差为 0.03mm。

4）5JS9 键槽中心平面对圆孔 ϕ15H7 对称中心面的对称度公差为 0.012mm。

2.

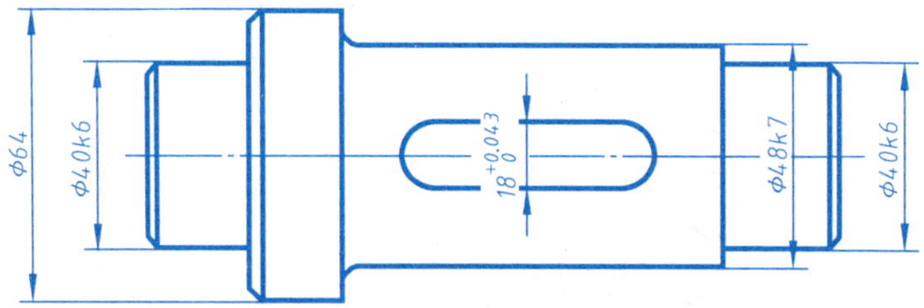

1）ϕ40k6 圆柱面的圆柱度公差为 0.007mm。

2）ϕ48k7 圆柱面对两个 ϕ40k6 公共轴线的同轴度公差为 0.02mm。

3）ϕ64mm 轴肩右端面对 ϕ48k7 轴线的全跳动公差为 0.025mm。

4）$18^{+0.043}_{0}$mm 键槽的中心平面对 ϕ48k7 基准中心平面的对称度公差为 0.03mm。

班级 姓名 学号

六、读零件图（1）

8-9 读轴类零件图

读图要求：

1）主视图的选择应符合什么原则？为什么要采用局部剖视图？还采用了哪些画法？其目的是什么？想象各轴段结构形状（包括标准结构）

2）指出轴向尺寸的主要基准及辅助基准（工艺基准）。

3）找出键槽的定形尺寸和定位尺寸及 ϕ5mm 的定位尺寸。

4）哪些加工面表面质量要求最高？*Ra* 值为多少？键槽两侧和底面的 *Ra* 值为多少？

5）哪个面尺寸精度最高？其上、下极限偏差值及上、下极限尺寸和公差值各为多少？

6）解释 [↗ | 0.015 | A]、[⊥ | 0.025 | A]、[◎ | 0.007] 的含义。

7）解释 M16 和 M6—7H 的含义。

8）画 *C—C* 断面图。

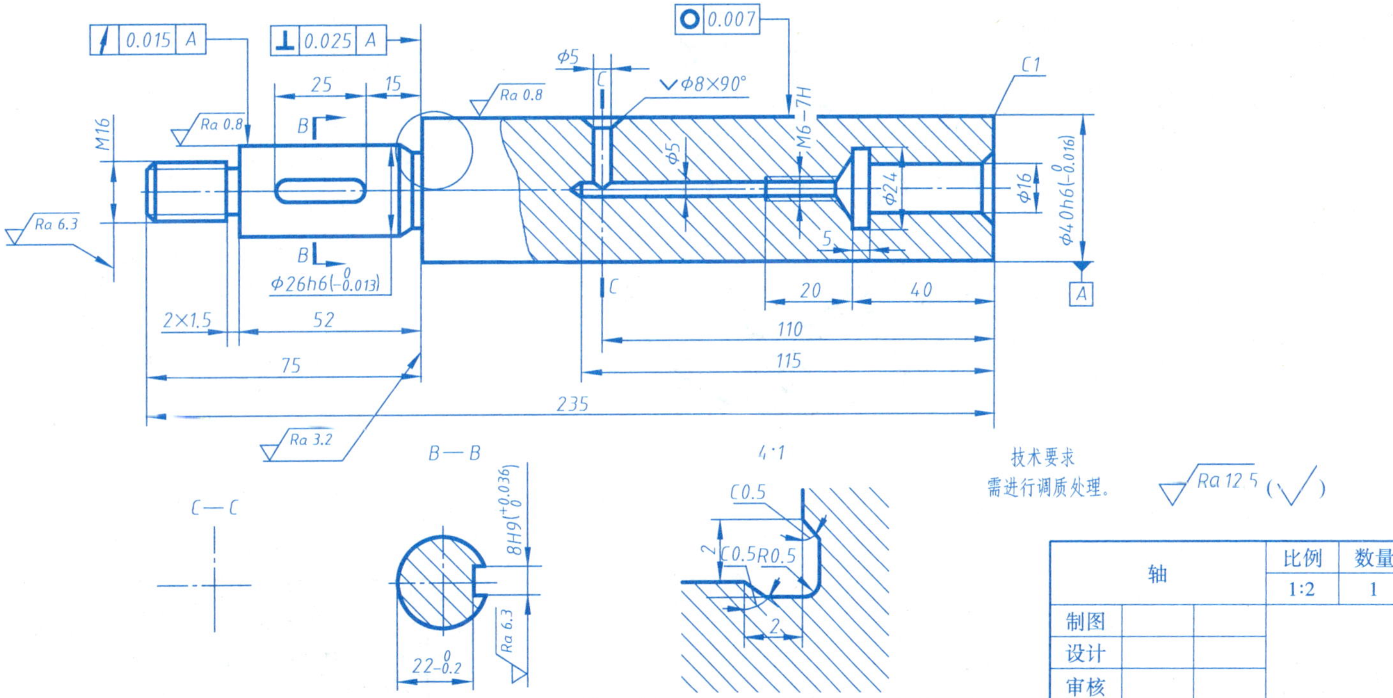

轴		比例	数量	材料	图号
		1:2	1	45	
制图					
设计					
审核					

1）此零件属于哪类零件？主视图符合零件的什么位置？采用什么剖视图？沿轴向的内、外主要结构是什么形状？左视图采用什么剖视图？其目的是表示什么？

2）1′、2′、3″线框表示什么形状？有几处？从哪个视图确定，（其定形尺寸是什么？线框4″表示什么形状，是否有漏线？

3）指出轴向和径向尺寸的主要基准、轴向辅助基准；说明轴向所有定位尺寸（有的与定形尺寸相重合）；解释“4×ϕ9⌴ϕ20”的含义；解释ϕ70d11的含义；表面粗糙度 *Ra* 值要求为多少，指出它的形状和尺寸。

4）综合想象轴承套内外形。

5）画出全剖俯视图（采用对称简化画法）。

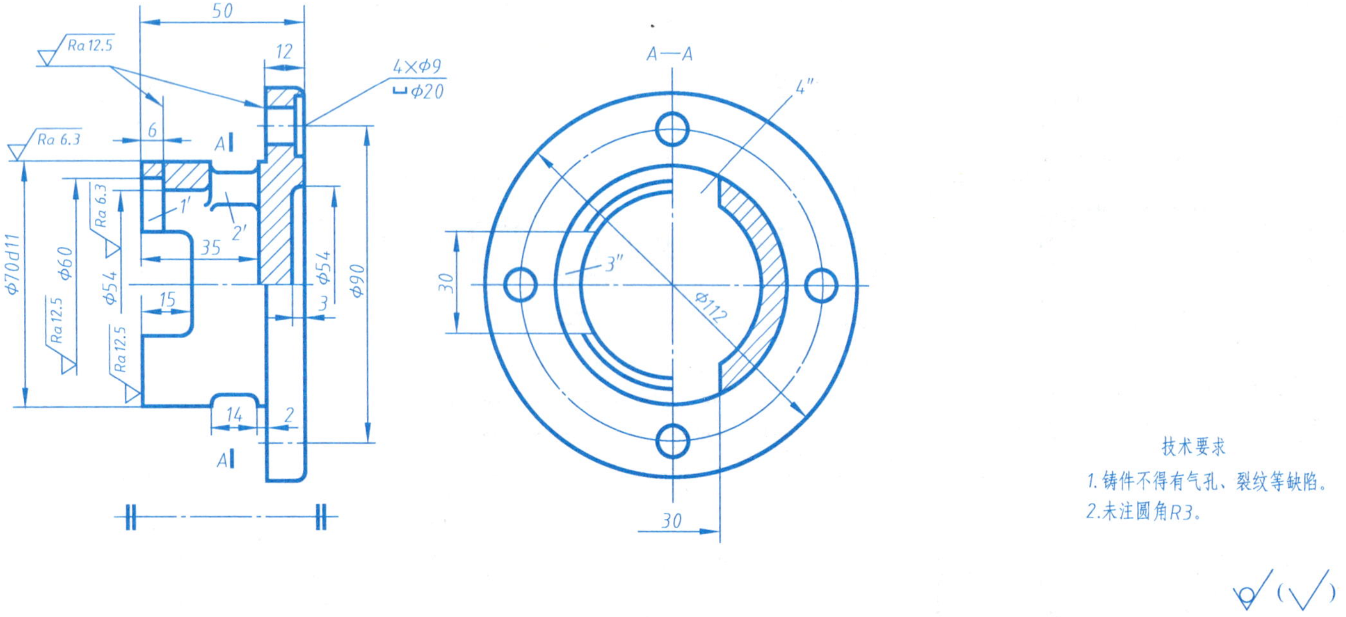

轴承盖			比例	数量	材料	(图样代号)
			1:2	1	HT200	
制图	(姓名)	(日期)	(厂名)			
审核						

班级　　　　姓名　　　　学号

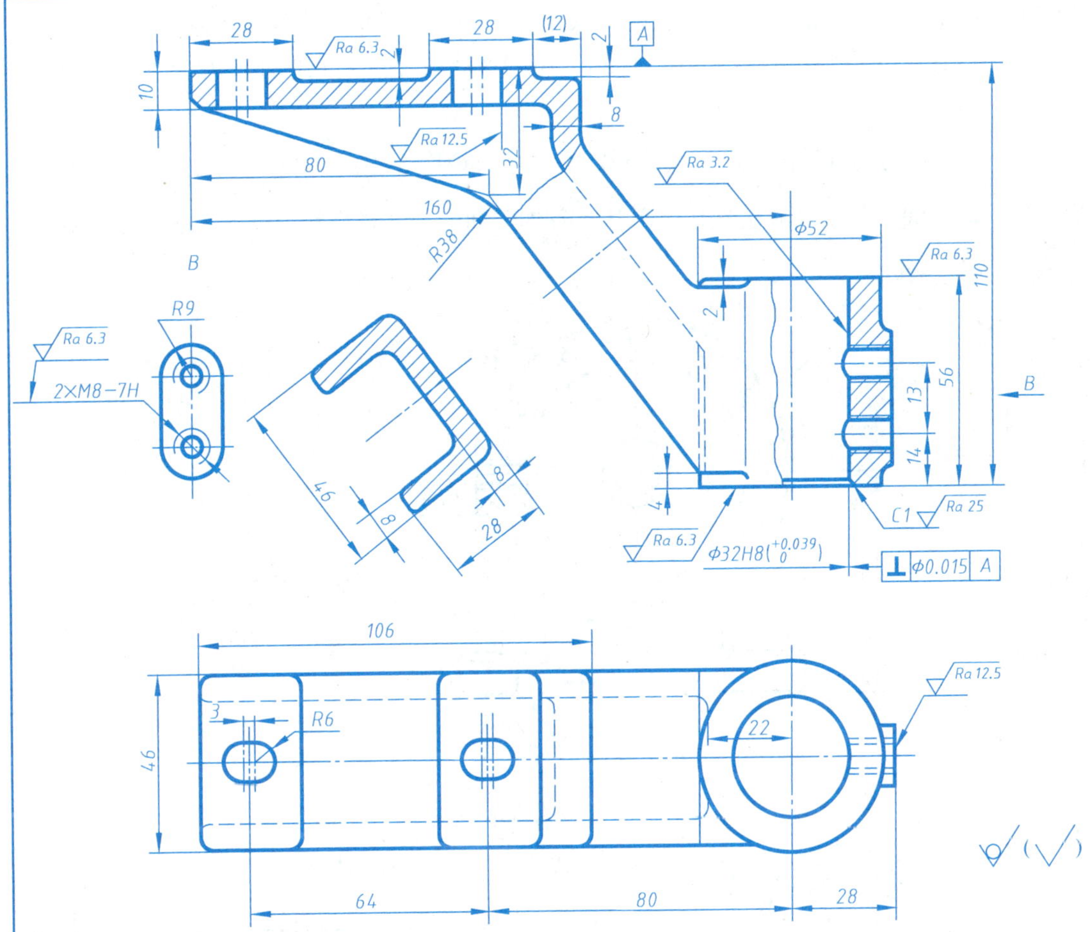

1）托架属于哪类零件？主视图反映什么特征？按托架什么位置绘图的？该零件有几个视图？表达的目的各是什么？

2）该零件主体结构由几个部分组成，分别是什么形状？移出断面表示哪部分的特征形状？确定它的定形尺寸。

画 *B* 向局部视图的目的是什么？为什么不画波浪线？为什么要标注，它的定形和定位尺寸（包括螺孔）是多少？

3）指出长、高、宽三个方向尺寸的主要基准，俯视图的尺寸 28、80、64、106 是属于哪类尺寸？

4）$\phi 32H8(^{+0.039}_{0})$ 表示基________制，公差级别________，上极限偏差________，下极限偏差________，上极限尺寸________，下极限尺寸________。哪个表面质量要求最高，解释几何公差代号 ⊥ φ0.015 A 的含义。最高 *Ra* 值多少？

5）徒手画出左视图（虚线不画）。

托架			比例	数量	材料	(图样代号)
			1:2	1	HT150	
制图	(姓名)	(日期)				
审核						

1）分析视图、全剖主视图的选择符合什么原则？*B—B* 全剖俯视图表示什么目的，采用什么画法？局部剖左视图表示什么目的？

2）泵体的主体外形由几部分组成？分别是什么形状？在左边画出主视图外形草图。左端面有哪些孔？它的定形尺寸和定位为多少？右端有几个孔？从哪个视图可确定？

3）指出三个方向尺寸的主要基准及主要定位尺寸；说明底板两圆孔的定形尺寸和定位尺寸；说明 $\frac{2\times\phi 4\ \sqrt{z}}{\downarrow 8\ 配作}$ 和 G1/8 的含义。

4）解释 ϕ60H7 的含义。表面粗糙度 *Ra* 值为 3.2μm 的面有几个？分别是什么形状？各加工面的尺寸多少？

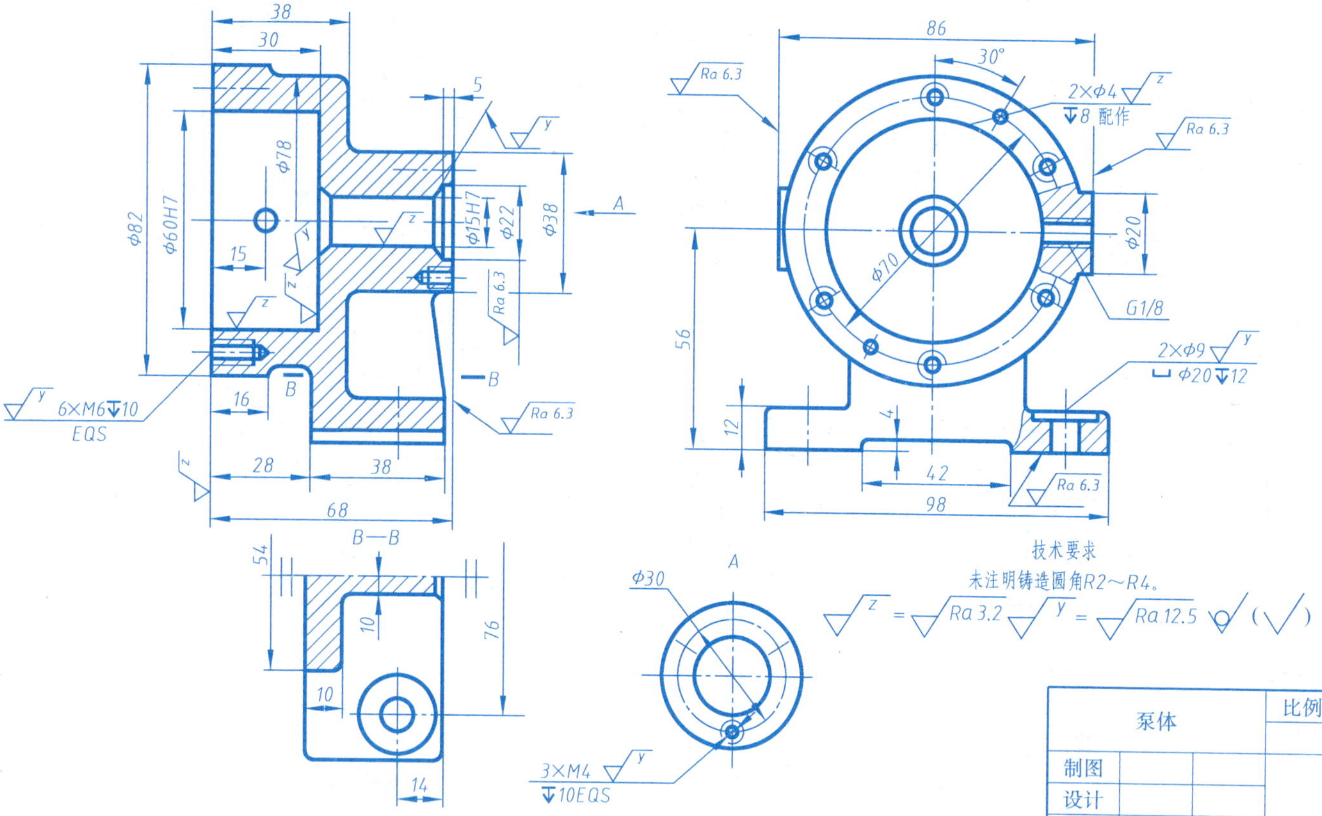

泵体		比例	数量	材料	图号
			1	HT150	
制图					
设计					
审核					

班级　　　　姓名　　　　学号

七、读零件图（2）选学题

8-13　读套筒零件图，并回答下列问题

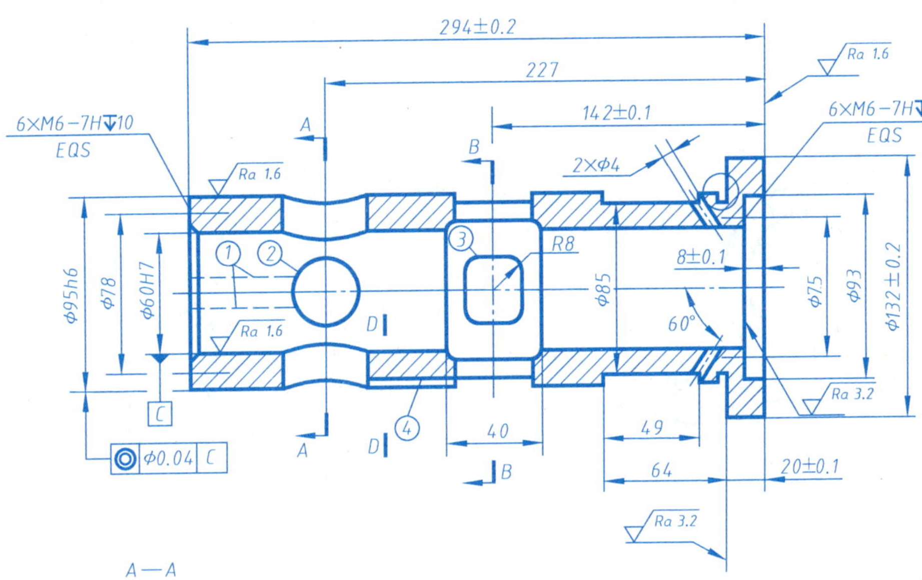

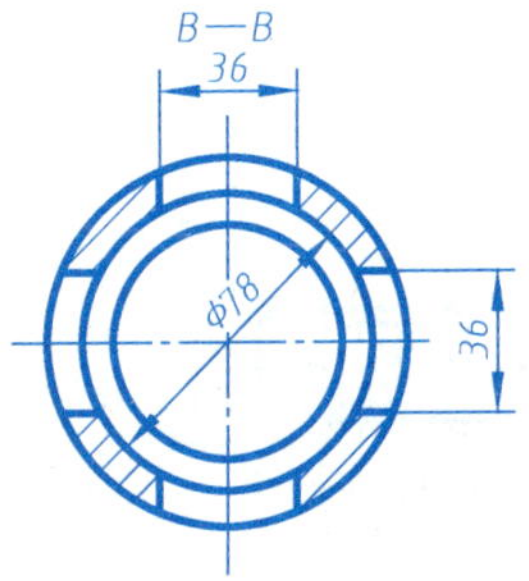

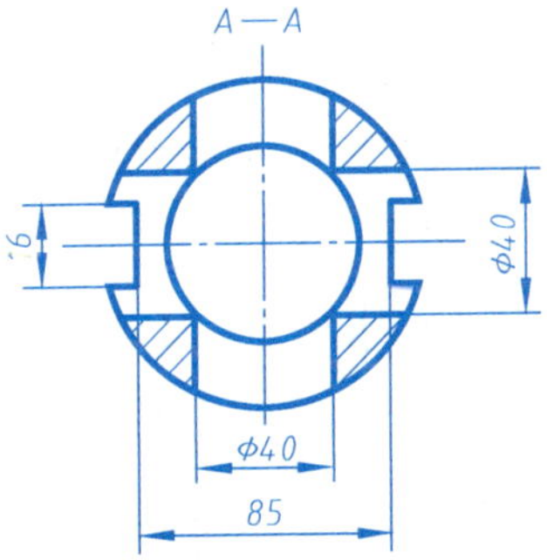

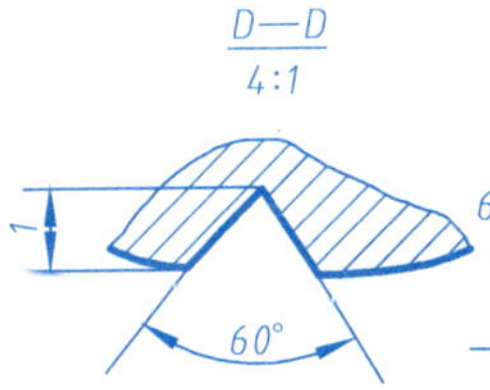

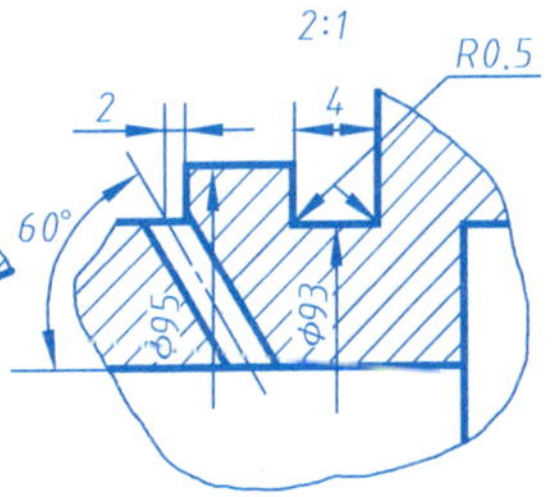

1）全剖主视图的选择符合什么原则？

2）主视图为什么采用全剖？套筒沿轴线的主体内外形状是什么？各段的尺寸是多少？

3）指出轴向和径向尺寸的主要基准。

4）线框②、③表示什么形状，有几个？用相同数字或用一颜色涂在相关视图的投影位置，并说出它的定形和定位尺寸；线框④表示什么形状？从哪个图可确定？*B*—*B* 剖视是否画出其结构的投影，若没有，请画出；细虚线框①表示什么形状？从哪个图可确定？它的定形尺寸是多少？该套筒有几个小斜圆孔？它的定形和定位尺寸多少？

5）解释 ϕ60H7 和 ϕ95h6 的含义，在附表中查出各自上、下极限偏差值，它们上、下极限尺寸各是多少？解释 [◎ | ϕ0.04 | C] 的含义；哪些面表面粗糙度 *Ra* 值最小，说明这些面的形状和范围；

解释 $\frac{6\times \text{M6-7H}\downarrow 10}{\text{EQS}}$ 的含义及定位尺寸。

Ra 6.3 （√）

套筒		比例	数量	材料	（图样代号）
		1:4	1	45	
制图	（姓名）	（日期）	（厂名）		
审核					

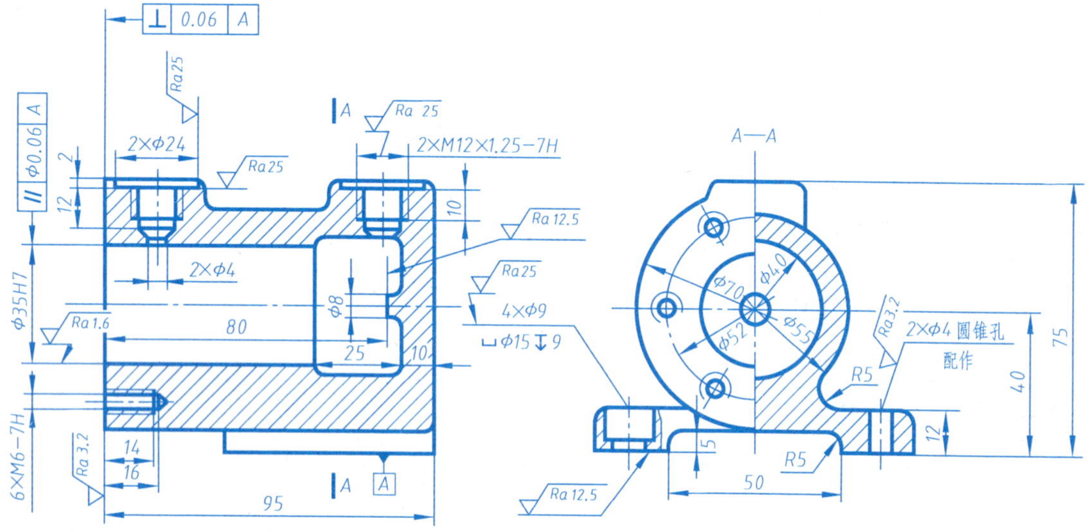

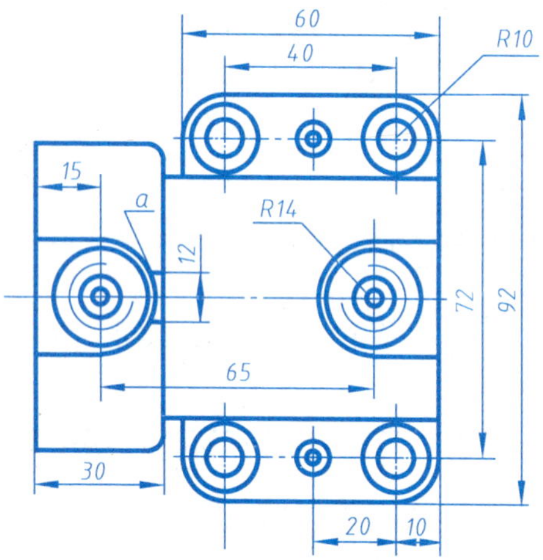

技术要求

1. 铸件不得有缩孔、裂纹等缺陷。
2. 未注铸造圆角R2。
3. 锐边倒角C1。
4. 应进行油压实验，5min内不得有漏油现象。

1）全剖主视图主要表达什么形状？它符合什么原则？左视图的半剖表达什么形状？俯视图为什么不剖，表达什么形状？

2）支架外形由几个部分组成？分别是什么形状？用草图画主视图外形。主体内形是什么形状？

3）指出长、高、宽三个方向尺寸的主要基准；确定立体结构的内外尺寸；解释 φ35H7 含义；左端有几个螺孔，从哪个视图确定它的定位尺寸和布局？解释“4 × φ9⌴φ15↧9”及“2 × φ4”圆锥孔配作的含义，确定其定位尺寸。

4）表面粗糙度值 *Ra*3.2μm 有几处？加工面是什么形状，尺寸多少？

5）解释 |∥|φ0.06|A| 和 |⊥|0.06|A| 的含义。

6）解释技术要求中 1、2、3 项的含义。

支座		比例	1:1	
		数量	1	
制图		重量		材料 ZL103
描图		（厂名）		
审核				

班级　　　　姓名　　　　学号

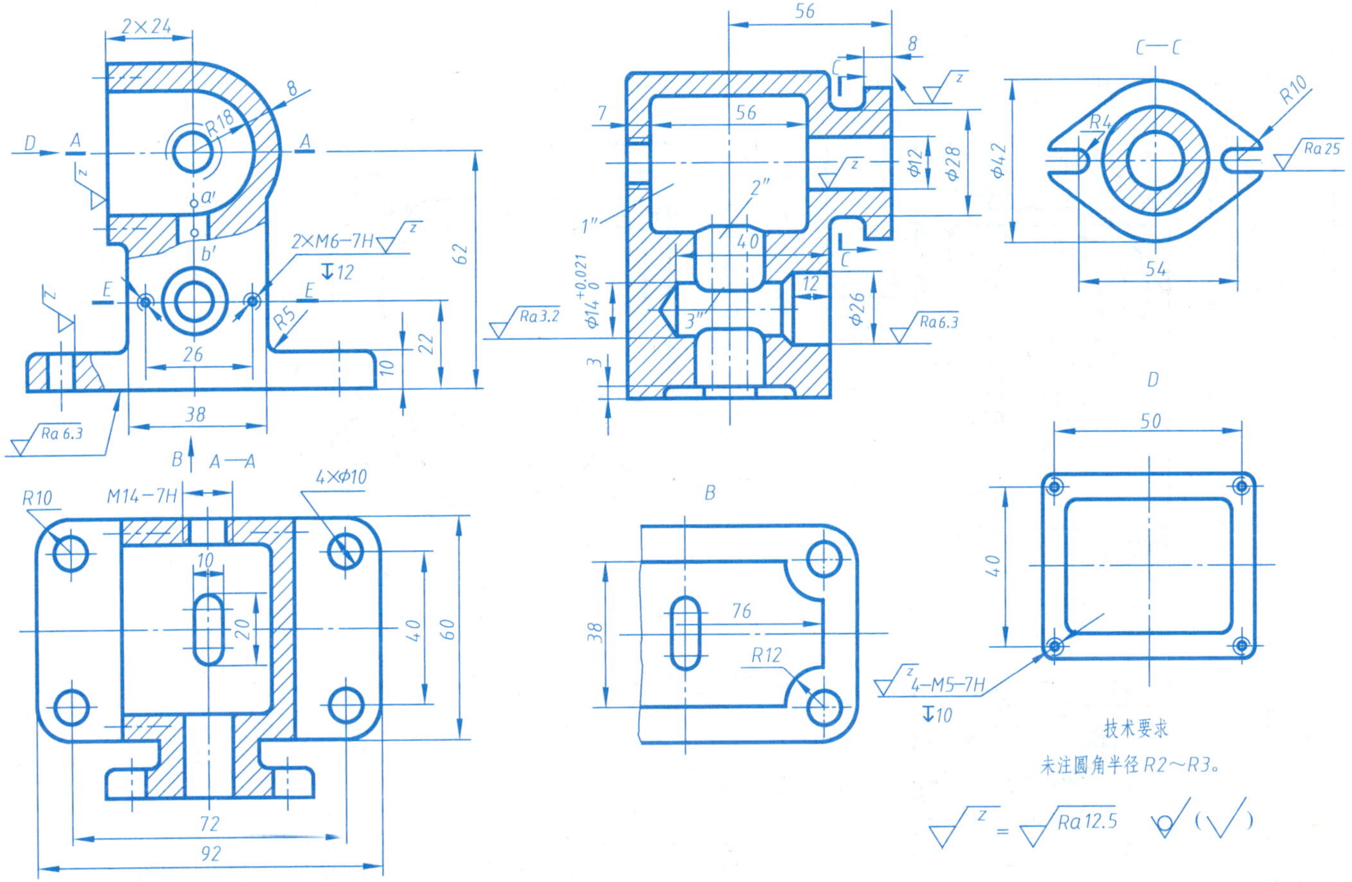

1）该零件图用几个基本视图及几个辅助视图表示？找出剖视图的剖切位置及说明表示目的，画 *B*、*D* 局部视图的目的。
2）该零件外形由几部分组成？指出其特征形线框。
3）线框 1″、2″表示什么形状？找出其他视图的投影位置。线 3″表示什么？
4）找出点 *a*′、*b*′在相关视图的投影位置。
5）指出三个方向尺寸基准，找出定位尺寸；解释 2×M6-7H↧12 的含义。
6）在右边空位置徒手画出左视图（虚线不画）及 *E*—*E* 断面。

			材料	HT200	比例	1:1
阀体			数量	1	图号	
制图			（校名）			
审核						

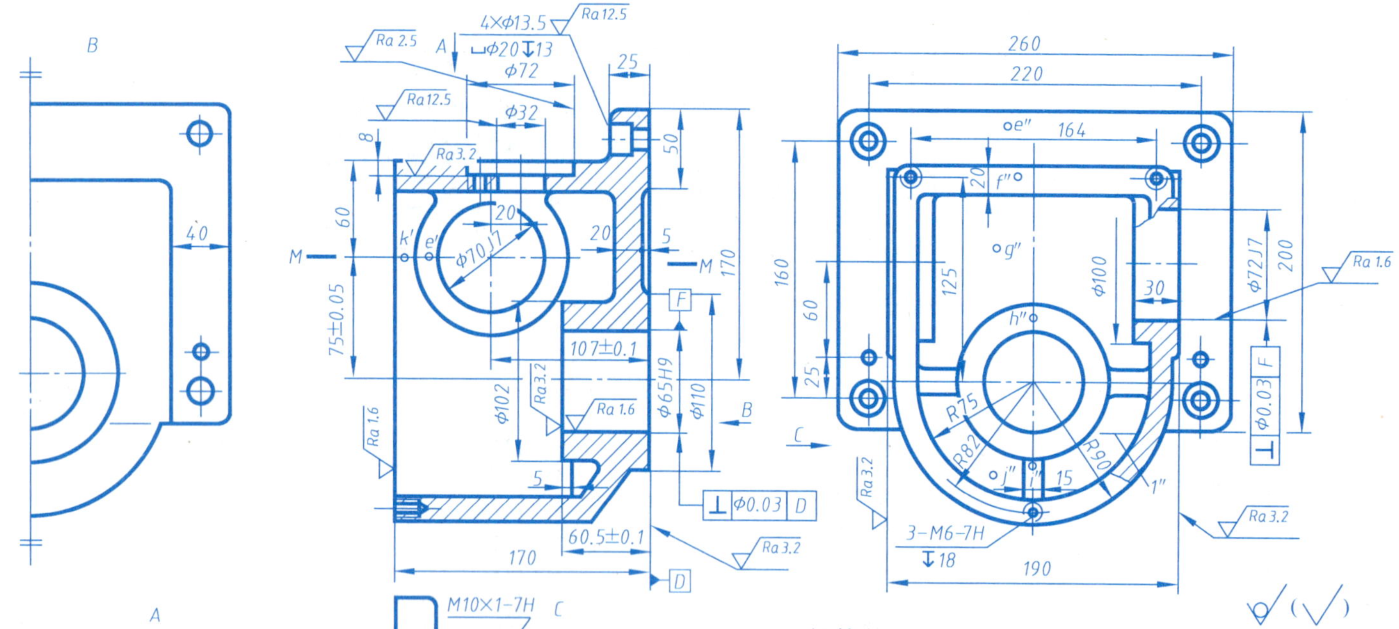

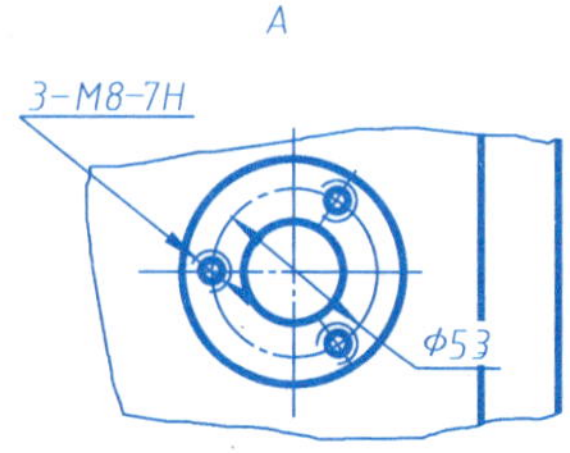

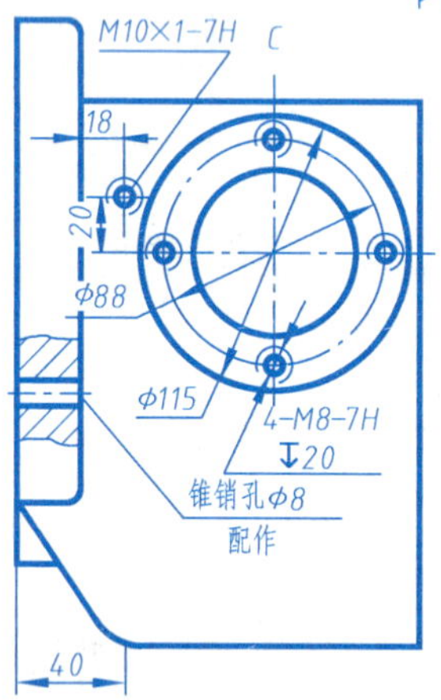

技术要求

1. 铸件不得有气孔、砂眼和裂纹等缺陷。

2. 未注圆角R5。

1）箱体外形由几部分组成？每部分是什么形状？找出点 e″、f″、g″、h″、i″、j″、及 k′、e′在相关视图的投影位置，分清这些点所在线框所表示面的相对位置，想象箱体主体内部形状。空白线框 m′表示什么？

2）线 1″是什么线？从什么地方投影而得？在主视图中能否直接找出，若不能，应如何办？

3）用 M、N 指出主视图所表示两个方向尺寸主要基准，找出其定位尺寸。解释 ϕ65H9、ϕ72J7 及（75 ±0.05）mm 的含义。

4）解释 M10 × 1-7H、锥销孔 ϕ8 配作是什么意思？ϕ8mm 是指锥孔的大端还是小端孔径？

5）解释 |⊥|ϕ0.03|D| 和 |⊥|ϕ0.03|F| 的含义。

6）解释表面粗糙度要求 Ra 1.6 的含义，有几处？

7）徒手画出 M—M 剖视图。

蜗轮箱体		1	HT200
名称	比例	数量	材料

班级　　姓名　　学号

第九章 装 配 图

一、绘画装配图

9-1 读千斤顶零件图和装配示意图、轴测图，拼画装配图

1. 目的

1）熟悉装配图的内容，掌握装配图的表达方法。

2）明确绘画装配图的方法和步骤。

2. 内容和要求

1）识读千斤顶零件图想象立体形状，对照千斤顶轴测图和装配示意图，绘画装配图。

2）图幅和绘图比例由老师提示。

3. 绘图步骤

1）读零件图想象立体形状，对照千斤顶轴测图和装配示意图，分析零件作用及工作位置，区分一般零件和标准件。

2）分析相邻零件结构相互关系，分析动、静件，配合关系，活动和紧固方式，搞清传动路线，确定功用和工作原理。

3）确定表达方案，选择主视图（一般以表达主要装配线）及其他视图。

4）合理布置图面，画各视图作图基准线（主装配线，对称中心线等）。

5）拟定作图顺序，一般从主视图开始，从主装配线入手，由内形向外形逐个画出每个零件的投影（也可酌情由外形向内形绘制）。

6）标注尺寸，填写技术要求，编制序号，绘画标题栏和明细栏。

7）校对全图，进行全面检查和修正。

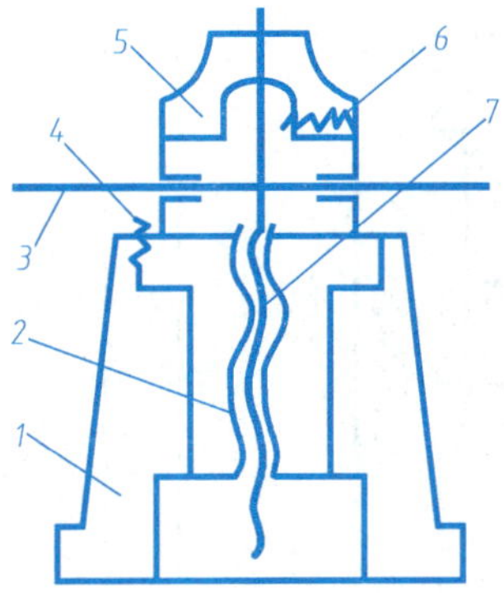

千斤顶示意图

序号	名称	数量	标准号
7	螺旋杆	1	
6	螺钉	1	GB/T 75—2000
5	顶垫	1	
4	螺钉	1	GB/T 73—2000
3	绞杠	1	
2	螺套	1	
1	底座	1	

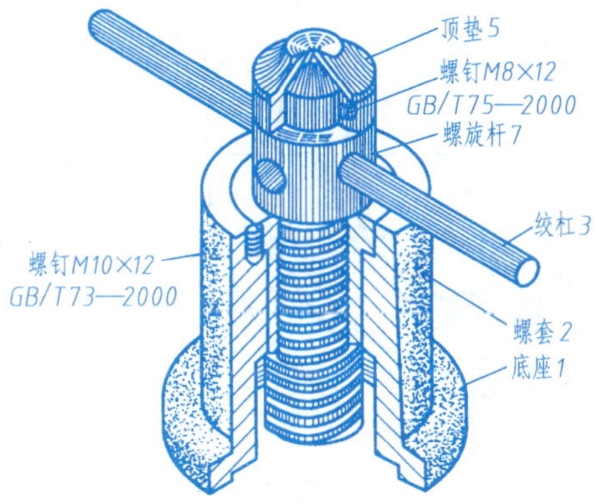

千斤顶轴测图

千斤顶是顶起重物的部件。使用时，需按逆时针方向旋转转动绞杠3，使螺旋杆7向上升起，通过顶垫把重物顶起。

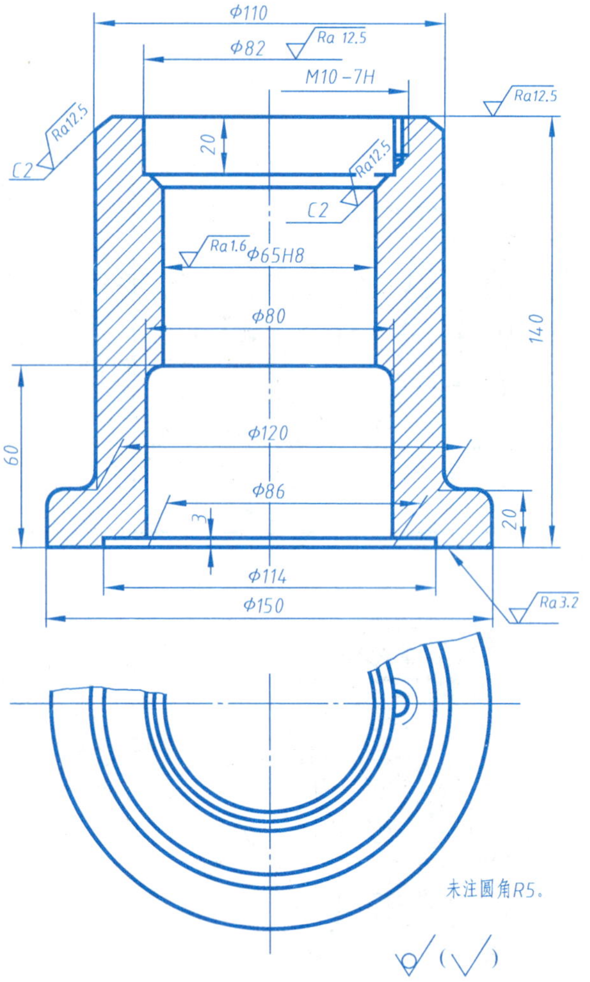

名称	底座	数量	1	材料	HT200

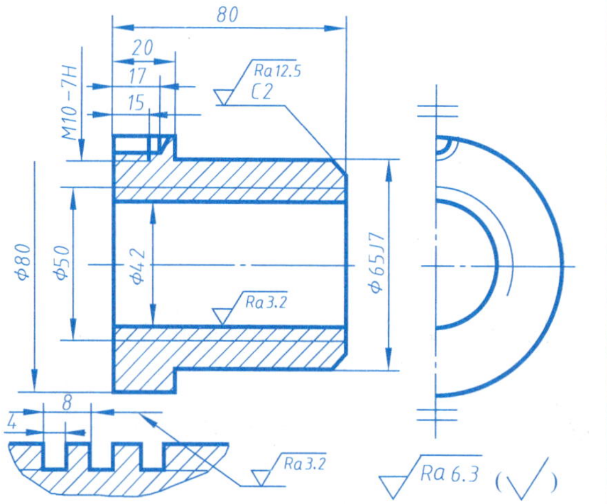

名称	螺套	数量	1	材料	HT300

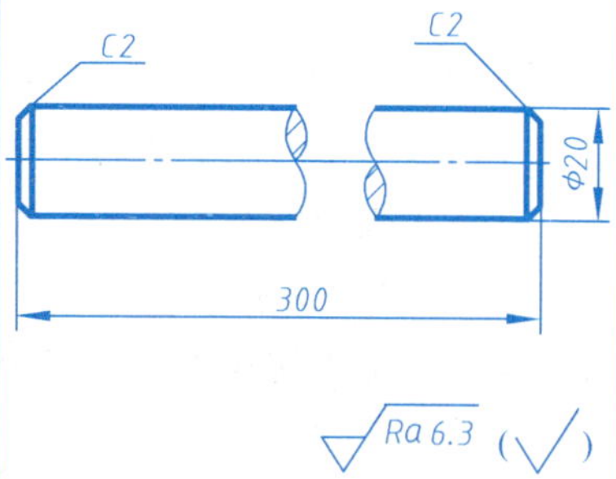

名称	绞杠	数量	1	材料	45

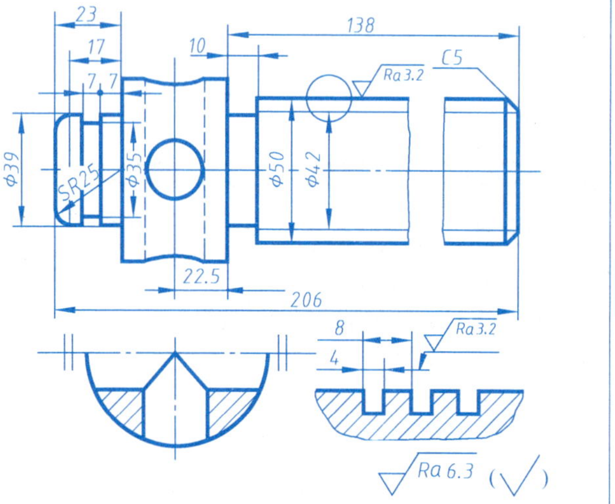

名称	螺旋杆	数量	1	材料	45

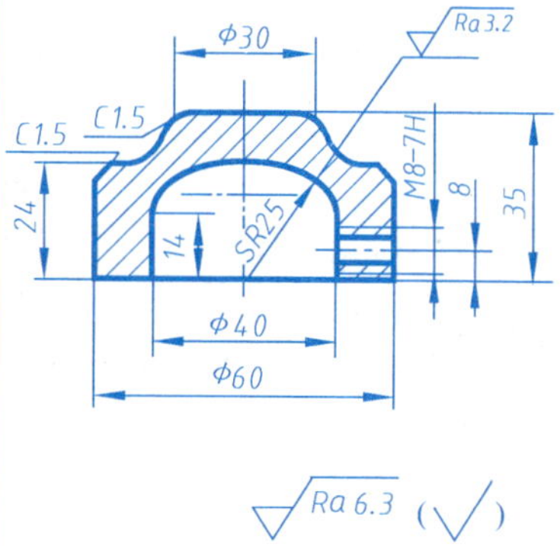

名称	顶垫	数量	1	材料	45

班级　　　姓名　　　学号

二、读装配图及拆画零件图

9-2 读装配图提示

9.2.1 读装配图提示

1. 目的

1）掌握读装配图的方法和步骤。

2）进一步培养空间想象能力和读装配图的能力。

2. 内容和要求

1）按教师指定的题目选读装配图。

2）明确装配体的工作原理和用途。

3）分析各零件的主体结构形状、相对位置、配合和连接关系及其作用。

4）明确装配体的装、拆顺序。

5）想象装配体的结构形状和各零件的主体形状。

3. 分析要点

1）了解装配体的名称、用途和组成零件的数目（包括标准件）。

2）装配图采用哪些画法？各视图表示的侧重点及投影对应关系是什么？

3）装配体有哪几条装配线和装配点，确定每一条装配线各零件结构形状、相互关系。分析动力传入后，传动过程中相关的动件和静件。若是动件，依靠什么结构作运动？若是静件依靠什么固定或定位？

4）装配图有哪些配合尺寸，它们的配合性质是什么？

5）装配图是否有密封要求，若有，依靠什么装置来实现密封？

6）想象装配体的结构形状，明确其工作原理。

9.2.2 由装配图拆画零件图提示

1. 目的

1）掌握由装配图拆画零件图的方法和步骤。

2）提高识读装配图和绘制零件图能力，进一步提高空间想象能力和表达能力。

2. 内容和要求

按教师指定的题目，拆画零件图或零件草图。

3. 注意事项

1）拆画零件图应在读懂装配图，明确其结构形状、工作原理的基础上进行。

2）画图前应先想象拆卸零件的结构形状。

3）确定零件视图方案，不应受装配图的约束，应根据该零件属于哪种类型零件和结构特点，进行综合考虑。

4）由于装配图中表示的零件结构形状往往不甚完整，尺寸更是不全，技术要求也有限，对此应予补充，确保零件图内容的完整性。

5）对相关零件的结构形状、对应尺寸、表面粗糙度、极限与配合、几何公差、连接方式等方面应协调一致。

6）充分考虑零件工艺结构的合理性和标准结构的标准化。

7）拆画后，要认真检查零件图，综合考虑装配的可能性和结构合理性与相关零件的协调。

读装配图的图 9-3、图 9-4 为基本题，图 9-5、图 9-6 为选学题，图 9-7 为综合应用题。

读 9-3 ~ 9-6 装配图

9-3 读拆卸器装配图提示

1）主视图采用什么剖，为什么件 7 不剖，其他采用局部剖？

2）要支套从轴拆出，相关零件的动作和作用。

3）拆画件 5 零件草图，图中未注尺寸按 1∶25 比例量得取整数。

9-4 读手压阀装配图提示

1）分析三个视图的画法和表达目的。

2）分析主装配线、辅装配各零件结构和作用、阀门开启和关闭相关动件与静件的作用。

3）通过什么结构实现密封的？解释 $1\frac{1}{4}$ A 含义。

4）怎样才能拆下件 5 阀杆？拆画阀体零件图，画 *B*—*B* 剖面。按 1∶3.3 比例量得尺寸。

9-5 读微动机构装配图提示

1）分析四个图形画法和作用。

2）从件 1 动力输入开始，沿主轴装配线顺序分析各个动、静件主要结构形状和作用，如何实现轴向微动的？

3）怎样才能把件 10 导杆和件 9 导座拆下来。画出其零件草图（件 9 正式图）按 1∶1.5 量板尺寸

4）图中 ϕH8/f7 及 ϕ30H8/k7 是什么配合

5）在装配车间要把 12 个零件装成整机，装配方法和顺序。

9-6 读柱塞泵装配图提示

1）柱塞 5 右移时，为什么下阀瓣 14 会打开？上阀瓣 10 关闭，从哪个视图想象它的结构形状？

2）拆画件 6 填料压盖草图和件 1 泵体画正式零件图，图中未注尺寸按 1∶1.7 比例量取整数。

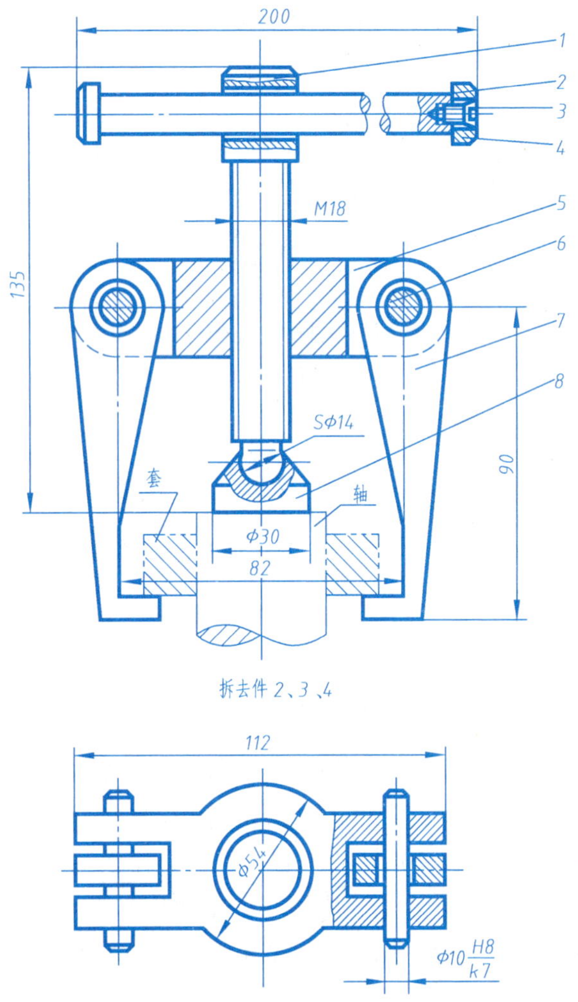

顶拔器工作原理

顶拔器用来拆卸紧密配合在一起的两个零件。工作时，把压紧垫 8 接触轴端，使抓子 7 勾往轴上要拆卸的轴承或套，顺时针方向转动把手 2，使压紧螺杆 1 转动，由于螺纹的作用，横梁 5 此时沿螺杆 1 上升，通过横梁两端的销轴 6，带着两个抓子 7 上升，直至将要拆卸的零件从轴上拆下。

序号	代号	名称	数量	材料	备注
8		压紧垫	1	45	
7		抓子	2	45	
6	GB/T 119. 1—2000	销轴 10 × 60	2		
5		横梁	1	Q235A	
4		垫圈	1	Q235A	
3	GB/T 68—2000	沉头螺钉 M5 × 8	1		
2		把手	1	Q235A	
1		压紧螺杆	1	45	

顶拔器		比例	重量	共　张	（图样代号）
		1:2		第　张	
制图	（姓名）	（日期）	（厂名）		
审核					

班级　　　　姓名　　　　学号

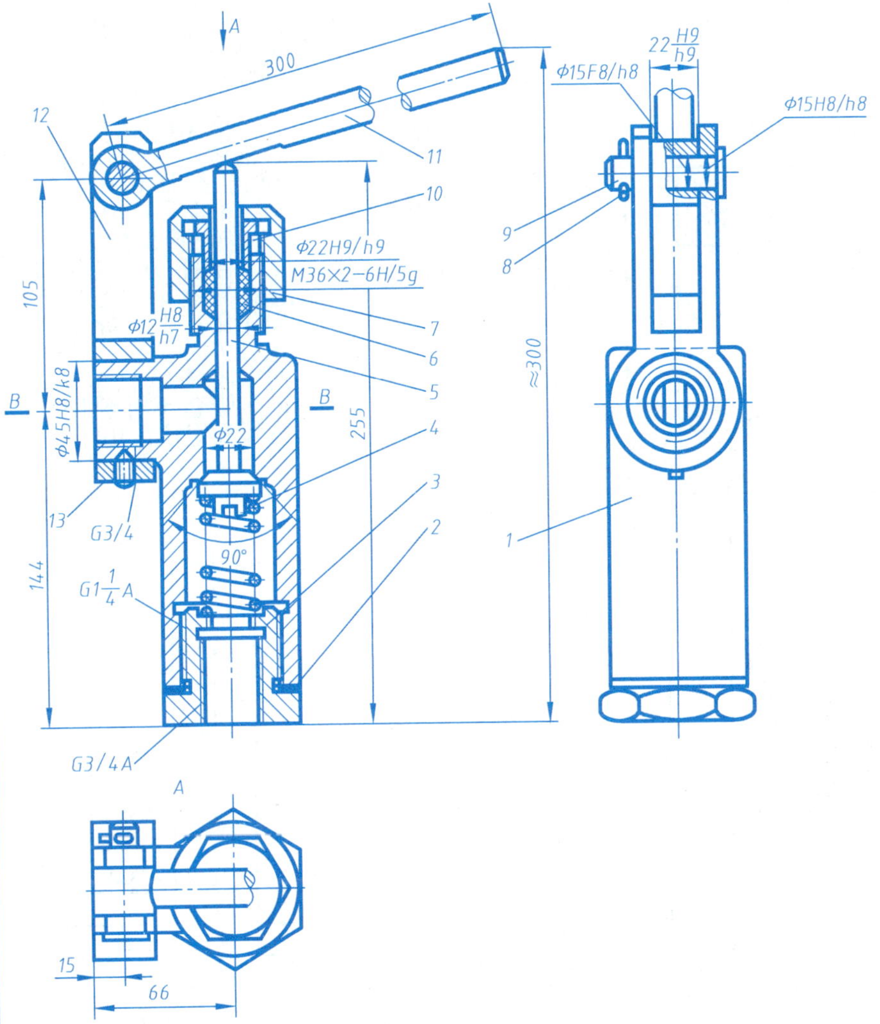

手压阀工作原理

手压阀是用于管路上控制管路液体流动的开与关的部件。阀体上下端的阀座3与进水管相连左端伸出管与出水管相接。当按下手柄11，阀杆5克服弹簧的弹力，打开管路，液体从下端流向左端出水口。放开手柄，在弹簧力作用下，阀杆复位，通道即被堵死。

技术要求

1. 阀体90°锥孔与阀杆锥体共研磨。
2. 装配后不能有泄漏现象。

序号	代号	名称	数量	材料	备注
13	GB/T 71—2000	螺钉 M12×5	1支	Q235A	
12		杠杆座	1	HT150	
11		手柄	1	Q235A	
10		填料压盖	1	Q235A	
9		销轴 16×55	1	35	
8	GB/T 91—2000	开口销 5×20	1	Q235	
7		压盖螺母	1	Q235A	
6		填料	1	石棉	
5		阀杆	1	6a	
4		弹簧	1	65Mn	
3		阀座	1	Q235A	
2		垫片	1	工业用纸	
1		阀体	1	QT450-10	

手压阀		比例	重量	共　张	（图样代号）
		1:2		第　张	
制图	（姓名）	（日期）	（厂名）		
审核					

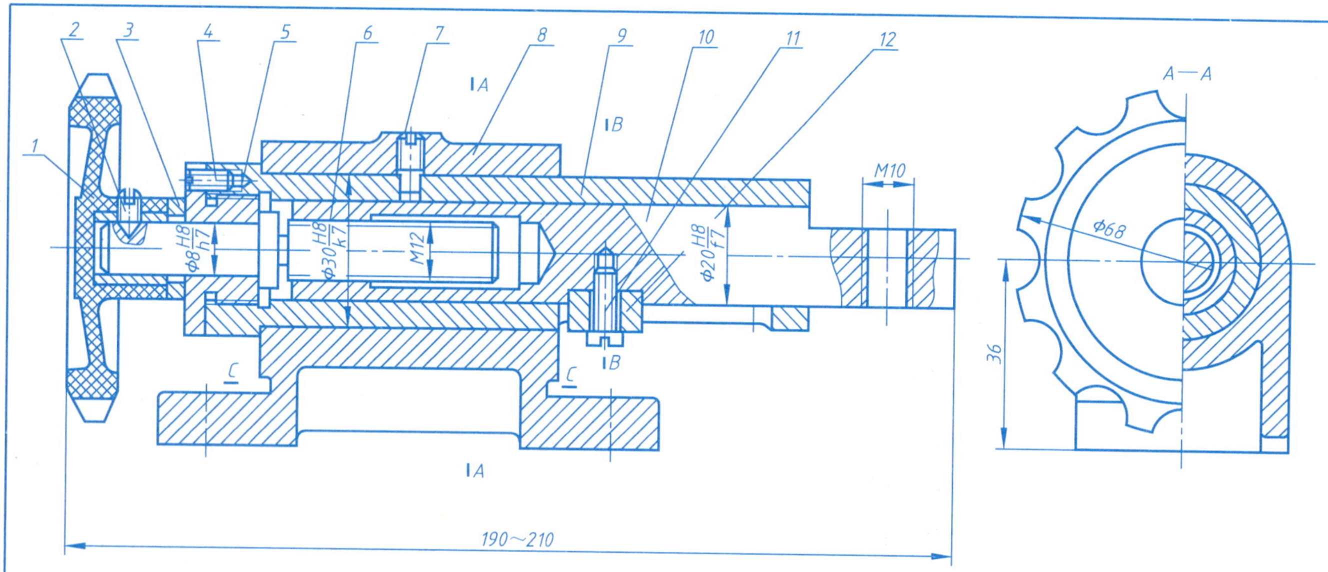

微动机构工作原理

该部件为氩弧焊机微调装置，是螺纹传动机构。

导杆 10 的右端平头有一个 M10 螺孔是固定焊枪用的，当转动手轮 1 时，螺杆 6 作旋转运动，推动导杆 10 在导座 9 内作轴向微移。

导杆 10 装键 12，它在导座 9 的槽内起导向作用。由于导座 9 用螺钉 7 固定在支座 8 上，所以导杆 10 只作直线移动。轴套 5 对螺杆 6 起支撑和定位作用。

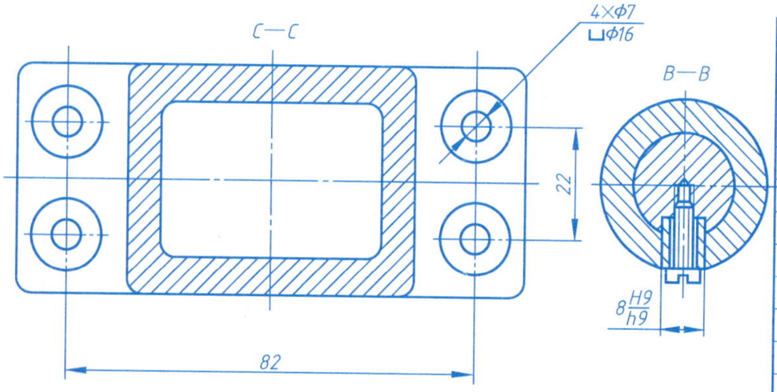

序号	代号	名称	数量	材料	备注
12		键	1	45	
11	GB/T 65—2000	螺钉 M3×14	1	Q235A	
10		导杆	1	45	
9		导座	1	45	
8		支座	1	HT300	
7	GB/T 75—2000	螺钉 M6×12	1	Q235A	
6		螺杆	1	45	
5		轴套	1	45	
4	GB/T 73—2000	螺钉 M3×8	1	Q235A	
3		垫圈	1	Q235A	
2	GB/T 71—2000	螺钉 M5×8	1	Q235A	
1		手轮	1		

制图	（姓名）	（日期）	微动机构	比例	
审核				（图号）	
（校名 学号）			（重量）		

班级 姓名 学号

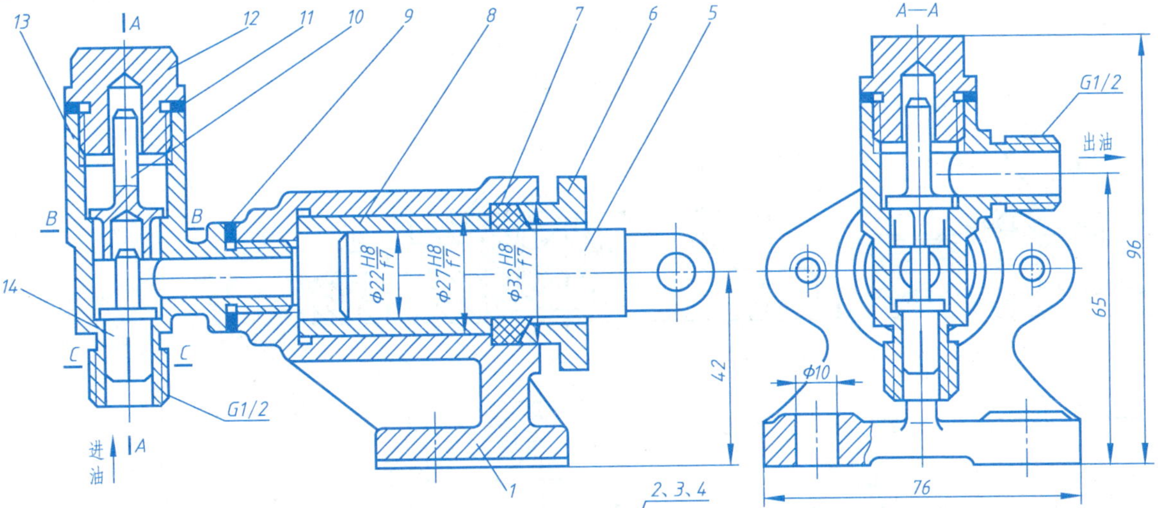

柱塞泵的工作原理

柱塞泵是用于提高输送液体压力的部件。当柱塞 5 在外力推动下向右移动时，衬套的空腔体积增大而形成负压，储油箱中的液体在大气压力作用推开 14 下阀瓣进入空腔，而上阀瓣 10 紧闭。当柱塞往左移时，空腔体积减少，压力增大，下阀瓣紧闭，上阀瓣被压开，液体被压出。由于柱塞反复左右移动，储油箱中的液体不断地通过输送管道流向所需之处。

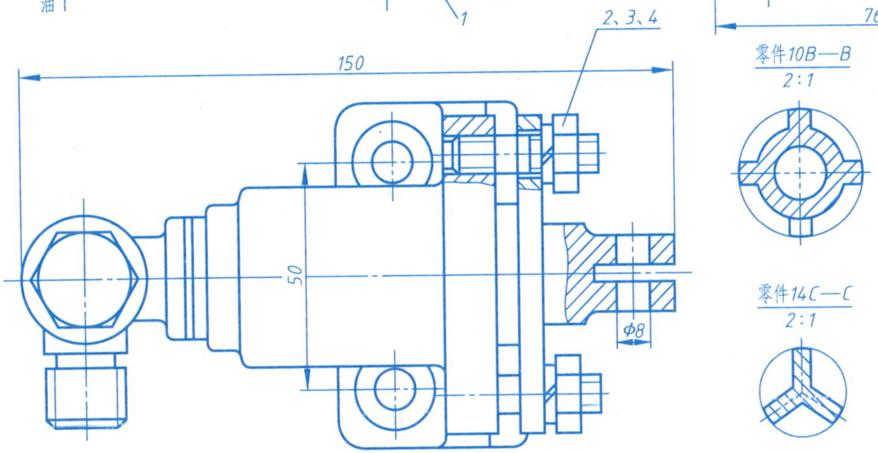

14		下阀瓣	1	ZCu58Mn2Pb2	
13		管接头	1	ZCu58Mn2Pb2	
12		螺塞	1	ZCu58Mn2Pb2	
11		垫片	1	耐油橡胶	
10		上阀瓣	1	ZCu58Mn2Pb2	
9		垫片	1	耐油橡胶	
8		衬套	1	ZCu58Mn2Pb2	
7		填料	1	毛毡	
6		填料压盖	1	ZCu58Mn2Pb2	
5		柱塞	1	45	
4	GB/T 898—1988	螺柱 M8×35	2	Q235A	
3	GB/T 93—1987	垫圈 8	2	Q235A	
2	GB/T 6170—2000	螺母 M8	2	Q235A	
1		泵体	1	HT150	
序号	代号	名称	数量	材料	备注

柱塞泵		比例	重量	共 张	图样代号
				第 张	
制图	（姓名）	（日期）	（厂名）		
审核					

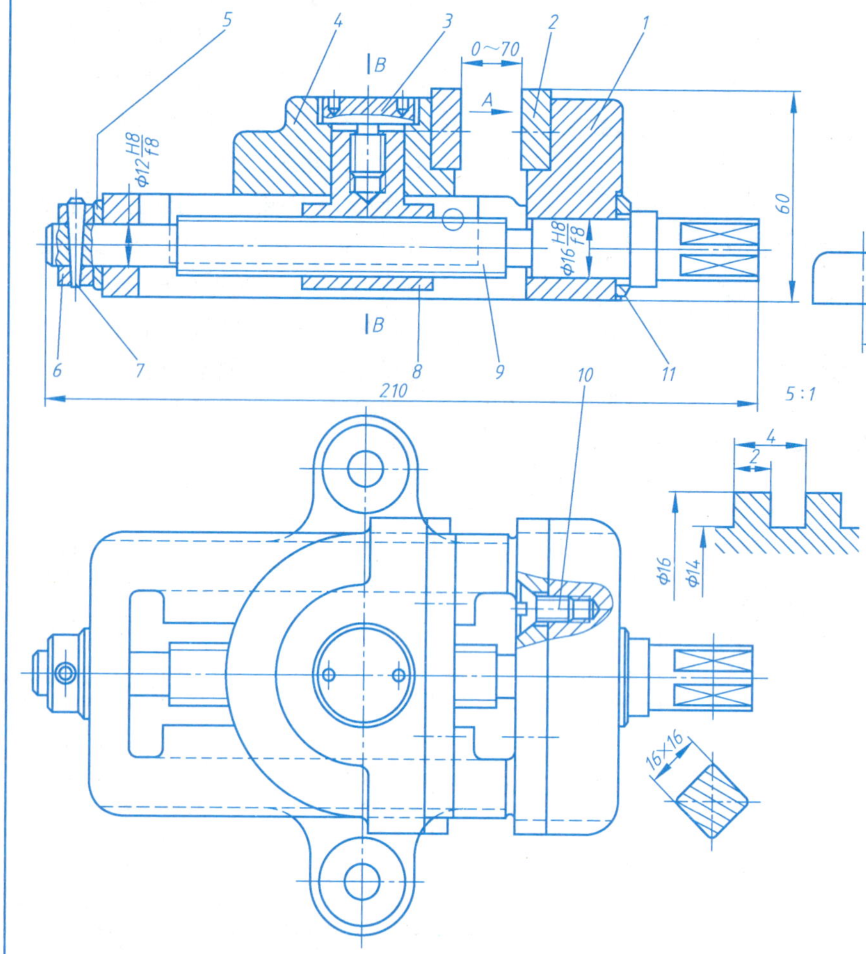

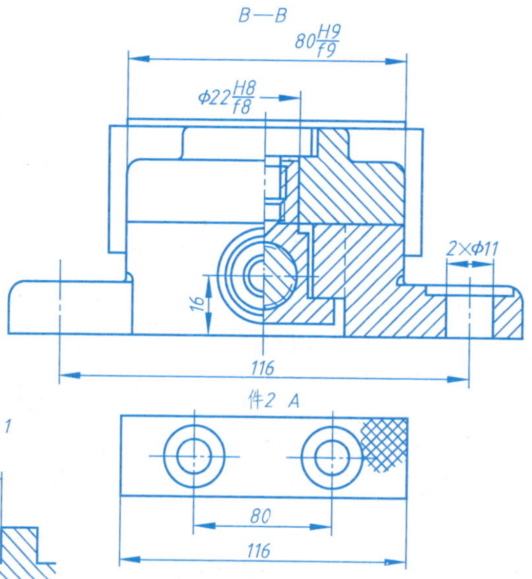

序号	名称	数量	材料	备注
11	垫圈	1	Q235A	
10	螺钉 M8×18	4	Q235A	GB/T 68—2000
9	螺杆	1	35	
8	螺母块	1	Q235	
7	销 4×20	1	15	GB/T 117—2000
6	环	1	Q235A	
5	垫圈	1	Q215A	
4	活动钳身	1	HT150	
3	螺钉	1	Q235A	
2	护口片	2	45	
1	固定钳身	1	HT150	

机用平口钳	比例	1:2	第 张	图号
	重量		共 张	
制图				
审核				

班级 姓名 学号

机用平口钳是安装在机床工作台上，用来夹紧工件以便进行切削加工的一种机床常用2装夹具。通过支承在固定钳身1的两端圆孔ϕ16H8/f8、ϕ12H8/f8的螺杆旋转，推动螺母块8带动活动钳身4在固定钳身上作水平方向左右移动，使护口板在0～70mm之间把工件夹紧进行切削加工或松开以卸下工件。

读图提示和要求：1）装配体由________件零件，________件标准件组成。

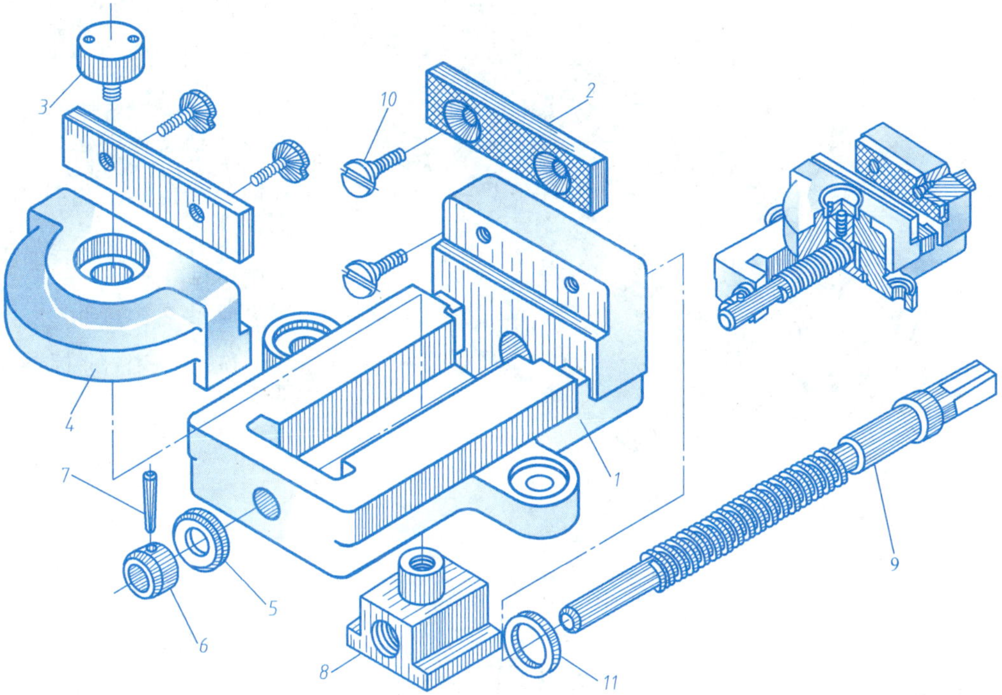

2）装配图由________个图形组成，基本视图分别采用什么剖视？其他图形采用什么画法？表达目的是什么？

3）件9螺纹牙型是________形，螺距是________mm，是________旋向，要推动件4往左移按________时针方向旋转；16×16断面表示什么结构，有何作用；ϕ16H8/f8表示件________与件________的配合制为________制，配合性质为________配合；被件9遮住虚线表示________件结构形状，找出左视图对应轮廓线。

4）件4左右移动依靠________形导轨；件5两个圆孔的作用是________，件2A视图表示什么结构形状，起什么作用？

5）简述机用平口钳的装拆顺序。

6）拆画件3.4.9的零件图。量取尺寸按1:25比例。

9-8 部件测绘要点及典型件铣刀头的结构分析

零部件测绘是对机械制图课程学习的综合应用和全面训练。通过零部件的测绘，培养动手能力及把所学知识和技能用于解决生产实际的初步能力。

1. 选题原则

由于每所学校设备和专业不同以及要求差异，本习题不能统一选择题，建议选择部件不宜过于复杂或过于简单，一般选零件15~16件左右（包括标准件）。零件应有轴类、盘盖类、箱体或支架主要件，本习题集推荐部件方铣刀头。

2. 内容和要求

1）按教师指定的部件进行结构分析、确定各零件名称、数量及用途。绘制部件装配示意图，零件草图。

2）将标准件按序号分别记录名称、规格、标准号和数量。

3）由部件示意图和零件草图及标准件画出装配图。

4）按教师的指定由装配图拆画零件工作图。

3. 注意事项

1）绘制前要认真观察分析部件，了解其功能、结构特点，也可借助查阅产品说明书及同类型部件资料。

2）拆卸零件时，应仔细研究拆卸方法和步骤及采用合适拆卸工具。对不可拆的零件不拆，可拆可不拆的零件不拆，以免损坏零件，保留原结构。

3）拆卸零件要编号（与装配示意图编号一致）

4）画装示意图应以装配体工作位置，并尽可能与装配图主视图方向一致。示意图上一般零件及标准件都应编号。

5）对标准件和标准结构测得基本尺寸后，应查阅相关标准，确定其规格、标准号。

6）应特别注意各零件结构相配，配合与连接关系的尺寸要协调一致。

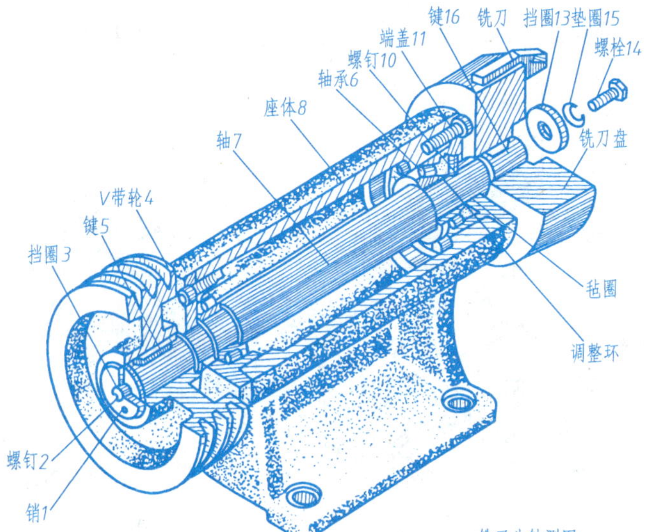

铣刀头轴测图

铣刀头装配示意图

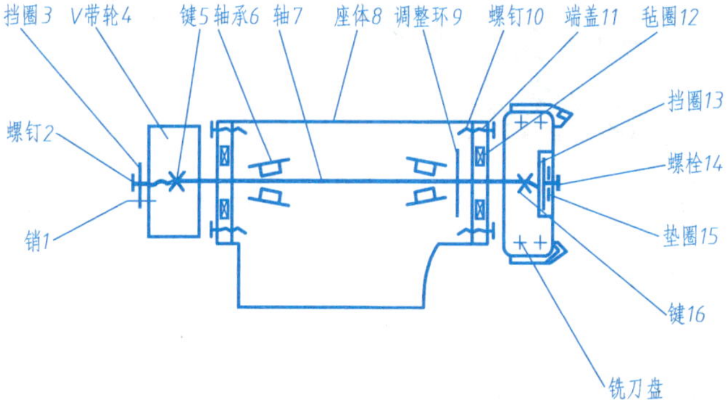

铣刀头是用于铣削工件的。它由5种一般零件，11种标准件组成。一般零件为轴7、座体8、V带轮4、调整环9、端盖小工件），标准件见下表所示。

工作时，当V带轮4旋转时，由键5带动轴7旋转（轴支撑的滚动轴承6上旋转），通过键16带动铣刀盘旋转，由铣刀切削工件。

铣刀盘不属该装配体，由用户自配，画装配图时，用示意性表示，轮廓线用细双点线画出。

铣刀头中的标准件如下：

序号	名称	标准号
1	销 3m6×12	GB/T 119.1—2000
2	螺钉 m6×20	GB/T 68—2000
3	挡圈 A35	GB/T 891—1986
5	键 8×7×40	GB/T 1096—2003
6	轴承 30307	GB/T 297—1994
10	螺钉 M8×20	GB/T 701—2000
13	挡圈 B32	GB/T 892—1986
14	螺栓 M6×20	GB/T 5782—2000
15	垫圈 6	GB/T 93—1987
16	键 6×6×20	GB/T 1096—2003

班级　　姓名　　学号

9-9 铣刀头的零件图（1）

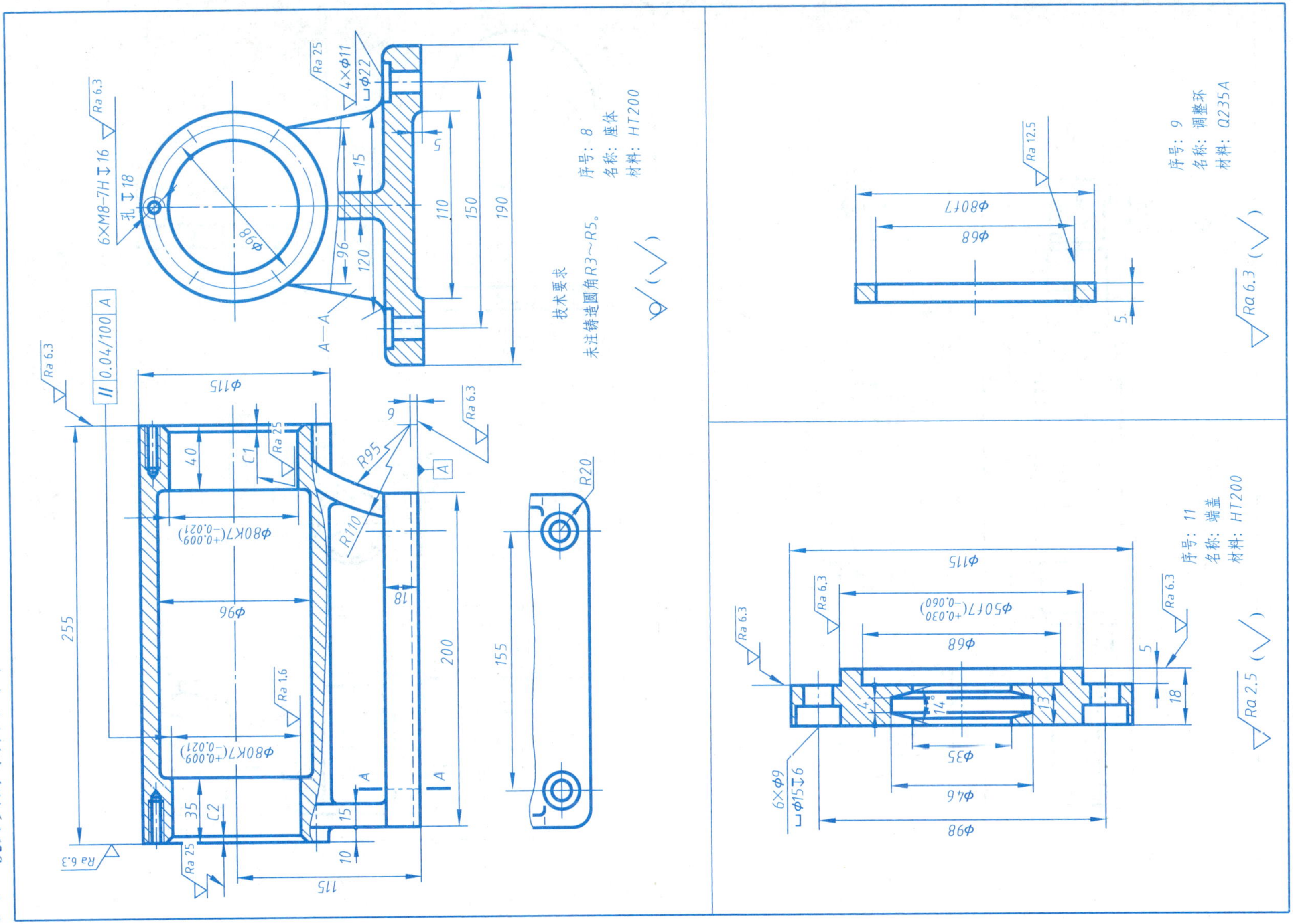

技术要求
未注铸造圆角R3~R5。
序号：8
名称：座体
材料：HT200
6×M8-7H↧16
孔↧18
4×ϕ11
⌴ϕ22
A—A
ϕ98
ϕ115
ϕ80K7(+0.009 −0.021)
ϕ96
0.04/100 A
R95
R110
R20
255
200
155
190
150
110
115
序号：9
名称：调整环
材料：Q235A
ϕ80f7
ϕ68
Ra 12.5
Ra 6.3
序号：11
名称：端盖
材料：HT200
ϕ115
ϕ50f7(−0.030 −0.060)
ϕ68
ϕ35
ϕ46
ϕ98
6×ϕ9
⌴ϕ15↧6
Ra 2.5

9-10 铣刀头零件图（2）

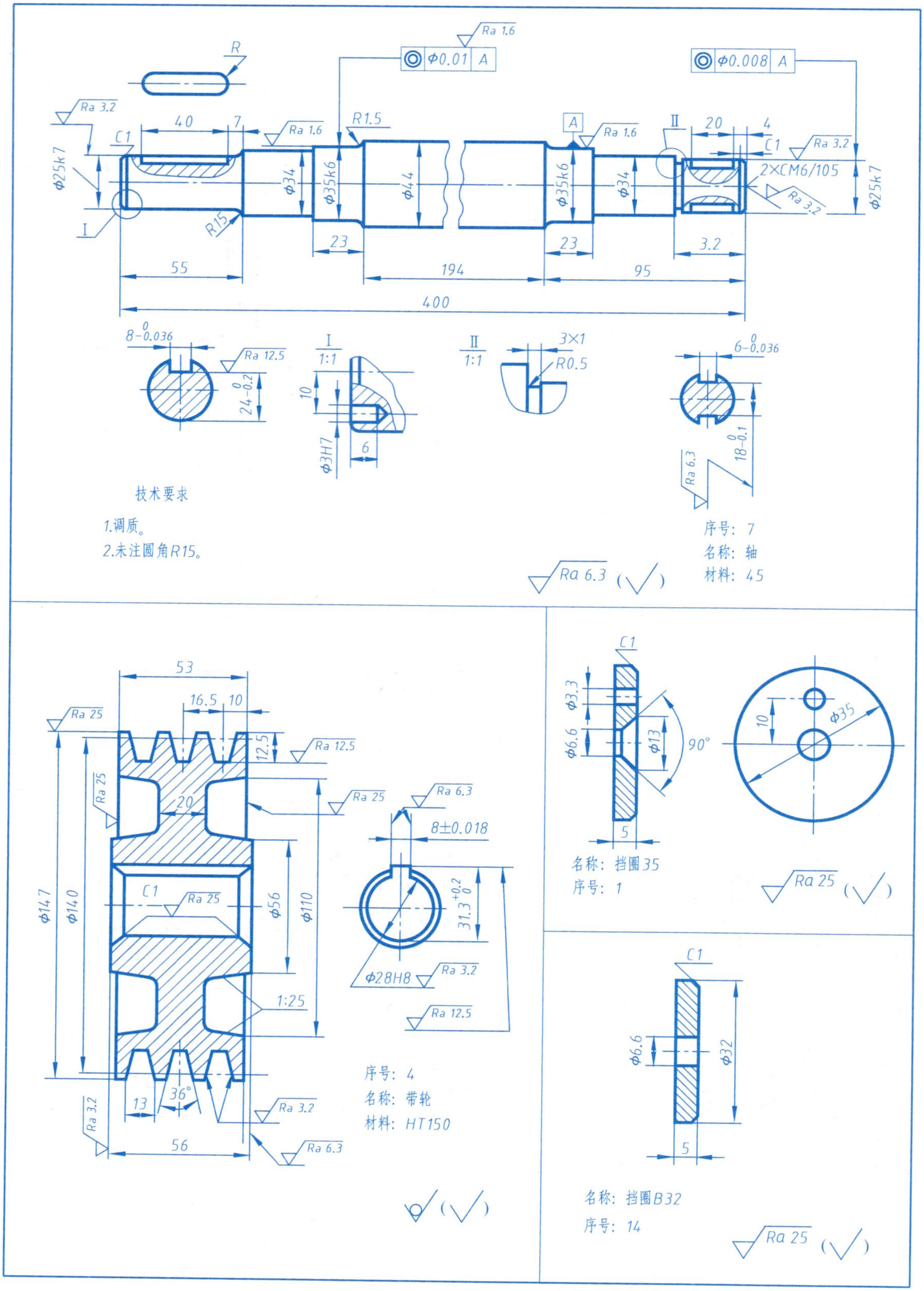

班级
姓名
学号

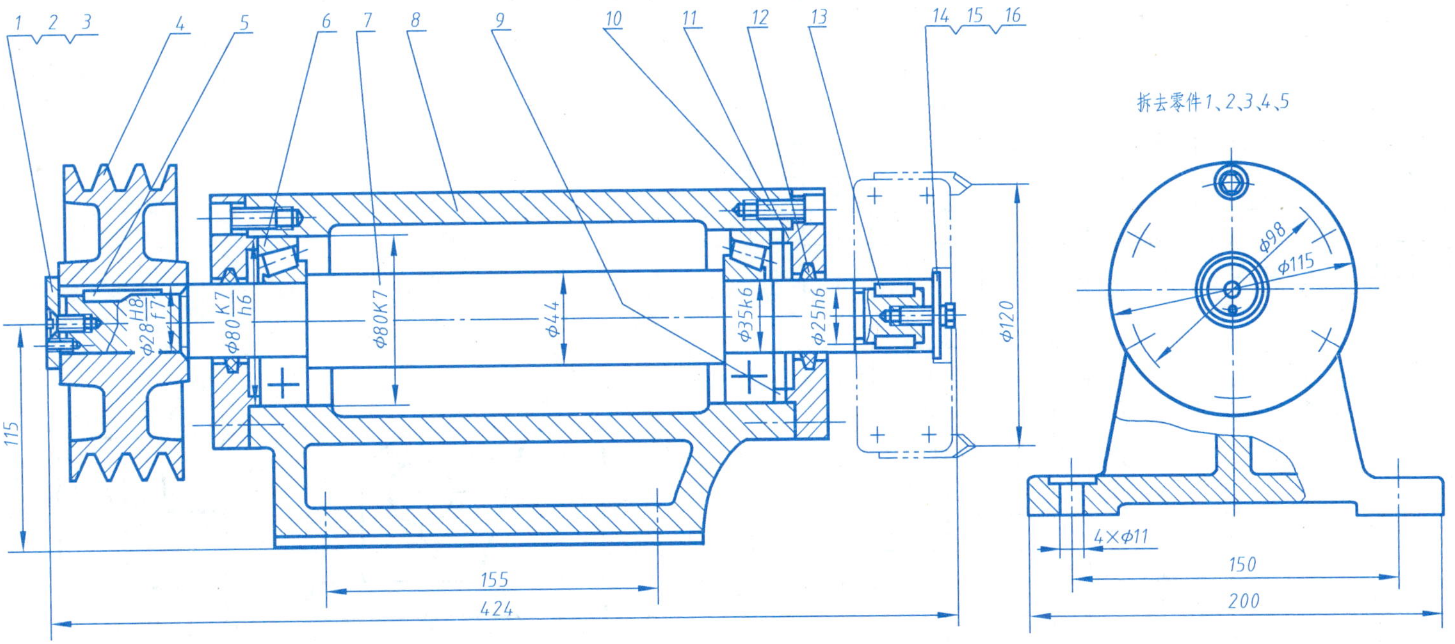

16	垫圈 6	1	65Mn	GB/T 93—1987	6	轴承 30307	2		GB/T 294—1994
15	螺栓 M6×20	1	Q235A	GB/T 5783—2000	5	键 8×40	1	45	GB/T 1096—2003
14	挡圈 B32	1	35	GB/T 892—1986	4	带轮	1	HT150	
13	键 6×20	2	45	GB/T 1096—2003	3	销 3×12	1	35	GB/T 119.1—2000
12	毛毡 25	2	222—36	无图	2	螺钉 M6×18	1	Q235A	GB/T 68—2000
11	端盖	2	HT200		1	挡圈 35	1	Q235A	GB/T 891—1986
10	螺钉 M6×20	12	Q235A	GB/T 701.1—2000	序号	名称	数量	材料	备注
9	调整环	1	35		设计				
8	座体	1	HT200		校核	比例			铣刀头
7	轴	1	45			共 张 第 张			

班级　　姓名　　学号

*第十章　读第三角画法视图

10-1　根据轴测图，徒手画前、右、顶、底视图

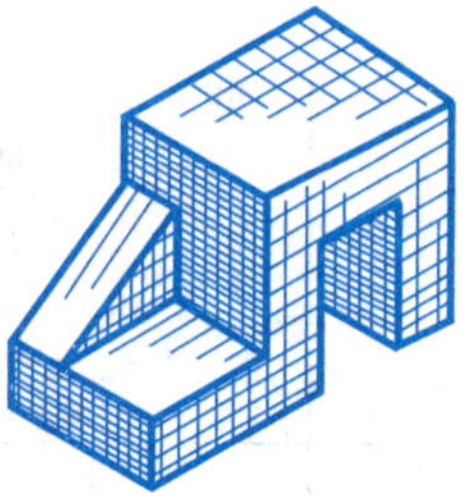

10-2　根据前、右视图，补画顶视图

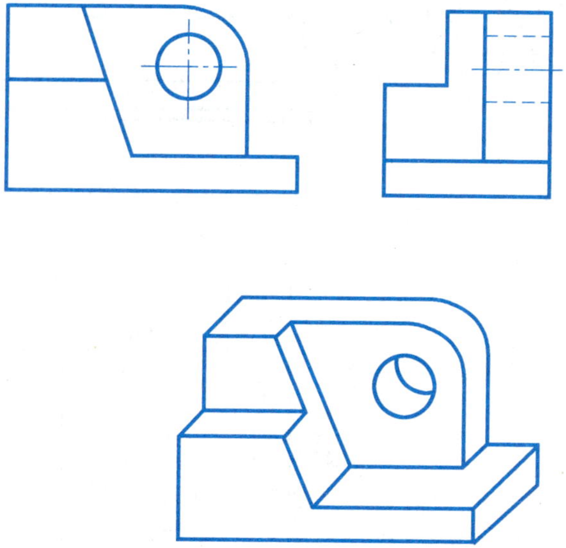

班级　　　　姓名　　　　学号

1. 根据第三角画法视图，仿照题1写出各视图名称、投射方向并指出面Ⅰ、Ⅱ在三视图的位置

(1)

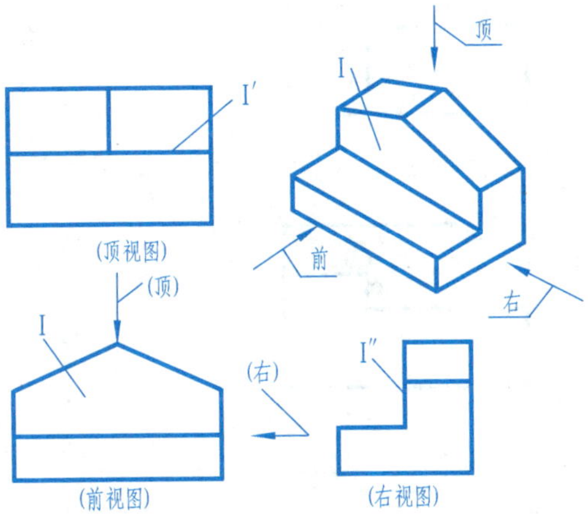

(2)

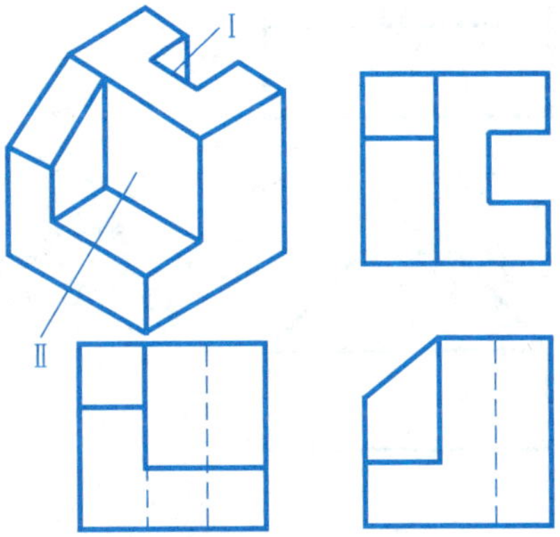

(3)

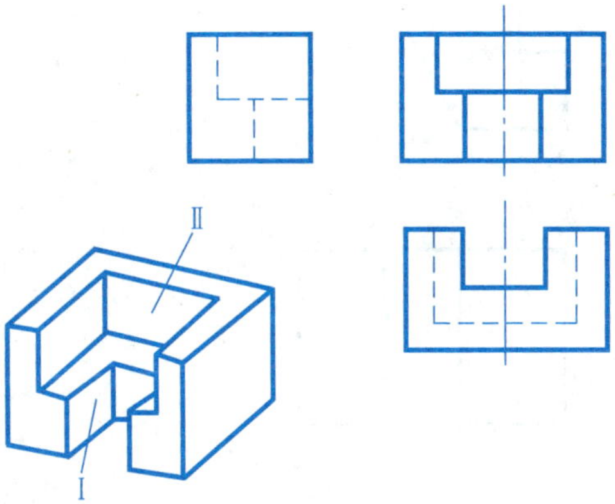

2. 根据三视图（其中一完整视图），补画其他两个视图所缺的图线

(1) 前视图是完整视图

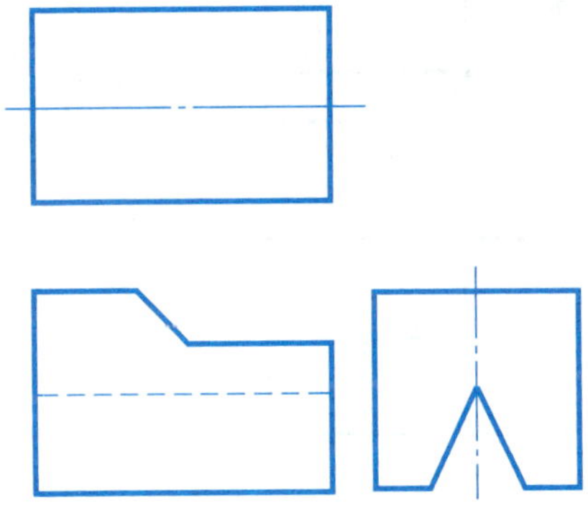

(2) 前视图是完整视图

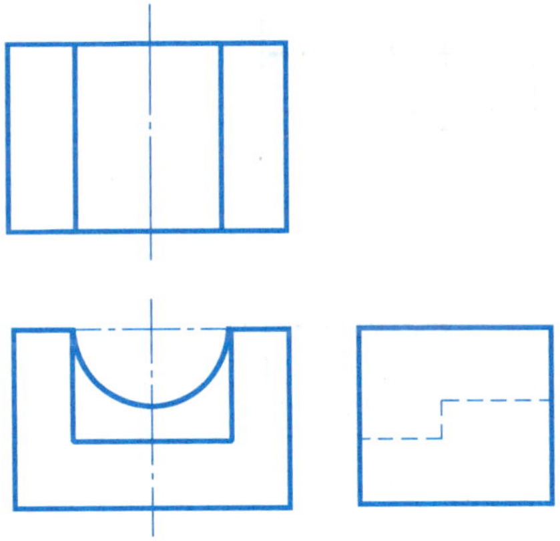

(3) 右视图是完整视图

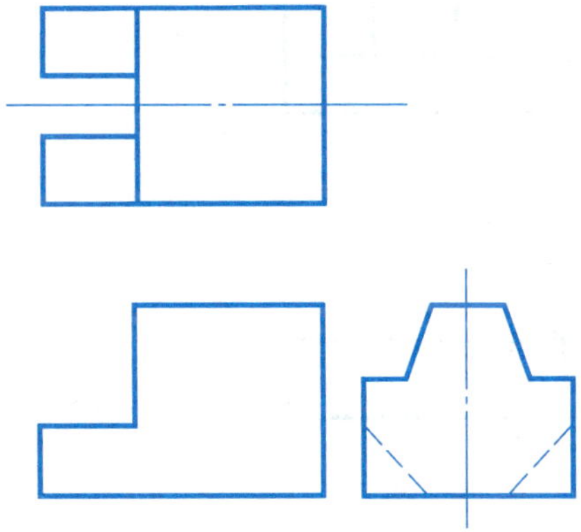

10-4　已知第三角画法中的前、顶视图，求作右视图

1.

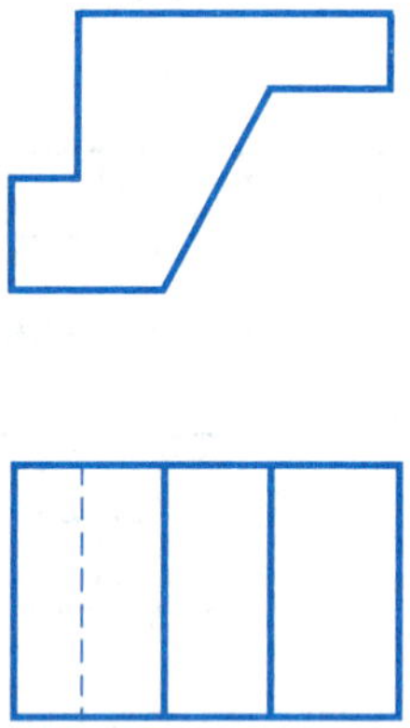

2.

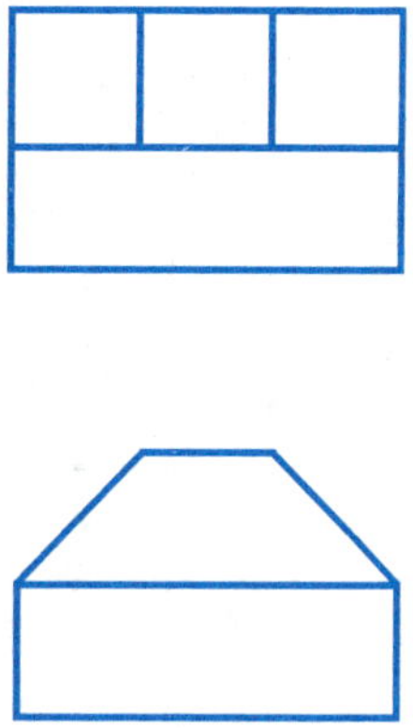

3.

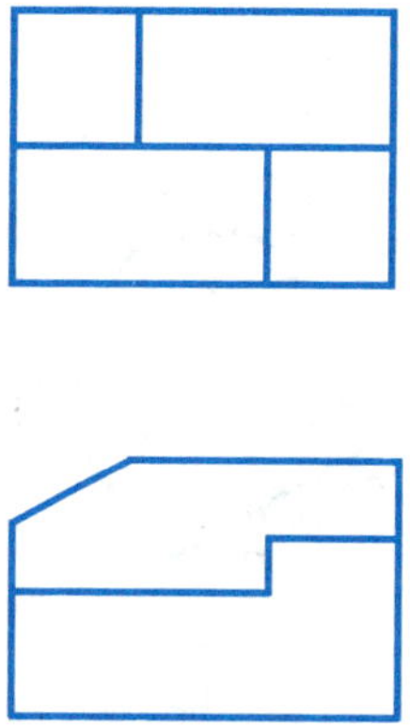

4.

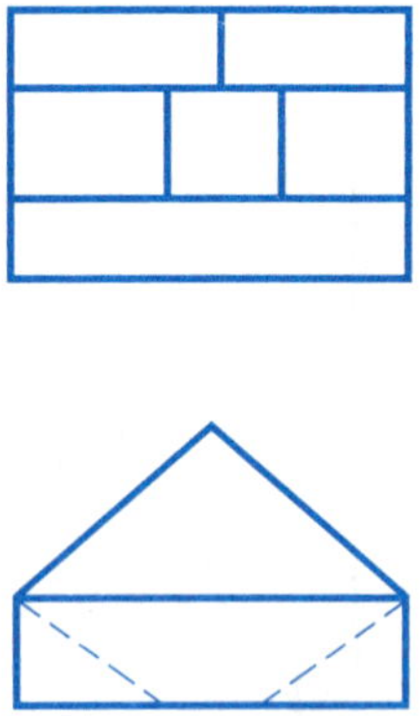

5.

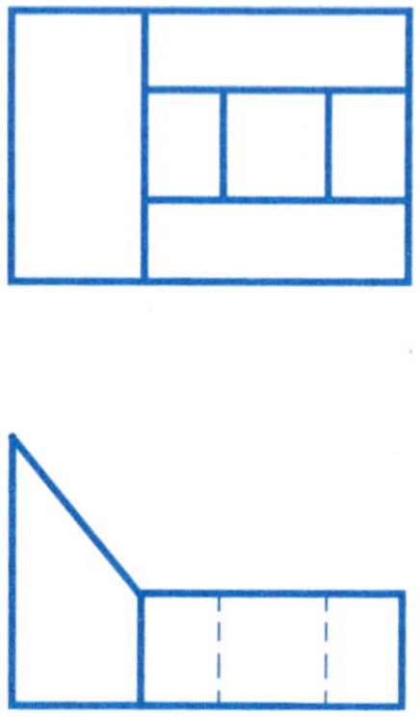

6.

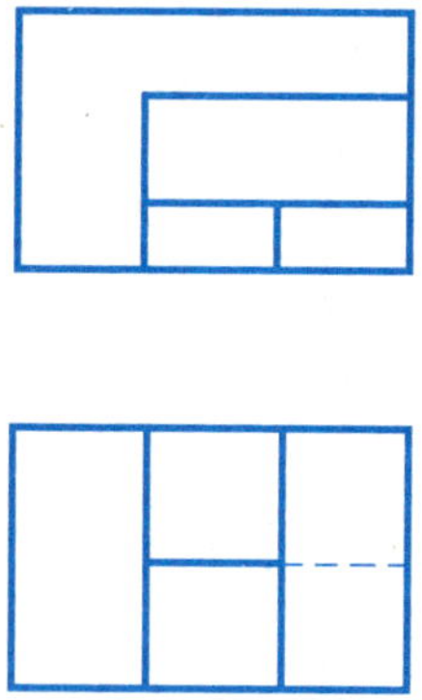

班级　　姓名　　学号

10-5 补画视图和草图

1. 根据前、顶视图，求作底视图及全剖左视图

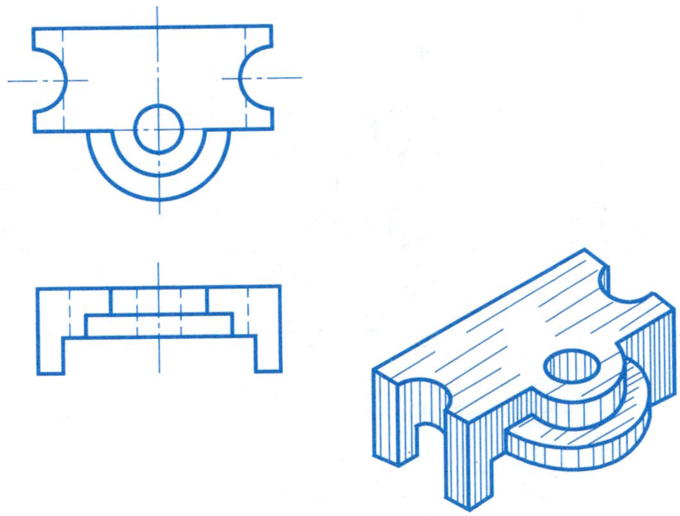

2. 根据第三角画法的视图、剖视图，想象立体形状，在空白处画轴测草图

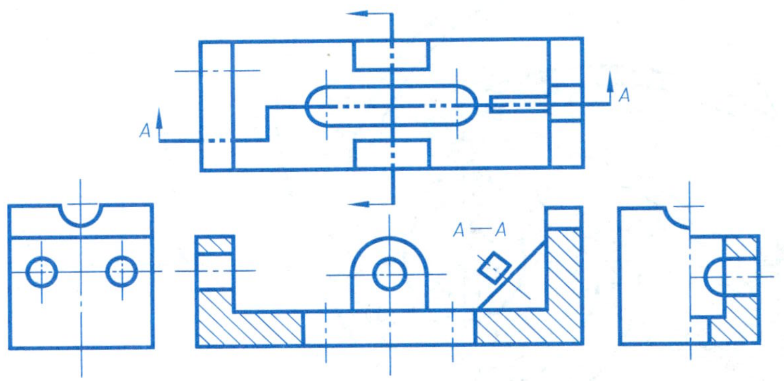

提示：

读剖视图（剖面图）应在对应视图找到剖切位置及投射方向。剖切位置用粗双点画线表示，在起讫处用箭头指明视线方向。剖视图名称注写在剖视图上方（如 *A—A*）。对半剖视图一般只注剖切线及箭头，不标剖视名称。

移出断面图不画剖面线，断裂线用粗实线表示。

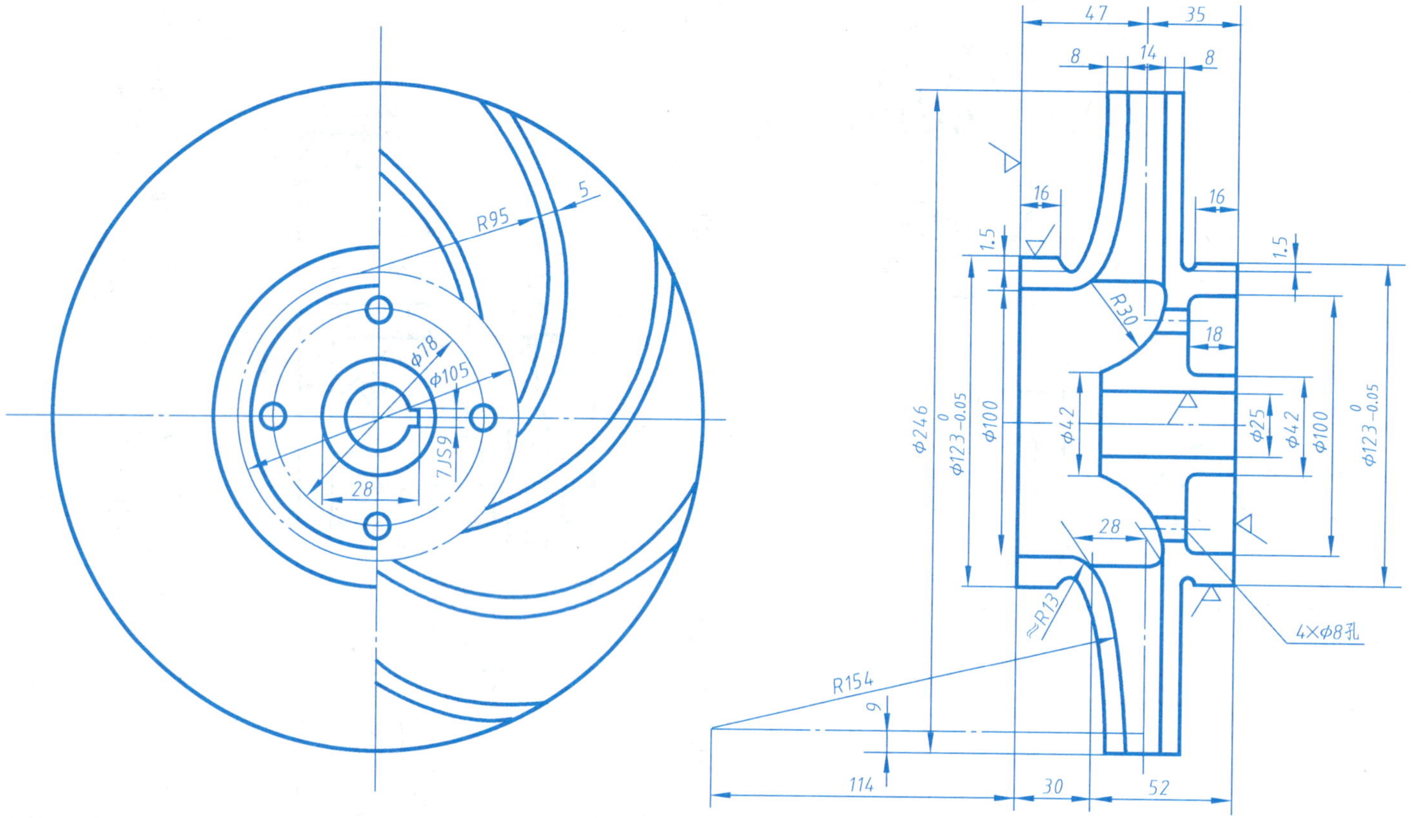

1）叶轮用前、左两个视图表示，前视图按习惯画法取剖视，按规定不画剖面线；左视图采用对称画法，图形右边一半表示叶片，左边一半表示左端视图的外形。

2）尺寸单位有英制和公制，本图尺寸单位用毫米（mm），标注尺寸数字方向和我国的规定相同。

3）表面粗糙度按等级符号标注，本例未加详细标注，仅表示加工面的符号。

4）想象叶轮外壳是什么形状，叶片有几片，是什么形状，是怎样分布的，怎样确定它的大小。

班级　　　　姓名　　　　学号

*第十一章　展　开　图

11-1　画斜截四棱锥与斜截四棱柱相接管表面展开图

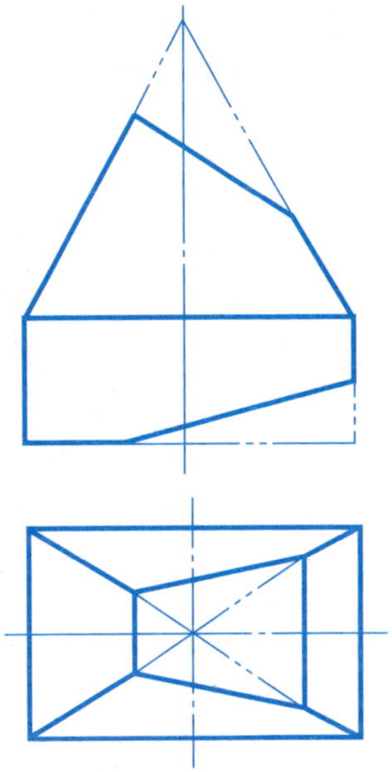

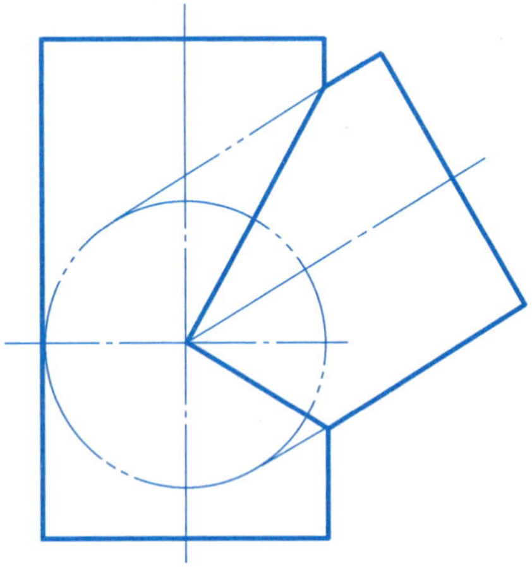

班级　　　　姓名　　　　学号

11-3 画变形接头的展开图

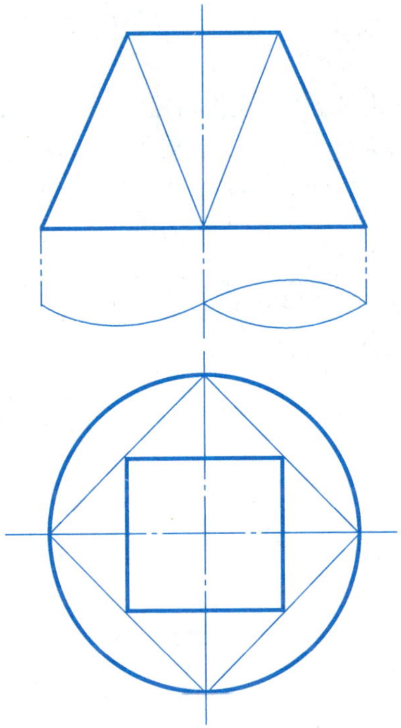

12-1　焊缝符号的标注与识读

1. 下图为双面 V 形焊缝

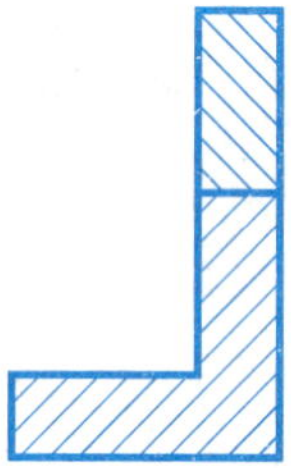

2. 圆管外侧周围与底板角焊，$k=5$mm

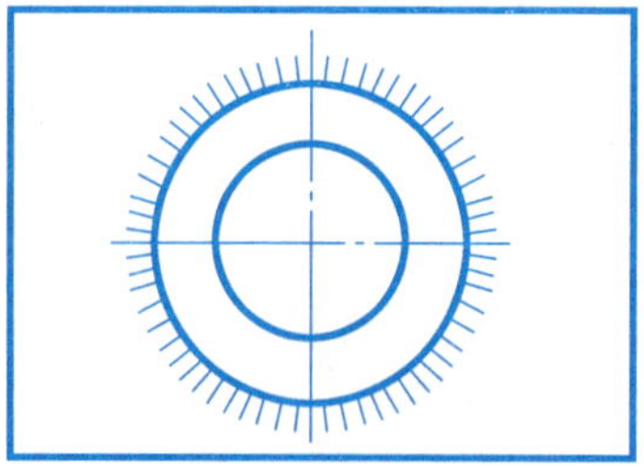

3. 角钢边与底板角接焊接，焊缝高 4mm，试画出焊缝，并用符号标注

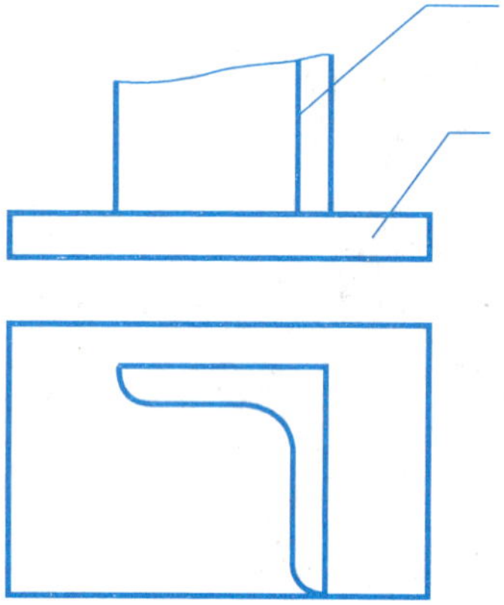

4. 填空说明焊缝符号的意义

(1)

工件______面有______焊缝，焊缝表面为______面，焊脚尺寸为______，______为 210mm，焊脚在______侧。

(2)

______焊缝在______侧，焊缝______为______，______为 210mm，焊接方法为______。

(3)

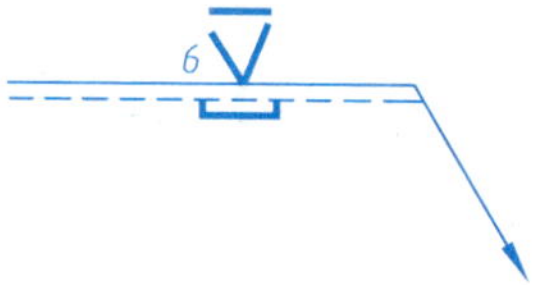

______焊缝在______侧，焊缝表面为______面，焊脚尺寸为______，背面底部有______。

班级　　　姓名　　　学号

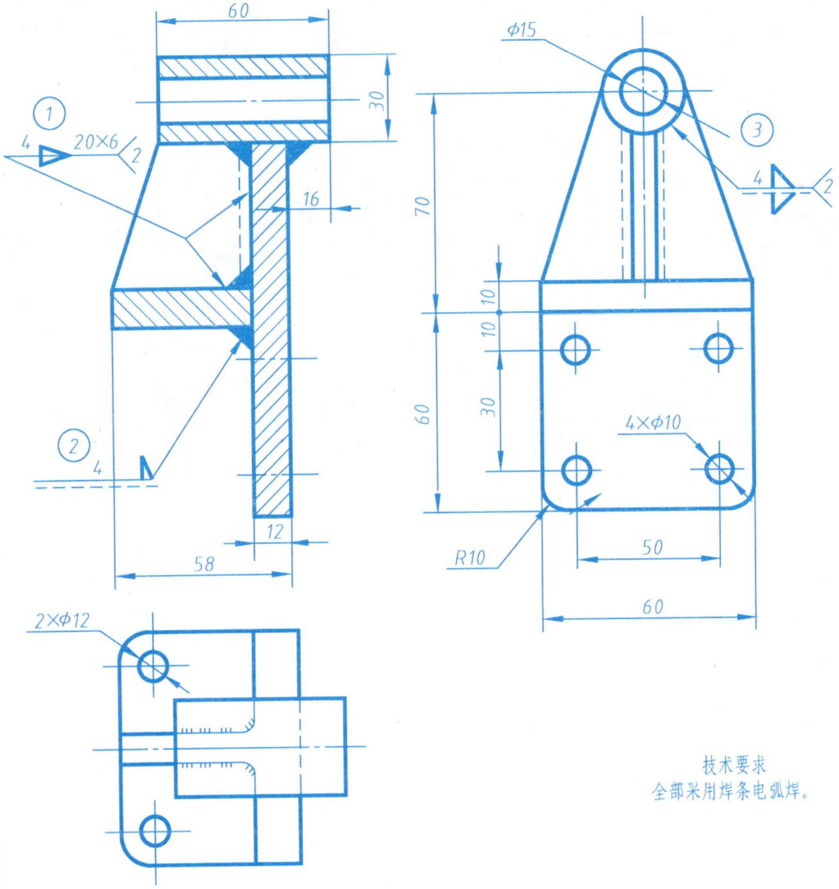

填空：

(1) 支架由________块几何体焊接而成。

(2) 焊缝有________种焊接形式。

图中①代号为____________________，

意义____________________。

②代号为____________________，

意义____________________。

③代号为____________________，

意义____________________。